GNSS
地震地壳形变与干旱监测研究

陈克杰　胡顺强　高涵　朱海　杨振宇　著

Research on GNSS Earthquake Crustal Deformation and Drought Monitoring

中南大学出版社
www.csupress.com.cn
·长沙·

图书在版编目(CIP)数据

GNSS 地震地壳形变与干旱监测研究 / 陈克杰等著.
—长沙：中南大学出版社，2023.12
ISBN 978-7-5487-5615-6

Ⅰ.①G… Ⅱ.①陈… Ⅲ.①卫星导航—全球定位系统—应用—地壳形变—地震观测—研究②卫星导航—全球定位系统—应用—干旱—监测—研究 Ⅳ.①P315.61 ②P426.615

中国国家版本馆 CIP 数据核字(2023)第 217289 号

GNSS 地震地壳形变与干旱监测研究

GNSS DIZHEN DIQIAO XINGBIAN YU GANHAN JIANCE YANJIU

陈克杰　胡顺强　高涵　朱海　杨振宇　著

□**责任编辑**　刘颖维
□**封面设计**　李芳丽
□**责任印制**　唐　曦
□**出版发行**　中南大学出版社
　　社址：长沙市麓山南路　　邮编：410083
　　发行科电话：0731-88876770　　传真：0731-88710482
□**印　　装**　长沙印通印刷有限公司

□**开　　本**　710 mm×1000 mm　1/16　□**印张** 13.5　□**字数** 258 千字
□**版　　次**　2023 年 12 月第 1 版　□**印次** 2023 年 12 月第 1 次印刷
□**书　　号**　ISBN 978-7-5487-5615-6
□**定　　价**　78.00 元

内容提要

全球导航卫星系统(global navigation satellite system, GNSS)已成为长周期地壳形变监测不可或缺的重要工具。众所周知, GNSS 坐标时间序列中, 既包含了与地震孕育发生密切相关的构造信号, 也包含了由水文、大气作用等引起的非构造信号。通过分析构造信号, 可为探索现今地壳运动规律和提取与地震相关的前兆异常信息提供基础依据。同时, 水文负荷质量引起的非构造信号, 也为定量表征干旱提供了重要约束。本书以云南及周边为研究区域, 基于 GNSS 原始观测值, 系统阐述了 GNSS 数据处理、时间序列分析的基本原理和流程, 揭示了该区域现今地壳形变特征, 并对该区域地壳形变震前异常特征及从气象干旱到水文干旱的传播特征进行了深入探讨。

本书以 GNSS 技术在地震地壳形变与干旱监测中的应用为主线, 为相关研究提供了思路和技术方法, 适用于大地测量学、地震地质、气象水文学等领域科研人员使用, 也可作为高等院校相关专业研究生的参考用书。

前言

云南及周边区域位于印度板块与欧亚板块碰撞带边缘东南侧，地震活动频繁，震灾严重。作为调节印度板块和欧亚板块相互作用的最重要地区之一，该区域也是解析岩石圈变形和动力学演化模式的理想实验室。研究该区域现今地壳形变既有助于深入理解青藏高原隆升机制、时限和活动构造发展演化等重大地质科学问题，也可为中长期地震危险性预测提供关键输入。

众所周知，地震孕育和发生本质上是地壳内部应力、应变能逐渐积累并突然或缓慢释放的结果。伴随应变能积累及断层长时间蠕变，岩石圈表层可能会表现出某种形式和量级的形变。因此，获取地壳构造形变信息是认知地震最直接的途径之一。与此同时，云南及周边区域受来自南海和孟加拉湾的季风影响，水汽变化剧烈，降水丰富，季节性陆地水文负荷变化也十分显著。水文负荷质量的季节性变化能引起地壳周期性运动，反过来为表征干旱程度提供了重要约束。

“中国地壳运动观测网络”“中国地震科学实验场”等国家重大科学工程的实施，为云南及周边区域现今地震地壳形变和干旱监测提供了可靠数据源。基于全球导航卫星系统(global navigation satellite system，GNSS)数据，本书进行了高精度GNSS数据严密处理，分析了该区域现今地壳形变特征，探讨了震前异常，并开展了气象和水文干旱事件的识别、时空演变及其传播规律研究。围绕以上内容，本书取得了以下主要结论：

1. 分别使用德国波茨坦地学中心(German Research Centre for Geosciences，GFZ)、法国斯特拉斯堡大学(École et Observatoire des Sciences de la Terre，EOST)和国际质量负荷服务(international mass loading service，IMLS)在CM(center of

mass）和 CF（center of figure）框架下的 4 种水文负载、5 种大气负载、2 种非潮汐海洋负载及 40 种不同环境负载组合对云南区域 2011 年 1 月—2020 年 8 月跨度的 27 个 GNSS 测站坐标时间序列进行非构造形变改正研究，通过环境负载改正前后 RMS 值的绝对变化量（DRMS）和减少百分比（PRMS）两个指标定量评价改正效果。结果表明，单一的水文、大气、非潮汐海洋负载在不同框架下改正 NEU 方向上的非构造形变存在较大差异性。在相同条件下，CF 框架下的组合环境负载（水文、大气、非潮汐海洋负载总和）改正效果要优于 CM 框架；在 CM 和 CF 框架下，组合环境负载在垂向 U 方向上的改正效果要明显优于水平 N 和 E 方向，在垂向 U 方向上改正前后的 DRMS 中位值最大为 1.59 mm，PRMS 平均值最大为 17.38%；在水平 N 和 E 方向上，只有少部分连续站能得到有效改正，大部分连续站改正反而会增加误差。

2. 使用 2010—2020 年跨度的 GNSS 垂向位移和 IMLS 产品下的组合环境负载形变研究云南区域垂向运动的季节性变化和构造变形。通过小波分析结果可知，大部分 GNSS 连续站的周年平均相位相似性大小为 0.9~1，表明环境负载形变与 GNSS 垂向位移在年周期项上的变化是物理相关的，进一步说明环境负载形变是 GNSS 年周期变化的主要驱动力。GNSS 垂向速度场结果显示滇西南块体整体以 0.01~1.43 mm/a 的速率沉降；而川滇块体南部整体以 0.2~2.46 mm/a 速率抬升。

3. 收集整理了云南及周边区域在欧亚框架下 1999—2016 年跨度的 526 个 GNSS 测站水平速度场，并以此为约束，研究该区域现今地壳形变特征。结果表明，由于区域内受鲜水河断裂、安宁河断裂、则木河断裂、小江断裂、红河断裂、丽江—小金河断裂等主要活动断裂带的调节控制作用，云南及周边区域的 23 个微块体旋转率和水平运动速率均存在着差异，旋转率变化范围为 0.23°/Ma~4.64°/Ma，旋转运动最大和最小的块体分别为安宁和成都块体；水平运动速率变化范围为 5.35~19.46 mm/a，总体运动特征呈现出北强南弱。小江断裂、鲜水河断裂、安宁河断裂、则木河断裂、甘孜—玉树断裂等具有左旋活动性质的走滑速率分别为 8.87~10.71 mm/a、8.28~10.93 mm/a、7.32 mm/a、9.55 mm/a、4.91 mm/a；红河断裂、金沙江断裂、无量山断裂、楚雄—建水断裂等具有右旋活动性质的走滑速率分别为 2.93~6.47 mm/a、4.87~5.66 mm/a、2.88 mm/a、2.97~7.07 mm/a；显著的挤压应变率和最大剪应变率高值主要分布在川滇菱块东边界的鲜水河—安宁河—则木河—小江断裂带上，并伴随着拉伸应变。

4. 基于云南区域中长期整体应变背景场，探讨了应变积累背景异常特征，通过对区域内历史震例进行总结，提出了判定强震危险地点的一些异常判据，并基于应变率场异常特征建立了风险区域划定模型，该模型与期间内历史地震事件吻合较好，为云南区域地震危险地点的判定提供了一定参考；基于基线时间序列，识别了云南区域内中强地震前的一些异常现象。震例显示，随着地壳介质非线性特征的出现，某些区域可能由于地壳拉张压缩应力的突然改变而捕捉到显著的突变性基线异常特征，并且伴随震后应力场调整可能造成站点间基线的趋势性改变，基于局部格网应变时间序列，通过整体经验模态分解、残差趋势项分析、固有模态分量异常识别和 Hilbert 变换的方法综合动态分析应变时序，能够在部分地震前夕发现一些潜在异常信息，对于未来更加科学地挖掘应变时序中蕴含的孕震信息有一定探索意义。

5. 使用 2011 年 1 月—2021 年 5 月跨度的 GNSS 观测数据结合重力恢复与气候实验卫星、全球陆地数据同化系统、气象卫星等多源数据系统研究了云南区域的干旱时空演变及其传播特征。结果表明，云南区域在 2011 年 1 月—2021 年 5 月共发生了 7 次气象干旱和 7 次水文干旱事件，气象干旱主要集中在云南北部，持续时间为 1~11 个月。与气象干旱相比，水文干旱更严重且影响范围更大，持续时间为 2~16 个月。从气象干旱到水文干旱的传播时间为 2~7 个月，西南部短，东北部长。云南区域的水汽、降水和陆地水储量均以红河断裂带为界呈现出不均匀的空间分布，彼此之间的相位差也呈现出明显的西南—东北差异，说明红河断裂带不仅影响着水资源的空间变化，也影响干旱传播。

本书在南方科技大学科研启动经费，地震数值预测联合实验室开放基金“高精度 GNSS 非构造垂向形变改正及川滇地区现今垂向地壳形变研究(2021LNEF01)”和国家自然科学基金面上项目“云南地区构造变形的 GPS 测量和中新世以来古地磁研究(4167020431)”的共同资助下完成。本书由南方科技大学陈克杰研究员、博士生朱海，江西师范大学鄱阳湖湿地与流域研究教育部重点实验室胡顺强博士，昆明理工大学和云南省地震局信息中心高涵博士，首都师范大学杨振宇教授共同完成。陈克杰提出了研究思路，制定了研究技术路线和流程，确定了具体的研究内容和该书的总体框架，参与编写了第 4、5、7 章部分内容，并对全书进行了修改和统稿；胡顺强完成了该书第 2、3、4、5、7 章部分内容；高涵完成了该书第 6 章部分内容；朱海完成了该书的第 7 章部分内容；杨振宇在研究工作中给予了指导和帮助。

GNSS 数据获取得到了中国地震台网中心王坦高级工程师的指导和无私帮助。中国空间技术研究院北京卫星信息工程研究所薛长虎博士，南方科技大学博士生魏国光、博士生柴海山也给予了一定的帮助。在本书出版之际，特向以上单位和个人表示衷心的感谢。

由于作者水平所限，书中不当之处恳请读者不吝赐教。

作 者

2023 年 8 月

目 录

第1章

绪　论

1.1　研究背景与意义

GNSS定位技术具有高精度、全天候、覆盖全球、实时服务能力强等优点，已广泛应用于军事、交通、建筑、农业等国计民生各个领域，如精确制导、车辆导航、精准农业等。与此同时，随着软硬件不断发展，定位精度不断提升，时延不断降低，GNSS也为地球科学特别是地壳形变监测带来了前所未有的机遇。因其突破了传统大地测量的时空局限，使得观测效率和精度都有质的飞跃，为研究现今地壳构造运动、地震预报预测等提供了重要数据支撑。

云南及周边区域是晚新生代以来青藏高原构造演化和调节印度板块与欧亚板块相互作用的重要地区之一，构造变形活动强烈、强震频发，是了解岩石圈板块变形和动力学演化模式的理想实验室[1-4]。地震孕育和发生伴随着地壳内部应变能量积累、集中、释放和调整，岩石圈表层可能会伴随着形变发生。因此，获取地壳形变信息是认知该区域地震灾害最直接的途径之一。我国于20世纪90年代初便开始在滇西布设GNSS观测网，随后又将观测范围扩大至川滇菱形块体及其周边地区。“九五”以来，随着“中国地壳运动观测网络”和“中国地震科学实验场”等国家重大科学工程项目的实施，云南及周边区域的GNSS观测愈加密集，为开展该区域地壳形变、地震预报预测研究提供了宝贵原始资料[5-9]。

这些GNSS台站经过数十年长期连续运行，形成了长跨度GNSS坐标时间序列，GNSS坐标时间序列广泛应用于全球或者区域的地球参考框架建立、气候变化、强震破裂过程模拟等领域[10-13]。GNSS坐标时间序列中不仅包含受同一区域构造应力场控制下的继承性构造运动（主要表现为地表抬升或者下降的线性运动），还存在地球物理效应引起的非构造形变信号及各类有色噪声。例如，作为水循环系统的重要组成部分，降水会在一定程度上影响陆地水负载的变化。此外，因地震、观测环境、仪器更换等因素引起的阶跃[14]也必须加以改正。如何降低非构造形变和噪声影响，是高精度 GNSS 数据严密处理必须要面临的重要科学问题。

在获取 GNSS 形变信息基础上，进一步对地壳形变特征与地震孕育-发生之间关系进行探讨，捕捉强震前构造变形微动态异常信号，多参数多时空尺度立体动态化获取与地震孕育过程相关联信息，可为地震研究提供具有动力学含义的背景依据，是目前探索强震中长期及短临预测的主要途径。而水文负载质量变化能够引起地壳季节性运动，则为定量研究陆地水储量进而干旱特征提供了重要约束。

1.2 国内外研究现状

1.2.1 GNSS 坐标时间序列分析研究

GNSS 坐标时间序列分析的研究主要包括噪声和季节性信号提取等。噪声方面的研究方法主要包括时域分析与频域分析。大量研究表明，GNSS 坐标时间序列中的噪声类型非常多，主要有白噪声、闪烁噪声和随机漫步噪声等。然而，在实际应用中，GNSS 坐标时间序列的噪声模型是十分复杂的，大部分情况下是白噪声和其他多种不同的噪声组合[15]，例如白噪声和闪烁噪声。多个连续站观测得到的单日解坐标时间序列中还存在共模误差(common mode error，CME)，该类误差是区域网内 GNSS 连续站空间相关的噪声，CME 的来源尚不明确，潜在的来源可能有水文、大气、非潮汐海洋等环境负载，连续站观测环境较差，卫星轨道误差、观测墩不稳定等。GNSS 坐标时间序列中还存在着周期性变化的季节性信号，尤其在垂向向量上更为突出。以下对噪声模型、共模误差、季节性信号提取等方面进行介绍。

(1) Agnew[16]通过传统的功率谱分析法对 GNSS 连续站的坐标时间序列进行噪声特性分析，结果表明大部分 GNSS 连续站的坐标时间序列中除了白噪声之外，还包含随机漫步噪声，且对 GNSS 连续站的运动速度估计会产生影响和过高的速度不确定度估计，这一研究将 GNSS 坐标时间序列的噪声模型特性带入了“非白噪声时代”。随后，Zhang 等[17]和 Mao 等[18]对时间跨度较短的 GNSS 坐标时间序列进行噪声分析，结果表明白噪声与其他非白噪声的组合(例如闪烁噪声)能够代表大部分 GNSS 连续站中坐标时间序列的最优噪声模型。然而，由于研究的坐标时间序列跨度在1~3年，对于随机漫步噪声模型仍然无法确定。随后，Williams等[15]和黄立人[19]也验证了Zhang等[17]和Mao等[18]的观点，GNSS连续站的最优噪声模型可以通过白噪声和闪烁噪声组合进行描述。黄立人和符养[20]对中国区域内的27个连续站近5年短时间跨度的GNSS坐标时间序列进行噪声分析，结果进一步说明大部分连续站的最优噪声模型可用白噪声和闪烁噪声组合进行描述。除此之外，少部分连续站的噪声还可以用白噪声、闪烁噪声和随机漫步噪声的组合进行描述[20]。田云锋等[21]对陆态网络下的29个连续站坐标时间序列进行噪声分析，结果表明最优噪声模型不仅包含闪烁噪声，而且约50%的连续站东向分量中存在随机漫步噪声和一阶高斯-马尔可夫噪声。Wang等[22]分析了中国区域26个连续站经过滤波前后的噪声特性，结果表明经过空间滤波后的最优噪声模型可用白噪声和其他噪声的组合(幂律噪声和闪烁噪声)描述，且噪声模型估计的速度减小。李昭等[23]使用不同噪声组合模型对中国区域11个连续站近15年长时间跨度的坐标时间序列进行噪声特性分析，并同时分析了环境负载改正前后的噪声特性，结果表明11个连续站的噪声都不一样，且NEU三个分量不同的噪声主要表现为白噪声分别与闪烁噪声、带通幂律噪声的组合。He等[24]使用多种组合噪声模型对全球671个IGS连续站近21年长时间跨度的坐标时间序列进行噪声特性分析，结果表明不同GNSS连续站和NEU三个分量的最优噪声模型有差异，主要表现为白噪声与闪烁噪声、幂律噪声、高斯-马尔可夫噪声的组合。上述研究的噪声模型都是基于极大似然估计法和谱分析，除此之外，多位学者提出了其他方法对坐标时间序列的噪声模型进行辨识，如最小二乘方差-协方差估计[25-27]、Allan方差法[28-30]。尽管分析噪声特性的方法很多，但是结果与常规的极大似然估计法差异性不大。在对云南及周边区域连续站的噪声特性研究中，丁开华等[31]和张风霜等[32]分别对川滇地区52个连续站2011—2013年和云南地区25个连续站2010—2014年的短时间跨度的坐标时间序列进行噪声特性分析，结果表明白噪声分别与闪烁噪声、幂律噪声组合为大部分连续站的主要噪声模型。根据上述研究可知，白噪声分别与有色噪声(闪烁噪声、幂律噪声)的组合是描述大部分GNSS坐标时间序列的最优噪声模型。

(2)Wdowinski等[33]首次使用区域空间滤波法提取南加州区域GNSS网的CME并进行剔除。Nikolaidis[34]在Wdowinski等的研究基础上提出一种新方法，称为加权堆栈滤波法，该方法提高了区域网中每个连续站在估计CME中的权重因子，并同时弥补了区域空间滤波法在分布不均匀下提取CME的不足。随后，Dong等[35]使用PCA(principal components analysis)和KLE(karhunen loeve expansion)相结合的方法提取多个与连续站空间相关的CME。Williams等[15]的研究表明，在较大尺度的区域GNSS网中由于连续站的相关性随着距离增加而减小，CME 分布会不均匀。因此，为了克服空间尺度的限制，田云锋等[36]和谢树明等[37]在使用滤波方法针对中、大尺度 GNSS 区域网的 CME 进行提取时，使用了一种考虑各个 GNSS 连续站之间相关性的加权叠加滤波法，并通过实例的 GNSS 连续站数据验证了该方法提取 CME 的有效性。由于相关性叠加滤波法中需要确定空间尺度的阈值，Tian 等[38]在相关性叠加滤波法的基础上提出了一种能够确定最优空间尺度阈值的方法，称为最小残差法，该方法在提取美国 GNSS 区域网的 CME 中得到了有效应用。郭南男等[39]也在相关性叠加滤波方法的基础上，提出了一种不设置空间阈值的相关性叠加滤波法，只引入了 GNSS 连续站之间的相关系数和随距离变化的参数，并成功应用于中国区域 260 个连续站的 CME 提取。上述几位学者提出的空间滤波方法在提取不同尺度 GNSS 区域网的 CME 时，要对区域网中所有 GNSS 连续站缺失的坐标时间序列数据进行插值。因此，Shen 等[40]提出了在 GNSS 数据缺失情况下提取 GNSS 区域网 CME 的 PCA 方法。除此之外，明锋[41]使用了独立分量分析法对中国陆态网的 259 个连续站进行 CME 提取，并与 PCA 方法进行对比，结果表明独立分量分析法提取的 CME 要优于 PCA 法。

(3)季节性信号提取的方法主要是基于周年和半周年的最小二乘法，用该方法提取的季节性信号中的周年、半周年振幅和相位均为固定值。Bennett[42]的研究表明 GNSS 坐标时间序列中的季节性信号具有时变特性，用常用的最小二乘法提取的季节性信号不符合实际的季节性变化。因此，多位学者对季节性信号提取方法展开了一系列研究，例如卡尔曼滤波[43]、奇异谱分析[44]、多通道奇异谱分析[45-46]、蒙特卡洛奇异谱分析[47]、半参数模型方法[42]、基于局部加权回归的季节项—趋势分解法[48-49]、经验模态分解[50]、小波分解法[51]等。

1.2.2 GNSS 垂向运动的季节性变化研究

GNSS 垂向位移中除了存在真实的地壳构造变形之外，还存在周年和半周年的季节性变化运动[52-53]。多位学者的研究结果表明，GNSS 垂向运动的季节性变化主要来源于两部分：①在对 GNSS 进行基线解算和网平差的过程中，由于模型及解算策略不完善，会造成虚假季节性变化，称为系统误差；②各种环境负载(如水文负载等)造成的真实季节性变化，称为地球物理效应[54-55]。地壳季节性运动在地球动力学研究中往往被当作需要剔除的非构造形变噪声，因此，如何去除 GNSS 垂向位移中由各种环境负载造成的季节性变化，最大限度地获得真实的地壳构造运动引起的变形量，成为地壳动力学研究的热点[56-58]。

系统误差包括卫星轨道周期性变化[59]、大气潮汐、电离层延迟高阶项的影响[60]等。环境负载(大气、非潮汐海洋、温度效应及水文负载)等地球物理效应引起的形变[61-66]是造成地壳季节性运动的主要原因。分析环境负载引起的垂向季节性运动主要有时间和空间分辨率更高的环境负载模型和GRACE（gravity recovery and climate experiment，重力场恢复与气候实验卫星）等观测手段。在对大气负载方面的研究中，Van Dam等[61]的研究结果表明大气负载引起的季节性运动可以解释约24%的GNSS垂向变化量，普遍可以产生0.5~3 mm大小的周年振幅。Petrov等[67]和Tregoning等[68]分别研究了大气负载引起的垂向季节性运动，结果表明最大周年振幅分别可达20 mm和18 mm。Wu等[69]使用GNSS与环境负载模型研究天山地区垂向运动的季节性变化，结果表明大气负载是引起天山地区垂向运动季节性变化的主要原因，最大周年振幅为5.1 mm。在对水文负载方面的研究中，Van Dam等[70]研究了1994—1998年全球147个GNSS垂向运动季节性变化，结果表明水文负载引起的GNSS垂向运动季节性变化中均方根值可达8 mm，最大达30 mm。Xiang等[71]使用水文负载去改正中国区域23个GNSS测站垂向运动季节性变化，改正后15个测站的均方根值减小。Dill and Dobslaw[72]的研究表明水文负载可以解释经过大气和非潮汐海洋负载改正后的54% GNSS垂向季节性运动。Davis等[43]首次使用GRACE手段和GNSS技术研究了亚马孙流域的陆地水储量变化，通过GRACE时变模型反演所得到的陆地水负载形变与GNSS垂向位移具有很好的一致性。随后，多位学者使用GRACE所得到的水文负载形变和GNSS垂向季节性运动进行对比研究，大部分结果表明两者在总体上具有较好的一致性[73-75]。非潮汐海洋负载引起的对沿海地区的垂向季节性运动位移为毫米到厘米等。Yan等[76]研究了温度变化对全球86个GNSS测站的影响，结果表明，温度变化引起的GNSS垂向季节性运动为几毫米。Dong等[77]的研究结果表明大气负载、非潮汐海洋负载和水文负载三种环境负载引起的GNSS连续站运动最大周年振幅分别可达4 mm、2~3 mm和7~8 mm，可以解释约40%的GNSS在垂直方向上的季节性运动。王敏等[64]研究了海洋潮汐、积雪及土壤湿度、非潮汐海洋等多种环境负载对中国网络工程中连续站在垂直方向上的位移的影响，研究结果表明经过海洋潮汐等多种环境负载改正后连续站的垂向位移RMS值减小了1 mm，达到总RMS的11%，周年振幅减小37%。Yuan等[78]使用环境负载对时间跨度为2~16.5年的中国陆态网235个GNSS测站的垂向位移中的非构造形变进行改正，大气负载、非潮汐海洋负载和水文负载改正后的GNSS垂向季节性运动的均方根值分别为3.2 mm、0.6 mm和2.7 mm。综合上述研究可知，不同地区不同环境负载（大气、水文、非潮汐海洋负载）对GNSS垂向运动季节性变化的影响均不一样。

1.2.3　GNSS地壳形变与地震关联研究

由于地壳形变是与地震过程直接关联在一起的可观测现象，因此获取地壳形变信息是认知地震灾害最直接的途径之一。通过地壳时空动态演化特征来捕捉孕震信息一直是国内外学者关注的焦点。弹性回跳理论是通过对比地震前后地壳形变特征所归纳出来的世界上针对地震孕育和发生过程的第一个理论假设[79]。经过多年的研究，关于地壳形变与地震关系的认识也在不断发展和进步，国内外学者得到的一个共识是：下地壳深部韧性层长期处于稳态相对运动状态而不出现闭锁，地壳上部脆性层由于断层锁定，相对运动被阻碍，导致应变积累，同震破裂释放弹性应变使上部地壳相对运动与深部韧性层相对运动趋于一致[80]。由此可见，研究地壳弹性应变积累，特别是发震断裂带应变积累状态，可为地震中长期预测提供依据。

GNSS 技术能够精确观测不同时空尺度的地壳运动与变形，为孕震断裂带的构造变形与应变积累状态研究提供直接的观测约束，其显著增强了地震预测的地壳形变观测基础支撑。随着 GNSS 站点密度不断增大以及数据处理模型不断完善，国内外学者对 GNSS 地壳形变与地震的关系开展了众多研究。Snay 等[81]基于 GNSS 数据，研究了与 Loma Prieta 地震有关的地壳水平形变。李延兴等[82]分析了华北地区 GNSS 水平运动与应力场及地震活动性的关系。张永志等[83]基于边界积分法利用伽师地区的 GNSS 资料研究了区域地壳内部应力场变化与地震活动及断层构造活动的关系。吴云等[84]基于 GNSS 连续观测时序探讨了监测地区地震前兆的方法。江在森等[85-88]利用 GNSS 区域网 1991—1999 年以及基本网 1998—2000 年的观测资料分析了中国区域构造变形背景，归纳了中国地壳水平运动、应变场空间分布特征及其与强震的关系；之后，又探讨了汶川 8.0 级地震前区域地壳运动与变形动态过程，总结了地壳形变与强震地点预测问题，认为需从多尺度地壳形变时空过程来认识强震孕震动态特征。陈光齐[89]等基于 GNSS 资料，分析了日本东北 9.0 级地震前后的形变场，认为震前的 GNSS 速度、应变率剖面及时序皆显示日本东海岸一侧可能存在趋于极限现象。洪敏等[90]通过分析云南省内区域 GNSS 形变场运动速率时序图，认为当部分点位运动方向背离长趋势运动背景时地震危险性较大。刘峡等[91]基于 GNSS 资料研究了龙门山断裂的构造形变，利用“块体加载”有限元方法研究了汶川地震及芦山地震的动力学背景。邵志刚等[92]利用 GNSS 观测资料研究不同时段断层运动空间分布特征，分析了 2011 年日本 9.0 级地震与断层运动之间的关系。邹镇宇等[93]顾及了多期速度场中基准偏移的影响，以华南块体为统一参考基准获取了多期速度场结果，探讨了汶川地震前后南北地震带地壳运动动态特征。顾国华等[94]综合介绍了汶川地震以来国内外 10 多次大地震前兆地壳形变震例，认为同震水平位移是研究地震前兆形变存在的关键。武艳强等[95]基于 GNSS 形变场相关结果，研究了中国西部地区地壳变形特征及其与 Ms≥7.0 级强震孕育的关系。近几年，部分学者在 GNSS 短临预报应用方面也做了一些探索，包括基于 GNSS 连续跟踪站位移时序、两站构成的基线时序以及多站组合获取的变形参数时序，提取地壳运动微动态变形信息等[96-97]。

综上所述，在探讨 GNSS 地壳形变与地震关系方面，众多学者进行了大量探索，取得了丰硕的成果，目前普遍的认识是，研究地壳弹性应变积累速率和状态是地震危险区预测的基本途径之一，但是对于如何从形变时空演化特征中识别中长期强震危险区，以及如何捕捉强震前构造变形微动态短临异常信号，仍然讨论不足。因此，GNSS 形变观测资料在地震预报研究中的应用仍然是未来需要不断深入探索的方向。

1.2.4　GNSS 干旱监测研究

在全球气候变化的背景下，极端水文事件（干旱和洪水）的发生频率显著增加[98-101]。与洪水的突发性不同，干旱是一种"潜在"的自然灾害，可以对生态稳定性和社会发展造成严重威胁。干旱通常分为四种类型：气象干旱、水文干旱、农业干旱和社会经济干旱[102]。其中，气象干旱被定义为一定时间尺度内的降水不足。降水不足可能进一步影响河流径流，以及湖泊、水库和地下水的水通量和蓄水量，从而导致水文干旱[103]。农业干旱表示将气象干旱的影响与农业相结合。社会经济干旱则与水分不能满足社会经济发展有关。干旱的发生不是短期的短暂状态，而是长期积累的最终状态。因此，干旱很难识别，只有在具有破坏性影响时才会被发现[104]。但是，干旱指数提供了识别和量化干旱的重要工具，如标准化降水指数[105]、自校准帕默尔干旱强度指数[106]及标准化降水蒸散指数[107]等。干旱指数提供了相关的干旱属性（包括起止时间、强度、频率、持续时间、严重程度等）的数字表达，是评估干旱对社会和生态影响的重要工具[108]。以上干旱指数对短期尺度的降水较为敏感，经常被作为土壤水分和气象干旱的衡量标准，但在长时间尺度上对水文干旱的识别能力较弱。

随着对干旱认识的加深，不同干旱类型之间的演化机制已成为干旱分析和监测的重要组成部分[109-110]。干旱传播被定义为一种类型的干旱引起另一种类型的干旱。准确识别极端气象水文事件的发生并分析其演变过程，有助于建立干旱传播的机制和过程，对于干旱预警具有重要意义[111]。目前，研究定量干旱传播有两种方法：基于模型和基于数据。水文模型已被证明可以重现从气象到水文干旱的传播过程[112]，并且已经在中国[113]、美国[114]、韩国[115]等地区进行了干旱传播相关的研究。此外，一些研究还基于多个水文气象数据集归纳了干旱传播特征[116]。然而，干旱传播通常具有区域特征，不同地区的干旱传播特征存在差异，需要具体分析[117]。此外，传统的干旱监测站点较为稀疏、观测变量单一，难以提供区域较为全面的干旱信息。

随着空间大地测量技术的发展，GRACE/GRACE-FO 重力场卫星数据能够监测到全球范围内大尺度的陆地水储量变化，可进一步用于研究干旱时空分布的重要补充数据。Zhao 等[118]基于 GRACE 数据，提出了基于 GRACE 的干旱严重程度指数(GRACE-DSI)，它能够用于较大空间尺度的陆地水储量亏损研究。然而，GRACE/GRACE-FO 卫星的轨道较高，导致 GRACE 卫星的衍生产品的时空分辨率较低(空间分辨率>300 km，时间分辨率>1 个月)，这限制了 GRACE 在短期、较小空间尺度的干旱监测。近年来，密集的 GNSS 网络已成为监测大气水汽和地表季节性形变的有力工具[119-121]。大气可降水量可以有效地用于评估地面干湿变化，为气象干旱提供重要线索[122]。固体地球对水负荷产生瞬时弹性变形，可以使用 GNSS 以毫米级精度测量。通过 GNSS 时间序列反演地表水文负载信息，我们可以得到极端水文事件引起的等效水高变化[123-124]，并据此推断可能的水文干旱事件[125]。目前，基于 GNSS 的干旱监测方法已经趋于成熟，GNSS 俨然成为干旱监测中可靠和稳定的补充工具。与传统的干旱监测工具相比，GNSS 能够以精细的时空分辨率(数十千米，1 天)研究大气水汽和陆地水储量的长期动态行为，并进一步探索从气象干旱到水文干旱的传播机制。

1.2.5　云南及周边区域现今地壳形变特征研究

云南及周边区域开展的 GNSS 早期观测可追溯至 1988 年，此后，我国一些科研院所在 20 世纪 90 年代开展了重大攻关项目“现代地壳运动和地球动力学研究”，在云南及周边区域开展了部分 GNSS 观测实验，并在随后几年继续增加布设了由 22 个 GNSS 连续站组成的地壳运动监测网[126-129]。国内外一些机构也在一些构造活动比较剧烈的地区(如川滇地区、青藏高原)进行了 GNSS 观测研究[130-131]。随着我国网络工程和陆态网络项目的开展，网络工程在全国范围建设了 26 个连续站、1000 个不定期复测的区域站、56 个每年定期复测的基本站，其中不少站点建设在云南及周边区域[132]。在网络工程基础上，陆态网络在中国区域大幅度地增加了区域站和连续站，目前其由 2000 个区域站和 260 个连续站组成，在云南及周边区域进一步加密。因此，云南及周边区域的 GNSS 点位数量和观测时间的积累，对研究云南及周边区域现今地壳形变提供了很好的数据支持。国内外学者对云南及周边区域现今地壳形变已经开展了大量研究，主要研究成果可分为云南及周边区域现今的三维速度场运动特征和构造形变场两大类。

1. 云南及周边区域三维速度场运动特征

1) 水平速度场运动特征

Wang 等[133]收集了中国及周边地区近 10 年 354 个 GNSS 测站数据并通过当

时最新版本的高精度 GAMIT/GLOBK 软件进行解算，得到了中国及周边地区在欧亚框架下的 GNSS 水平速度场，结果显示位于青藏高原东南部的云南及周边区域主要运动特征为围绕喜马拉雅山东构造结顺时针旋转运动，水平方向的速度矢量由南向北逐渐变小，反映了印度板块楔入欧亚大陆造成的地壳缩短作用。随后多位学者在 Wang 等的基础上，通过 GNSS 水平速度场直观地展现了云南及周边区域的地壳运动特征[134-142]，水平速度场结果总体上都呈现由东向到东南向，再到南西向的绕阿萨姆构造结顺时针扭转运动的特征。Wang 等[143]在前人的研究基础上收集和整理了大量 GNSS 观测数据并使用 GAMIT/GLOBK 软件进行了严密的数据处理，最终得到了在中国及周边地区最为密集的 GNSS 水平速度场，可为地壳应变、块体划分及运动特征等研究提供基础数据。

2)垂向速度场运动特征

由于目前 GNSS 连续站较少，且解算得到的垂向位移的误差是水平方向位移误差的 2~3 倍甚至更大，因此，GNSS 垂向速度场在地壳形变中应用较少。Liang 等[138]使用了地球物理模型和 Delaunay 三角网相结合的方法对 GNSS 坐标时间序列中的非构造形变进行改正，得到了高精度的青藏高原及周边区域 GNSS 垂向速度场，结果显示云南及周边区域相对其北部稳定块体，整体呈现出隆升趋势，局部区域出现下沉的状态。随后，Hao 等[144]和 Pan 等[56]对云南及周边区域的垂向速度场运动特征展开了研究，云南及周边区域垂向速度场运动特征与 Liang 等[138]得出的运动趋势结果基本一致，由于速度场时间跨度和非构造形变改正方法不同，在速度场量值上存在一定差异。

2. 云南及周边区域构造形变场

有关青藏高原岩石圈变形的 2 个极端模型均与云南及周边区域的构造演化密切相关：①刚性块体的运动以块体边界大型走滑断层或逆冲-褶皱强烈构造变形带加以调节[145-147]；②均匀连续的挤压增厚变形模式[148-149]，以及通过中下地壳低黏度物质流动导致上地壳弥散状分布式连续变形[150-152]。实际上，随着块体尺度的减小，两种模型将趋于一致[153]。

目前，对云南及周边区域构造形变场的研究，主要包括不同尺度的块体运动特征、地壳应变场及区域内主要断裂带活动特性等。

青藏高原向东运动，然后在东部遇到华南块体的阻挡，在青藏高原东南部向东南方向进入川滇地块南部后转为向南运动[154]，通过安宁河-则木河-小江、玉树-甘孜、鲜水河、怒江、澜沧江等断裂活动吸收和调整[155-157]，导致了青藏高原东南部的顺时针运动[158-159]。李延兴等[160]以 1994—2001 年 GNSS 速度场为约束，提出并使用块体整体旋转与线性应变模型。朱守彪等[161]通过有限元和 Kriging 插值两种方法计算了云南及周边区域的应变场。李玉江等[162]以青藏高原东南部云南区域的地震活动性、地质构造和三维波速结构等不同观测手段获得的资料为基础，使用有限元模型模拟了云南区域构造应力应变场特征，结果显示该区域最大主应变主要分布在安宁河断裂带两侧、小江断裂带北段、滇西地区，整体上呈现出明显的西高东低、北强南弱特征。吕志鹏等[163]使用陆态网络 2009—2011 年短时间跨度的 GNSS 速度场资料，通过三角形法计算云南及周边区域的应变场。洪敏等[164]以 2010—2014 年 GNSS 速度场为约束研究云南区域地壳活动特征。王岩等[165]GNSS 应变参数动态演化的研究结果表明，云南整体上呈现“中部拉张、两端挤压”的特点。张勇等[166]以 2009—2018 年小江断裂带近场形变资料为约束研究该断裂带的活动特征，结果显示该断裂带呈现出北段强剪切张性、中段弱剪切强挤压、南段强剪切兼挤压活动的分段活动特征。党亚民等[167]以多期 GNSS 速度场为约束研究川滇块体地壳形变动态变化特征，认为川滇块体中断裂活动对地壳形变影响显著，应变率变化较大之处主要位于龙门山断裂、鲜水河断裂、小江断裂等大断裂周边。Jin 等[168]以川滇块体 1999—2017 年 360 个测站的 GNSS 水平速度场为约束，使用多尺度球面小波法计算该区域应变场，结果显示剪切应变率较高的区域主要集中在鲜水河断裂、小江断裂附近和红河断裂与丽江-小金河断裂的交界处。

不同学者利用以样品测年和古地震研究等地质方法[169-170]，以及以 GNSS 速度场为约束的块体模型、GNSS 剖面法、位错模型及连接断层元模型、有限元数值模拟的 GNSS 方法[171-177]对云南及周边区域主要断裂带活动特性展开了一系列研究。地质方法主要反映块体及断层的大尺度变形特征，是百万年或千万年的平均结果；GNSS 方法获取数据周期较短，一般为几年至几十年，主要代表现今地壳形变的整体特征。以下主要介绍云南及周边区域的红河断裂带、丽江-小金河断裂带、鲜水河断裂带、安宁河-则木河断裂带、小江断裂带的滑动速率。红河断裂带作为一条深大边界断裂，与金沙江断裂一起构成了川滇菱形块体的西南边界，地质方法给出的红河断裂带活动速率为 1~5 mm/a[178-181]；GNSS 方法给出的滑动速率为 0.3~4.9 mm/a[182-184]。丽江-小金河断裂带将川滇菱形块体斜切为川西北和滇中两个次级块体[185]。向宏发等[181]和徐锡伟等[186]基于地质方法的研究表明丽江-小金河断裂带水平滑动速率为 2~5 mm/a；GNSS 方法给出的活动速率为 0.5~5.4 mm/a[136, 156, 187-188]。鲜水河断裂带是一条活动性较强的走滑断裂带，地质方法给出的鲜水河断裂带的滑动速率为 6.7~17 mm/a[170, 189-191]；GNSS 方法给出的活动速率为 8~17.1 mm/a[156, 160, 172, 182]。安宁河断裂带及周边区域作为川滇菱形地块东边界的中段，断裂构造分布复杂，地质方法给出的安宁河断裂带的活动速率为 1~7 mm/a[192-195]；GNSS 方法给出的活动速率为 4~11.4 mm/a[156, 182, 196]。则木河断裂带是一条活动性较强的左旋走滑断裂，地质方法给出的则木河断裂带的活动速率为 4.7~6.7 mm/a[186, 197-198]；GNSS 方法给出的活动速率为 2.8~7.1 mm/a[156, 182, 196, 199]。小江断裂带是一条规模巨大、长期活动、性质复杂的断裂带，北起巧家以北，南至建水东南，全长 400 多千米，地质方法给出的小江断裂带的活动速率为 9.6~22 mm/a[200-201]；GNSS 方法给出的活动速率为 7~13.3 mm/a[4, 156, 182, 196, 202]。通过对比地质方法与 GNSS 方法给出的云南及周边区域主要活动断裂带活动速率可知，大部分断裂带结果具有较好的一致性。

1.3 研究内容

本章中的研究背景与意义和国内外研究现状，涉及几个关键问题。首先，GNSS 坐标时间序列是后续一系列研究的基础，如何降低非构造形变和噪声的影响，提高坐标时间序列的精度和可靠性，对于研究地震地壳形变十分重要；其次，水文负载质量的季节性变化能够引起地壳季节性运动，为定量表征干旱提供了重要约束。另外，利用 GNSS 观测资料获取研究区域现今地壳形变特征及地球动力学特征，对于理解云南及周边区域现今构造运动与变形十分重要。GNSS 形变观测资料用于地震预报研究仍处于探索阶段，如何从 GNSS 形变资料时空动态变化特征中识别中长期强震危险区，以及如何捕捉强震前构造变形微动态异常信号，研究形变的内在机制及其与地震灾害的内在关系，是需要我们不断深入研究的方向。围绕以上问题，本书将基于云南及周边区域 GNSS 观测资料，探讨高精度 GNSS 数据严密处理，并研究该区域现今三维地壳形变特征，云南区域地壳形变震前异常特征及气象干旱到水文干旱的传播特征，尝试识别中长期强震危险区以及挖掘强震前构造变形微动态异常信号。主要研究内容如下：

(1) 高精度 GNSS 数据严密处理研究。对云南区域 27 个 GNSS 连续站近 10 年的观测数据进行高精度数据解算并进行了四分位距法(interquartile range, IQR)粗差剔除、阶跃改正、基于正则期望最大化(regularized EM, ReGEM)方法的缺失数据插值等预处理，在此基础上，分别从环境负载模型、共模误差、噪声模型等方面对 GNSS 坐标时间序列中的非构造形变进行改正和噪声分析。

(2) 云南及周边区域现今地壳形变特征研究。经过高精度 GNSS 数据严密处理之后，获得了高精度的 GNSS 垂向坐标时间序列和速度场，在此基础上，研究了云南区域垂向运动的季节性变化和构造变形，并进一步收集整理了目前为止云南及周边区域基于欧亚框架的 1999—2016 年跨度最为密集的 526 个测站水平速度场，并以中国活动块体及其周边断裂带的构造背景为基础，根据实际的 GNSS 点位分布情况，将云南及周边区域划分为 23 个微块体，从微块体运动、活动断裂带及应变场特征方面研究该区域现今水平地壳形变。

(3)云南区域地壳形变震前异常特征研究。首先，基于云南区域中长期整体应变背景场，探讨应变积累背景异常特征，研究判定强震危险地点的一些异常判据，建立风险区域划定模型。其次，基于基线时间序列，识别区域内中强地震前的一些异常现象。最后，基于局部格网应变时序，深入挖掘中强地震前应变时序中的各种异常信息，包括：①对格网面应变时序异常次数统计特征进行研究，探讨面应变异常过程与区域地震孕育活动之间的关系。②基于整体经验模态分解的希尔伯特-黄变换分析方法分析应变时序时间-频率-能量的联合分布特征，尝试挖掘应变时频信号中所携带的孕震信息，为未来云南区域强震的判定提供一定的参考。

(4)云南区域干旱监测研究。基于云南区域的 GNSS 观测资料、水文模型和气象观测数据，通过 GNSS 水汽反演理论、信号处理理论、圆盘质量负荷反演理论等研究气象水文干旱的演变和传播特征，识别出云南区域的水文干旱和气象干旱事件并分析影响干旱传播的潜在因素，为云南区域水资源管理提供一定的参考。

根据以上主要内容，本书将各章节安排如下：第 1 章为绪论，介绍本书的研究背景与意义，总结国内外相关领域的研究现状，列出本书的主要研究内容。第 2 章以云南区域 GNSS 观测资料为例，开展 GNSS 数据处理：首先系统阐述了 GNSS 基线解算和网平差原理，然后使用 GAMIT/GLOBK10. 71 软件对云南区域 27 个 GNSS 连续站近 10 年的观测数据进行了基线解算、网平差及精度评定，最后获得了在 ITRF2014 全球参考框架下 2011 年 1 月—2020 年 8 月跨度的高精度 GNSS 坐标时间序列并进行预处理。第 3 章详细介绍了 GNSS 坐标时间序列分析方法，然后分别使用 GFZ、EOST、IMLS 产品在 CM 和 CF 框架下水文、大气、非潮汐海洋负载及相互之间的 40 种组合对第 2 章进行预处理后的 GNSS 坐标时间序列中的非构造形变改正，并定量评价环境负载模型改正效果，最后从不同噪声模型、环境负载及共模误差等方面对 GNSS 坐标时间序列的速度及不确定度的影响进行分析。第 4 章至第 7 章为本书的主体部分，分别围绕上述主要研究内容展开。第 8 章为总结和展望，对本书的研究工作进行总结，并对下一步的研究工作进行展望。

第 2 章

GNSS 连续站数据处理

2.1 GNSS 连续站数据概况

云南区域(21~29°N, 97~106°E)位于青藏高原东南侧，是多块体组成的重要地质研究区，内部有澜沧江、小江、红河等多条大型且复杂的活动断裂带，是中国区域现今构造活动最为剧烈的区域之一[203]。本章对中国陆态网络在云南区域内的 27 个 GNSS 连续站观测的数据进行处理。使用的 27 个 GNSS 连续站近 10 年观测数据由中国地震台网中心共享，时间跨度为 2011 年 1 月 1 日—2020 年 8 月 4 日，详细的连续站分布如图 2-1 所示。27 个 GNSS 连续站的信息概括如表 2-1 所示，所有连续站由 TRIMBLE NETR8 仪器观测，天线类型为 TRM59800. 00，大部分连续站是基岩站，连续站建设情况如图 2-2 所示。

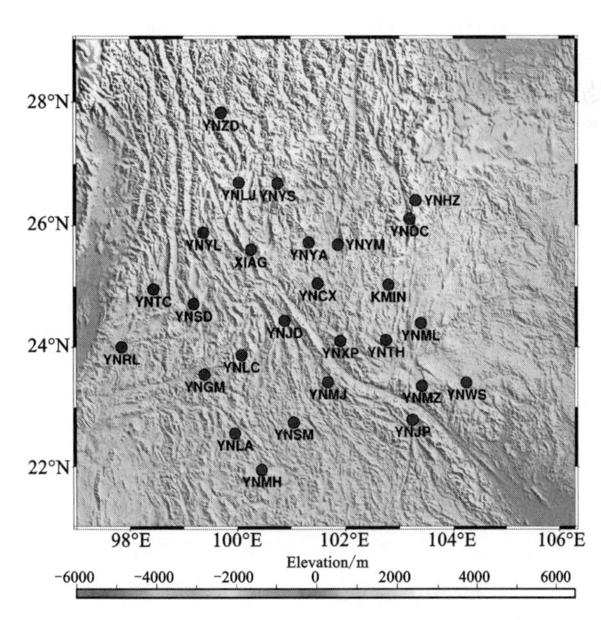

图 2-1　云南区域 27 个 GNSS 连续站分布图

表 2-1　云南区域 27 个 GNSS 连续站信息概况

测站代码	站名	经度	纬度	基岩类型	观测仪器	天线类型
KMIN	昆明	102. 80°E	25. 03°N	页岩	TRIMBLE NETR8	TRM59800. 00
XIAG	下关	100. 25°E	25. 61°N	弱风化石英砂岩		
YNCX	楚雄	101. 49°E	25. 05°N	基岩		
YNDC	东川	103. 18°E	26. 11°N	基岩		
YNGM	耿马	99. 39°E	23. 55°N	基岩		
YNHZ	会泽	103. 29°E	26. 41°N	土层		
YNJD	景东	100. 88°E	24. 44°N	基岩		
YNJP	金平	103. 23°E	22. 79°N	土层		
YNLA	澜沧	99. 95°E	22. 56°N	基岩		
YNLC	临沧	100. 08°E	23. 87°N	基岩		
YNLJ	丽江	100. 03°E	26. 70°N	基岩		
YNMH	勐海	100. 45°E	21. 95°N	土层		
YNMJ	墨江	101. 67°E	23. 42°N	基岩		
YNML	弥勒	103. 38	24. 40°N	基岩		
YNMZ	蒙自	103. 40°E	23. 36°N	土层		
YNRL	瑞丽	97. 85°E	24. 00°N	土层		
YNSD	施甸	99. 19°E	24. 71°N	基岩		
YNSM	思茅	101. 05°E	22. 74°N	基岩		
YNTC	腾冲	98. 44°E	24. 95°N	基岩		
YNTH	通海	102. 75°E	24. 12°N	基岩		
YNWS	文山	104. 25°E	23. 41°N	基岩		
YNXP	新平	101. 91°E	24. 10°N	基岩		
YNYA	姚安	101. 33°E	25. 72°N	土层		
YNYL	云龙	99. 37°E	25. 88°N	基岩		
YNYM	元谋	101. 86°E	25. 69°N	基岩		
YNYS	永胜	100. 75°E	26. 68°N	基岩		
YNZD	中甸	99. 70°E	27. 82°N	基岩		

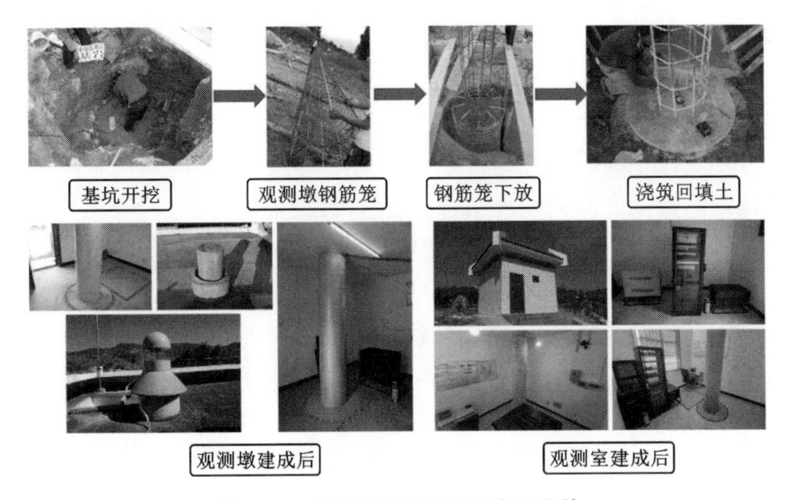

图 2-2　GNSS 连续观测站建设照片

2.2　GNSS 基线解算与网平差原理

2.2.1　基线解算原理

GAMIT 软件在对 GNSS 观测设备获得的数据进行基线解算时，将双差观测值作为输入的基本观测量[204]，基本的双差观测值公式如下：

$$\Delta\varphi_{ij}^{pq}(t_1) = \frac{f}{c}\Delta\rho_{ij}^{pq}(t_1) - \Delta N_{ij}^{pq} - \frac{f}{c}(V_{ion}^{t_1})_{ij}^{pq} - \frac{f}{c}(V_{trop}^{t_1})_{ij}^{pq} \tag{2-1}$$

目前大部分 GNSS 观测设备能够得到 L1、L2 载波相位双差观测值，建立的观测方程式为：

$$\begin{cases} \Delta\varphi_{ij}^{pq}(t_1) = \frac{f_1}{c}\Delta\rho_{ij}^{pq}(t_1) - \Delta N_{ij}^{pq} - \frac{f_1}{c}(V_{ion}^{t_1})_{ij}^{pq} - \frac{f_1}{c}(V_{trop}^{t_1})_{ij}^{pq} \\ \Delta\varphi_{ij}^{pq}(t_1) = \frac{f_2}{c}\Delta\rho_{ij}^{pq}(t_1) - \Delta N_{ij}^{pq} - \frac{f_2}{c}(V_{ion}^{t_1})_{ij}^{pq} - \frac{f_2}{c}(V_{trop}^{t_1})_{ij}^{pq} \end{cases} \tag{2-2}$$

式中：$\Delta\varphi_{ij}^{pq}(t_1)$为 t_1 时刻在接收机和卫星间求二次差后所得到的双差观测值；f 为载波频率；f_1、f_2 分别为接收机在 L1、L2 的载波频率；c 为光速；$V_{ion}^{t_1}$为电离层延迟；$V_{trop}^{t_1}$为对流层延迟；ΔN_{ij}^{pq} 为整周模糊度；$\Delta\rho_{ij}^{pq}$ 为卫星到接收机的几何距离。

由式(2-1)可知虽然双差方式消除了卫星和接收机钟差带来的影响，但式(2-2)中还存在一些电离层延迟参数。因此，GAMIT 软件采用 LC 组合消除电离层延迟带来的影响，LC 组合表达式为：

$$\mathrm{LC} = L_1 - [g/(1-g^2)](L_2 - gL_1) \tag{2-3}$$

式中：$g = 1227.6/1575.4$。

为了方便式(2-3)中参数的解算，分别建立 L_1、L_2 及电离层延迟约束观测 l_k 的载波相位观测数据之间的线性组合，表达式为：

$$\begin{bmatrix} Dl_{c1} \\ Dl_{c2} \end{bmatrix} = \begin{bmatrix} D\boldsymbol{A}_{c1} \\ D\boldsymbol{A}_{c2} \end{bmatrix} x_{\mathrm{a}} + \begin{bmatrix} v_{c1} \\ v_{c2} \end{bmatrix} \tag{2-4}$$

式中：D 为双差算子；l_{c1} 为 L_1、L_2 的线性组合，其类似 LC 组合；l_{c2} 为 L_1、L_2 和 l_k 的线性组合；$\boldsymbol{A}$ 为线性化后的系数矩阵；v_{c1}、v_{c2} 为测量误差以及没有模型化的残余误差。

其中：

$$\begin{cases} l_{c1} = l_1 - [g/(1-g^2)](l_2 - gl_1) \\ l_{c2} = l_1 + (1/2g)(l_2 - gl_1) - \dfrac{1+g^2}{2g^2} l_k \\ \boldsymbol{A}_{c1} = (1-g^2)^{-1}(A_1 - gA_2) \\ \boldsymbol{A}_{c2} = (1/2g)(gA_1 + A_2) \end{cases} \tag{2-5}$$

以上两种组合均消除了电离层延迟参数，在一定程度上减少了待求参数，式(2-3)中待求的参数可进一步分解为：x、$\boldsymbol{n}_1$、$\boldsymbol{n}_2 - \boldsymbol{n}_1$。

x 为卫星轨道参数、测站坐标及对流层天顶延迟参数等以外的所有参数；$\boldsymbol{n}_1$ 为 L_1 载波相位整周模糊度参数向量；$\boldsymbol{n}_2 - \boldsymbol{n}_1$ 为宽巷载波 $10^{-8} \sim 10^{-9}$ 的模糊度参数向量。此外，分别令 $\boldsymbol{A}_{c1} = |\boldsymbol{A}_{c1} \quad I \quad 0|$、$\boldsymbol{A}_{c2} = |\boldsymbol{A}_{c2} \quad I \quad I|$ 且满足 $g\boldsymbol{A}_{c1} = \boldsymbol{A}_{c2}$，则相应的观测方程可写为：

$$\boldsymbol{D}\begin{bmatrix} l_{c1} \\ l_{c2} \end{bmatrix} = \boldsymbol{D}\begin{bmatrix} \boldsymbol{A}_{c1} & (1+g)^{-1} & -g(1-g^2)^{-1} \\ \boldsymbol{A}_{c2} & (1/2g)(1+g) & (1/2g) \end{bmatrix} \begin{bmatrix} x \\ n_1 \\ n_2 - n_1 \end{bmatrix} + \begin{bmatrix} v_{c1} \\ v_{c2} \end{bmatrix} \tag{2-6}$$

对应的方差和期望为：

$$\boldsymbol{E}\begin{bmatrix} v_{c1} \\ v_{c2} \end{bmatrix} = \begin{bmatrix} 0 \\ 0 \end{bmatrix}; \quad \boldsymbol{D}\begin{bmatrix} v_{c1} \\ v_{c2} \end{bmatrix} = \boldsymbol{\sigma}^2(1+g^2)\begin{bmatrix} d_{11} & d_{12} \\ d_{21} & d_{22} \end{bmatrix} \tag{2-7}$$

其中：

$$d_{11} = \frac{1}{(1-g^2)^2}\boldsymbol{D}\boldsymbol{C}_{\varphi}\boldsymbol{D}^{\mathrm{T}}, \quad d_{22} = \frac{1}{4g^2}\left[\boldsymbol{D}\boldsymbol{C}_{\varphi}\boldsymbol{D}^{\mathrm{T}} + \frac{(1+g^2)\boldsymbol{\sigma}_k^2}{g^2\boldsymbol{\sigma}^2}\boldsymbol{D}\boldsymbol{C}_k\boldsymbol{D}^{\mathrm{T}}\right], \quad d_{12} = d_{21} = 0 \tag{2-8}$$

式中：$\boldsymbol{C}_{\varphi}$ 为单程相位观测数据的协因数阵；$\boldsymbol{C}_k$ 为电离层延迟参数的协因数阵；

σ^2、σ_k^2 为先验单位权误差。

在GAMIT软件解算过程中，根据不同的目的，通过选取不同协因数阵 $\boldsymbol{C}_\varphi$ 和 $\boldsymbol{C}_k$ 可以得到不同的解。

2.2.2　网平差原理

在GNSS基线解算完成之后，使用GLOBK模块进行网平差。该模块是基于动态参数的估算方法——卡尔曼滤波，将基线向量及其协方差阵作为基本观测量进行网平差。网平差之后可以得到基于某一参考框架的坐标、速度、时间序列等结果[205]。

卡尔曼滤波模型的观测方程和状态方程可表示为：

$$\begin{cases} y_i = \boldsymbol{A}_i x_i + \boldsymbol{v}_i \\ x_i = \boldsymbol{S}_i x_{i-1} + w_{i-1} \end{cases} \tag{2-9}$$

式中：y_i 为观测值；$\boldsymbol{A}_i$、$\boldsymbol{S}_i$ 分别为观测方程和状态方程的系数矩阵；$\boldsymbol{v}_i$ 为观测值的噪声向量；x_i 为状态值；w_{i-1} 为动态噪声。

卡尔曼滤波的随机模型为：

$$\begin{cases} E(v_i) = 0 \\ E(w_{i-1}) = 0 \\ \mathrm{cov}(v_i, v_j) = \boldsymbol{P}_\mathrm{v}\delta(t_j - t_i) \\ \mathrm{cov}(w_i, w_j) = \boldsymbol{Q}_\mathrm{w}\delta(t_j - t_i) \\ \mathrm{cov}(v_i, w_j) = 0 \end{cases} \tag{2-10}$$

式中：$\boldsymbol{P}_v$、$\boldsymbol{Q}_\mathrm{w}$ 分别为观测值噪声和动态噪声的方差矩阵；$\delta(t_j-t_i)$ 为kronecker函数，该函数满足的条件如式(2-11)所示。

$$\delta(t_j - t_i) = \begin{cases} 0, j \neq i \\ 1, j = i \end{cases} \tag{2-11}$$

对GAMIT基线解算所获得的准观测值，建立如下观测方程：

$$\begin{aligned} \Delta x(t) = \Delta x_0 + \lambda x_0 + (t - t_0)\Delta V_0 + \sum_k r_k(t, t_i)\delta v_i + \\ \gamma(t) + \tau_x + (t - t_0)\tau_\mathrm{V} + \mu w_x + u(t - t_0)w_\mathrm{V} \end{aligned} \tag{2-12}$$

式中：Δx_0 为历元 t 时刻的松弛解坐标；x_0、ΔV_0 分别为参考历元 t_0 的坐标和速度；λ 为尺度因子；τ_x、τ_V 为参考历元的平移参数和平移变化速率参数；w_x、w_V 为参考历元的旋转参数和旋转变化速率参数；$\gamma(t)$ 为随机噪声；δv_i 为第 t_i 时刻的位移突变。

参考时刻的坐标先验值用 x^0 表示，待估参数用 p 表示，即 $p=(x_0, \lambda, \delta v_i, \tau_x, \tau_\mathrm{V}, w_x, w_\mathrm{V})$，则状态方程可以表示为：

$$p_i = p_{i-1} + w_i \tag{2-13}$$

根据观测方程式(2-12)和状态方程式(2-13)，可通过卡尔曼滤波估计参数。

2.3 GAMIT/GLOBK 软件数据处理

2.3.1 GAMIT/GLOBK 软件处理流程

GAMIT/GLOBK 是一款优秀的高精度且公开免费的开源 GNSS 数据处理与分

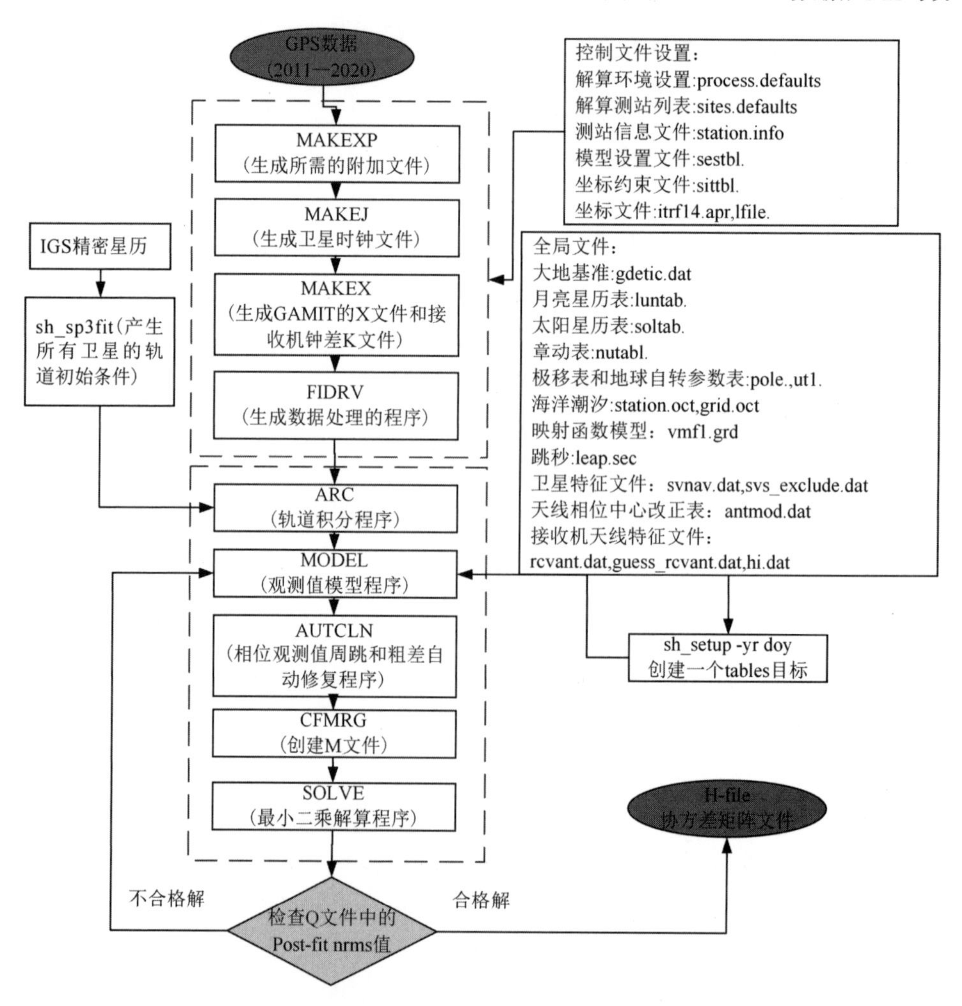

图 2-3 GAMIT 处理流程

析软件。GAMIT 软件在 LINUX/UNIX 等开源的操作系统下运行，该软件由 Fortran 语言编写，以处理载波相位观测值为主，采用最小二乘法，可确定地面测站的三维坐标，估算大气延迟和地球自转参数等[206]。GAMIT 软件由多个功能并独立运行的程序模块组成，具有处理结果精确、运算速度快等特点。GAMIT 软件数据预处理能获得测站和卫星轨道的单日区域松弛解，这个单日解给出了区域测站、极移、天顶对流层延迟和卫星参数的松弛解和方差-协方差矩阵。详细的处理流程如图 2-3 所示，GAMIT 基线解算完成后得到的 H-file 文件可作为 GLOBK 平差软件的输入数据。

GLOBK 软件是一个卡尔曼滤波器，可联合解算空间大地测量和地面观测数据。其处理的数据主要为准观测值(轨道参数、地球自转参数、测站坐标)的估值及其协方差阵。GLOBK 主要功能：①坐标时间序列重复性分析。利用 GLRED 模块通过调用 GLOBK 模块产生测站单日解的坐标时间序列。②时间域和空间域的合并。GLOBK 软件主要是通过 GLRED、GLOBK、GLORG 三个功能模块运算，可以得到测站的坐标时间序列、坐标、速度场。GLOBK 的处理流程如图 2-4 所示。

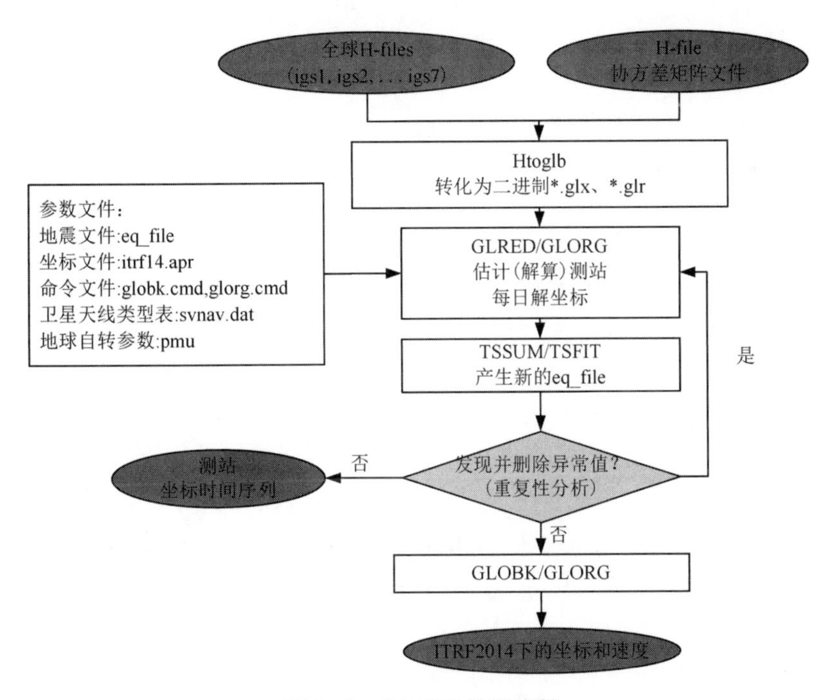

图 2-4　GLOBK 处理流程

2.3.2 GAMIT 基线解算及精度评定

利用 GAMIT/GLOBK10.71 软件对云南区域 27 个连续站观测数据进行基线解算时，选择中国周围的 15 个 IGS 站（TCMS、TWTF、TSKB、YIBL、GUAM、GUAO、HYDE、LHAZ、NVSK、BJFS、DAEJ、PIMO、SELE、IISC、KIT3）进行联合解算。GAMIT 基线解算主要策略设置为：

①观测值：LC-AUTCLN。基线处理模型：RELAX.。

②数据处理时段及模式：24 小时、双差模式。

③卫星轨道：松弛轨道模式。

④对流层：天顶对流层延迟由 GPT 模型计算获得；大气映射函数采用 VMF1 模型。

⑤电离层：利用双频载波相位组合观测进行电离层改正。

⑥数据定权：采用依据卫星截止高度角（10°）确定观测量的权重的随机模型，即 ELEV 模型。

⑦潮汐模型：IERS10 极潮模型；FES2004 海潮模型。

⑧地球重力场模型：EGM08。

⑨地磁场模型：IGRF13。

⑩天线推力模型：ANTBK。

⑪地球辐射模型：TUME1。

⑫惯性参考框架：J2000。

⑬15 个 IGS 连续站的坐标约束分别为 0.025 m、0.025 m、0.05 m；27 个云南 GNSS 连续站的坐标约束为 30 m、30 m、30 m。

GAMIT 基线解算的精度主要根据基线的相对精度和重复性及单日解的标准均方根误差三个指标进行评定。

（1）单日解的标准化均方根误差（normalized root mean square，NRMS）。NRMS 表示的是一个时段内解算出来的基线值偏离其加权平均值的程度，是衡量 GAMIT 基线结果的一个重要指标。NRMS 值越低，表明基线解质量越好，NRMS 值正常情况下应小于 0.3。若部分周跳在解算中修复存在缺失或某一参数出现偏差，将会导致 NRMS 值高于 0.5，其表达式为：

$$\mathrm{NRMS}=\sqrt{\frac{1}{N}\sum_{i=1}^{n}\frac{(Y_i-Y)}{\sigma_i^2}} \tag{2-14}$$

式中：N 为解算使用的基线总量；Y_i 为第 i 天所求的基线解；Y 为第 i 天单位时段内目标基线的加权平均值；σ_i 为第 i 天该基线的中误差。

GAMIT 解算得到了 2011 年 1 月—2020 年 8 月近 10 年单日基线解的 NRMS

结果，如图 2-5 所示，NRMS 值范围为 0.17~0.22，表明基线解算结果精度很高，GAMIT 基线解算质量符合要求。

(2) GNSS 基线解算精度的另一重要衡量指标是单日解重复性，其表现在各方向分量及边长的基线重复性[公式(2-15)]上。基线重复性值越大，表明 GNSS 观测质量越差，基线解算精度越低；反之，值越小，表明解算精度越高。

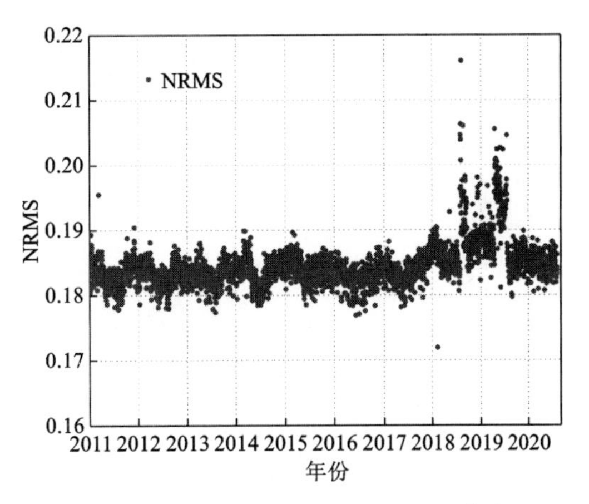

图 2-5　2011—2020 年的 NRMS 统计

$$\boldsymbol{R}_{\mathrm{c}} = \left[\frac{\dfrac{n}{n-1}\cdot\displaystyle\sum_{i=1}^{n}\frac{(C_i-\overline{C})^2}{\sigma_{c_i}^2}}{\displaystyle\sum_{i=1}^{n}\frac{1}{\sigma_{c_i}^2}}\right]^{\frac{1}{2}};\ R_{\mathrm{r}} = \frac{R_{\mathrm{c}}}{\overline{C}} \tag{2-15}$$

式中：$\boldsymbol{R}_{\mathrm{c}}$ 为基线向量的重复性；R_{r} 为基线向量的相对重复性；n 为基线单日解数量；C_i 为第 i 日的基线分量或者边长；$\sigma_{c_i}^2$ 为 C_i 的方差；$\overline{C}$ 为单日解基线分量或边长的加权平均值，其表达式见式(2-16)。

$$\overline{C} = \frac{\displaystyle\sum_{i=1}^{n}\frac{C_i}{\sigma_{c_i}^2}}{\displaystyle\sum_{i=1}^{n}\frac{1}{\sigma_{c_i}^2}} \tag{2-16}$$

经过 GAMIT 基线解算后共得到 780 条基线，基线相对重复率统计见表 2-2，基线重复性统计见表 2-3。由表 2-2 可知，2011 年 1 月—2020 年 8 月的基线相对重复率平均值在 4.81×10^{-9} 与 8.27×10^{-9} 之间，大部分基线的相对重复率精度达到 10^{-9}~10^{-8} 量级。由表 2-3 可知，2011 年 1 月—2020 年 8 月的基线重复性平均值在 0.0035~0.0068 m，最小值在 0.0009~0.0013 m，最大值在 0.0105~0.0433 m，大部分基线重复性的精度达到 mm 量级。综合基线的相对重复率、标准均方根误差及基线重复性三个指标，本次的 GAMIT 基线解算精度较高，符合下一步的 GLOBK 网平差要求。

表 2-2　2011—2020 年的基线相对重复率统计

年份	最大值	最小值	平均值
2011	5.32×10^{-8}	7.95×10^{-10}	6.86×10^{-9}
2012	1.08×10^{-7}	5.32×10^{-10}	7.16×10^{-9}
2013	9.21×10^{-7}	5.17×10^{-10}	7.49×10^{-9}
2014	8.73×10^{-8}	5.78×10^{-10}	8.27×10^{-9}
2015	4.25×10^{-8}	4.86×10^{-10}	4.81×10^{-9}
2016	3.86×10^{-7}	3.34×10^{-10}	8.27×10^{-9}
2017	5.19×10^{-8}	5.66×10^{-10}	6.69×10^{-9}
2018	6.58×10^{-8}	2.89×10^{-10}	7.21×10^{-9}
2019	6.35×10^{-8}	8.87×10^{-10}	7.11×10^{-9}
2020	5.78×10^{-8}	1.05×10^{-9}	6.73×10^{-9}

表 2-3　2011—2020 年的基线重复性统计

年份	分量	最大值/m	最小值/m	平均值/m
2011	N	0.0168	0.0011	0.0055
	E	0.0171	0.0011	0.0056
	U	0.0171	0.0011	0.0056
	L	0.0171	0.0011	0.0056
2012	N	0.0197	0.0012	0.0057
	E	0.0197	0.0013	0.0057
	U	0.0198	0.0012	0.0057
	L	0.0196	0.0012	0.0057
2013	N	0.0270	0.0010	0.0058
	E	0.0272	0.0010	0.0058
	U	0.0271	0.0010	0.0058
	L	0.0273	0.0010	0.0058

续表2-3

年份	分量	最大值/m	最小值/m	平均值/m
2014	N	0.0191	0.0012	0.0056
	E	0.0190	0.0012	0.0056
	U	0.0192	0.0012	0.0056
	L	0.0198	0.0012	0.0056
2015	N	0.0167	0.0010	0.0035
	E	0.0175	0.0010	0.0035
	U	0.0175	0.0010	0.0035
	L	0.0170	0.0010	0.0035
2016	N	0.0363	0.0011	0.0054
	E	0.0325	0.0010	0.0056
	U	0.0433	0.0011	0.0068
	L	0.0290	0.0010	0.0054
2017	N	0.0174	0.0009	0.0045
	E	0.0175	0.0009	0.0045
	U	0.0179	0.0009	0.0045
	L	0.0179	0.0009	0.0045
2018	N	0.0158	0.0013	0.0048
	E	0.0157	0.0013	0.0048
	U	0.0158	0.0013	0.0051
	L	0.0157	0.0013	0.0048
2019	N	0.0211	0.0013	0.0049
	E	0.0207	0.0013	0.0049
	U	0.0210	0.0013	0.0049
	L	0.0212	0.0013	0.0049
2020	N	0.0105	0.0010	0.0037
	E	0.0111	0.0010	0.0037
	U	0.0108	0.0010	0.0037
	L	0.0105	0.0010	0.0037

2.3.3 GLOBK 网平差及精度评定

对云南区域所有的 GNSS 连续站进行基线解算之后，使用 GLOBK 软件对上一步得到的单日松弛解 H-file 文件进行网平差，最后得到了云南区域 27 个连续站的坐标时间序列。网平差的主要策略设置如下：

①选择 igb14_comb.apr 中的 IGS 核心站作为框架稳定站，IGS 核心站的坐标约束为 0.005 m、0.005 m、0.01 m，云南区域 27 个连续站的坐标约束为 0.45 m、0.1 m、0.45 m。

②利用 GLOBK 将 GAMIT 基线解算得到的松弛解 H-file 文件与 SOPAC 提供的 7 个全球子网的 H-file 文件(igs1、igs2、igs3、igs4、igs5、igs6、igs7)进行合并，通过七参数相似变换将单日松弛解转换到 ITRF2014 全球参考框架。

③人为因素、外界较差的观测环境因素等会造成 GNSS 观测的坐标时间序列中存在较大粗差，为了得到精度更高的坐标时间序列，需要对地震 eq 文件进行粗差剔除设置。

经过网平差后得到在 ITRF2014 全球参考框架下的 GNSS 坐标时间序列，N、E、U 分量的坐标时间序列精度通过加权均方根误差(WRMS)来评价，WRMS 越小，表示时间序列的重复性越好，结果如表 2-4 所示。从表中可知，27 个连续站在 N 方向的 WRMS 值范围为 2～3.6 mm；在 E 方向的 WRMS 值范围为 1.8～4.6 mm，在水平方向的精度均在 5 mm 以内，表明在水平方向上坐标的重复性较好；在 U 方向上，YNJP、YNMH、YNRL、YNSM、YNTC 和 YNZD 连续站的 WRMS 值都大于 10 mm，这些连续站在 U 方向上的坐标时间序列均存在阶跃变化，其他连续站的 WRMS 值都在 10 mm 以内，在 U 方向上的坐标重复性较好。图 2-6、图 2-7、图 2-8、图 2-9 为部分连续站(YNZD、YNRL、YNYA、YNML)的坐标时间序列，从图中可知，除了 YNZD 和 YNRL 连续站在 U 方向上存在阶跃变化外，这些连续站还存在粗差点和数据缺失情况，因此，要获得高精度的坐标时间序列，必须进行粗差剔除、阶跃改正、缺失数据插值等预处理。

表 2-4 27 个连续站的 WRMS 统计

连续站	WRMS/mm			连续站	WRMS/mm			连续站	WRMS/mm		
	N	E	U		N	E	U		N	E	U
KMIN	3.4	2.5	8	YNLC	2.3	3.4	8.4	YNTC	2.3	3.2	22
XIAG	3.6	4.6	8.6	YNLJ	2.3	1.8	5.7	YNTH	2.2	2.4	6
YNCX	2.1	2.1	6.4	YNMH	2.9	3.8	17	YNWS	3.6	4	5.9

续表2-4

连续站	WRMS/mm			连续站	WRMS/mm			连续站	WRMS/mm		
	N	E	U		N	E	U		N	E	U
YNDC	2.2	2.3	7.6	YNMJ	2.3	2.1	7.4	YNXP	3.2	3.8	7
YNGM	2.7	4.5	9.8	YNML	2.1	2.6	5.6	YNYA	2.1	2	6.5
YNHZ	2.5	2.7	7.7	YNMZ	2.8	2.8	7.8	YNYL	2.4	2.4	9.1
YNJD	2.9	3.3	8.4	YNRL	2.2	2.9	18.3	YNYM	2	1.9	6.6
YNJP	2.7	3.2	14.2	YNSD	2.3	2.5	7.6	YNYS	2.5	2.2	6.8
YNLA	2	2.6	9.9	YNSM	2.4	3.5	30.2	YNZD	3.5	4.5	30.3

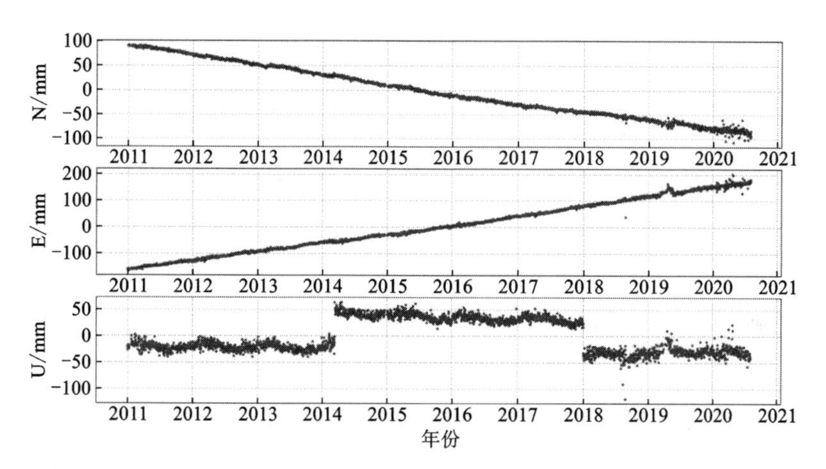

图 2-6　YNZD 坐标时间序列

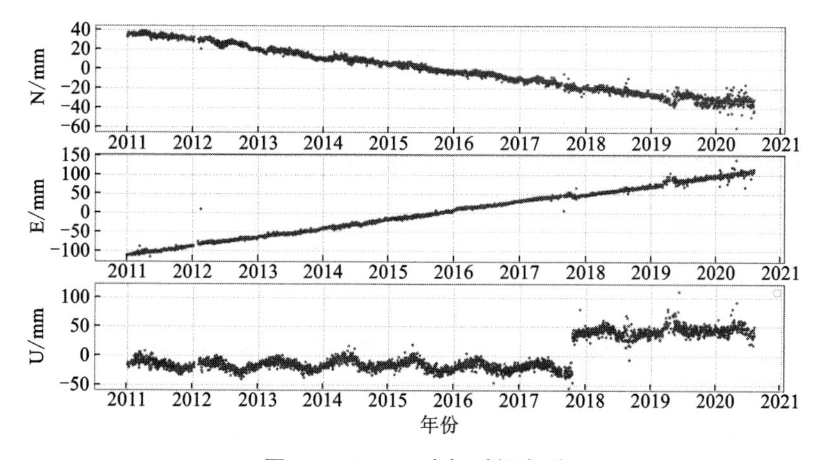

图 2-7　YNRL 坐标时间序列

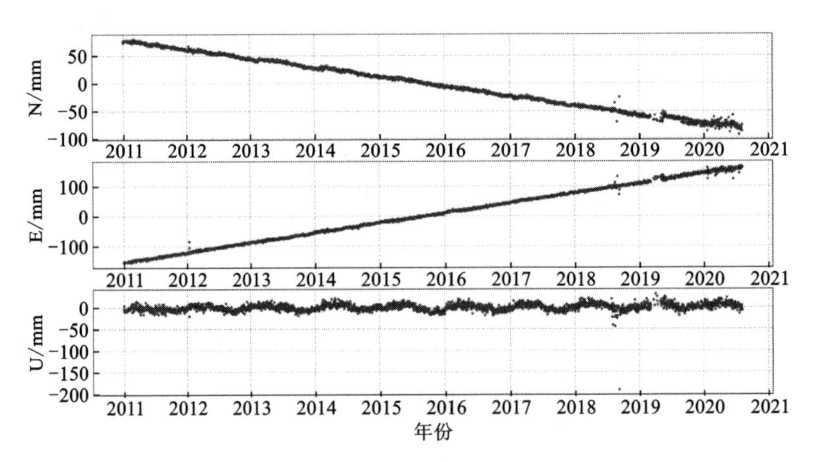

图 2-8　YNYA 坐标时间序列

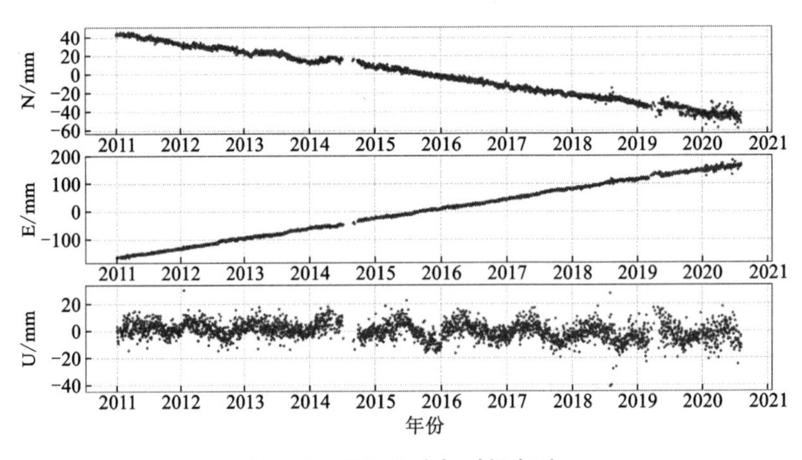

图 2-9　YNML 坐标时间序列

2.4　GNSS 坐标时间序列预处理

2.4.1　粗差剔除

虽然在 GAMIT 基线解算时通过地震 eq 文件能够剔除 GNSS 坐标时间序列中较大的粗差点，但是 GNSS 坐标时间序列中还会存在少量粗差点。因此，本研究使用 IQR 进行进一步的粗差探测和剔除，IQR 判别准则原理如下：

$$\mathrm{IQR} = Q_2 - Q_1 \tag{2-17}$$

异常值探测区间为：

$$[Q_1 - 1.5 \times \mathrm{IQR},\ Q_2 + 1.5 \times \mathrm{IQR}] \tag{2-18}$$

式中：Q_1 和 Q_2 分别为最靠近 1/4 和 3/4 处的下分位值和上分位值。

2.4.2　基于最小二乘法拟合的阶跃项改正

由于接收机或者天线变动、地震等多方面因素会使 GNSS 坐标时间序列出现阶跃变化，因此，本研究使用最小二乘法对 YNJP、YNMH、YNRL、YNSM、YNTC 和 YNZD 连续站中 U 方向出现的阶跃项进行改正。

Nikolaidis[34] 使用了基于周年和半周年变化的最小二乘法分析 GNSS 坐标时间序列，认为连续站的坐标时间序列通常可用式(2-19)进行描述。

$$y(t_i) = a + bt_i + c\sin(2\pi t_i) + d\cos(2\pi t_i) + e\sin(4\pi t_i) + f\cos(4\pi t_i) + \sum_{j=1}^{n_g} g_j H(t_i - T_{gj}) + v_i \tag{2-19}$$

式中：t_i 为以年为单位的时间；系数 a 和 b 分别为 GNSS 初始位置和线性运动速率；c、d、e 和 f 分别为周期项信号中的周年、半周年的运动振幅；g_j 为更换仪器或者地震等因素造成的阶跃位移；$H(t_i-T_{gj})$ 为阶跃函数；v_i 为原始观测值与拟合值的残差。式(2-19)中的参数可以通过最小二乘法拟合(least square fitting，LSF)计算得到。

分别以 YNRL 和 YNZD 连续站为例进行说明。图 2-10(a)和图 2-11(a)分别为 YNRL 和 YNZD 连续站在 U 方向上的最小二乘法拟合结果，图 2-10(b)和图 2-11(b)为 YNRL 和 YNZD 连续站阶跃改正后的结果，经过阶跃改正，GNSS 坐标时间序列的连贯性一致。

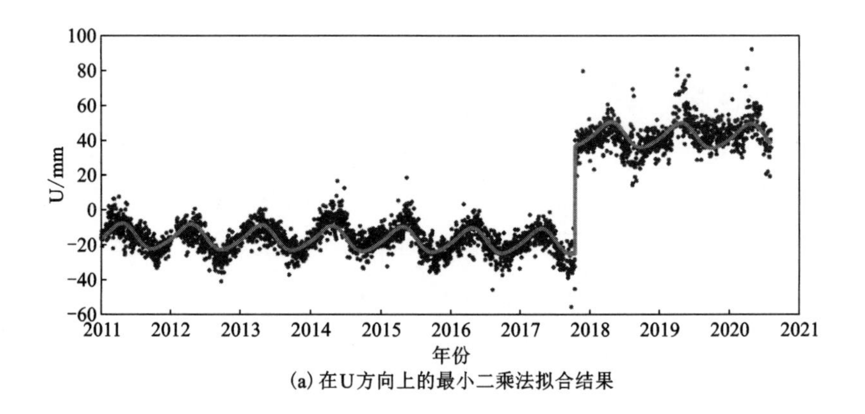

(a) 在U方向上的最小二乘法拟合结果

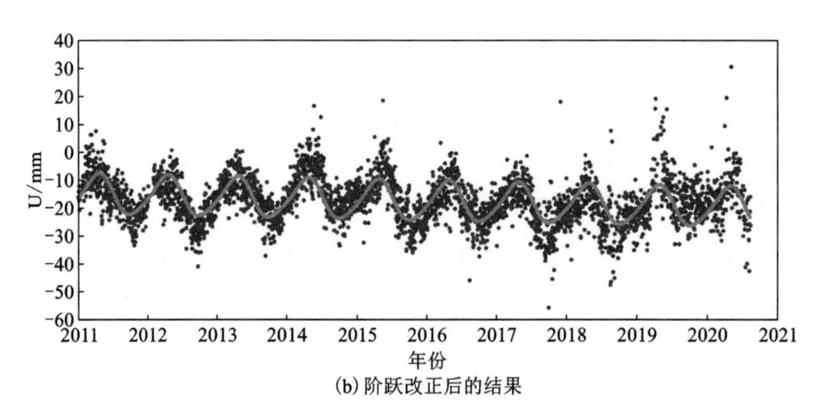

(b) 阶跃改正后的结果

图 2-10　YNRL 连续站阶跃改正

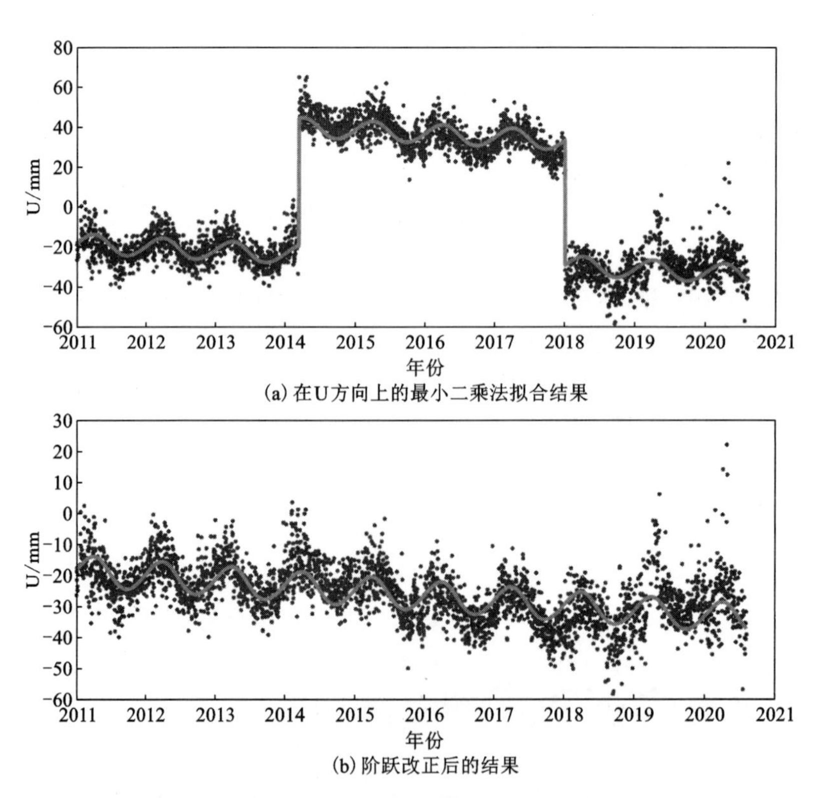

(a) 在U方向上的最小二乘法拟合结果

(b) 阶跃改正后的结果

图 2-11　YNZD 连续站阶跃改正

2.4.3　基于 ReGEM 方法的缺失数据插值

接收机与天线故障、系统供电中断以及其他未知原因，会导致 GNSS 坐标时间序列缺失。图 2-12 为云南区域 27 个连续站的坐标时间序列缺失率，27 个连续站缺失率范围为 5%~17%。数据的缺失会对 GNSS 坐标时间序列分析带来诸多不利影响。例如，在估计连续站的速度及不确定度时会带来偏差。因此，必须使用一种高精度的方法对缺失数据进行插值。王方超等[207]使用了 Schneider 等[208]提出的 ReGEM 方法与拉格朗日法、三次样条法、正交多项式法等方法对不同比例连续缺失的 GNSS 数据进行插值实验，通过不同插值方法的结果可知，ReGEM 方法插值精度要优于其他方法。ReGEM 方法在 GNSS 坐标时间序列插值中已经得到了成功应用[41, 209]，该方法顾及了连续站之间的相关性和物理背景，不需要先验信息和依赖数据模型，只根据数据自身特性进行插值。因此，本研究使用 ReGEM 方法对连续站坐标时间序列中缺失数据进行插值。

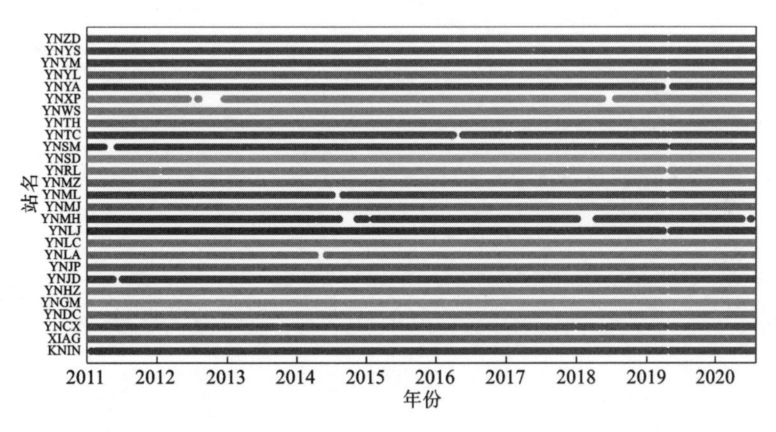

图 2-12　云南区域 27 个连续站 GNSS 坐标时间序列缺失率

ReGEM 主要原理：由 p 个测站和 m 个历元观测的时间序列数据构成矩阵 $\boldsymbol{X}$，对于矩阵 $\boldsymbol{X}$ 中的任一个时间序列数据，缺失的与非缺失的时间序列数据可通过线性回归模型来表示。

$$\boldsymbol{x}_{\mathrm{m}} = \boldsymbol{u}_{\mathrm{m}} + (\boldsymbol{x}_{\mathrm{a}} - \boldsymbol{u}_{\mathrm{a}})B + e \tag{2-20}$$

式中：$B \in R^{p_{\mathrm{a}} \times p_{\mathrm{m}}}$ 为回归系数；e 为残差；$\boldsymbol{x}_{\mathrm{a}}$ 和 $\boldsymbol{x}_{\mathrm{m}}$ 分别为非缺失与缺失的时间序列数据组成的向量，均值分别为 $\boldsymbol{u}_{\mathrm{a}}$ 和 $\boldsymbol{u}_{\mathrm{m}}$。给定的均值 $\boldsymbol{u}$ 和协方差阵通过条件最大似然估计计算 $\boldsymbol{X}$ 中每一行包含数据缺失的时间序列数据的回归系数 B 和残差协方差阵 $\boldsymbol{C}$，之后，通过式(2-21)对缺失的时间序列数据进行插值。

$$\hat{x}_m = \hat{u}_m + (x_a - \hat{u}_a)\hat{B} \tag{2-21}$$

式中：$\hat{u}_a$ 和 $\hat{u}_m$ 分别为非缺失和缺失的时间序列数据均值的估计值；$\hat{B}$ 是通过岭估计方法得到的回归系数。对缺失的时间序列数据进行插值后，重新计算新的均值和协方差阵，上述迭代过程直至估计的缺失时间序列数据的均值和协方差达到指定的终止条件即结束。

图 2-13 为 YNJD 和 YNMH 连续站的 ReGEM 插值结果，两个连续站在 N、E、U 方向上插值效果都不错，均符合 N、E、U 方向的整体运动趋势。

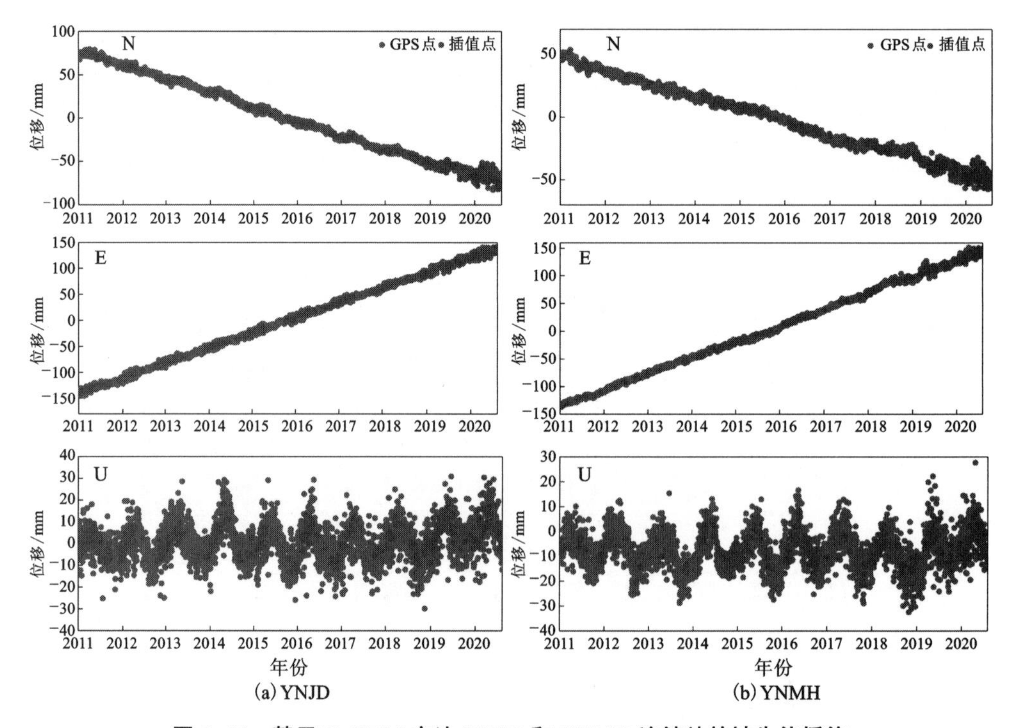

图 2-13　基于 ReGEM 方法 YNJD 和 YNMH 连续站的缺失值插值

经过粗差剔除、阶跃改正和缺失插值等预处理后得到云南区域 27 个连续站在 ITRF2014 全球参考框架下的坐标时间序列，然后经过坐标转换得到 CATS 软件的 NEU 格式坐标时间序列，结果如图 2-14 所示。从图 2-14 中可知，N 和 E 方向上具有明显的线性运动趋势，U 方向上具有明显的周期运动特性。

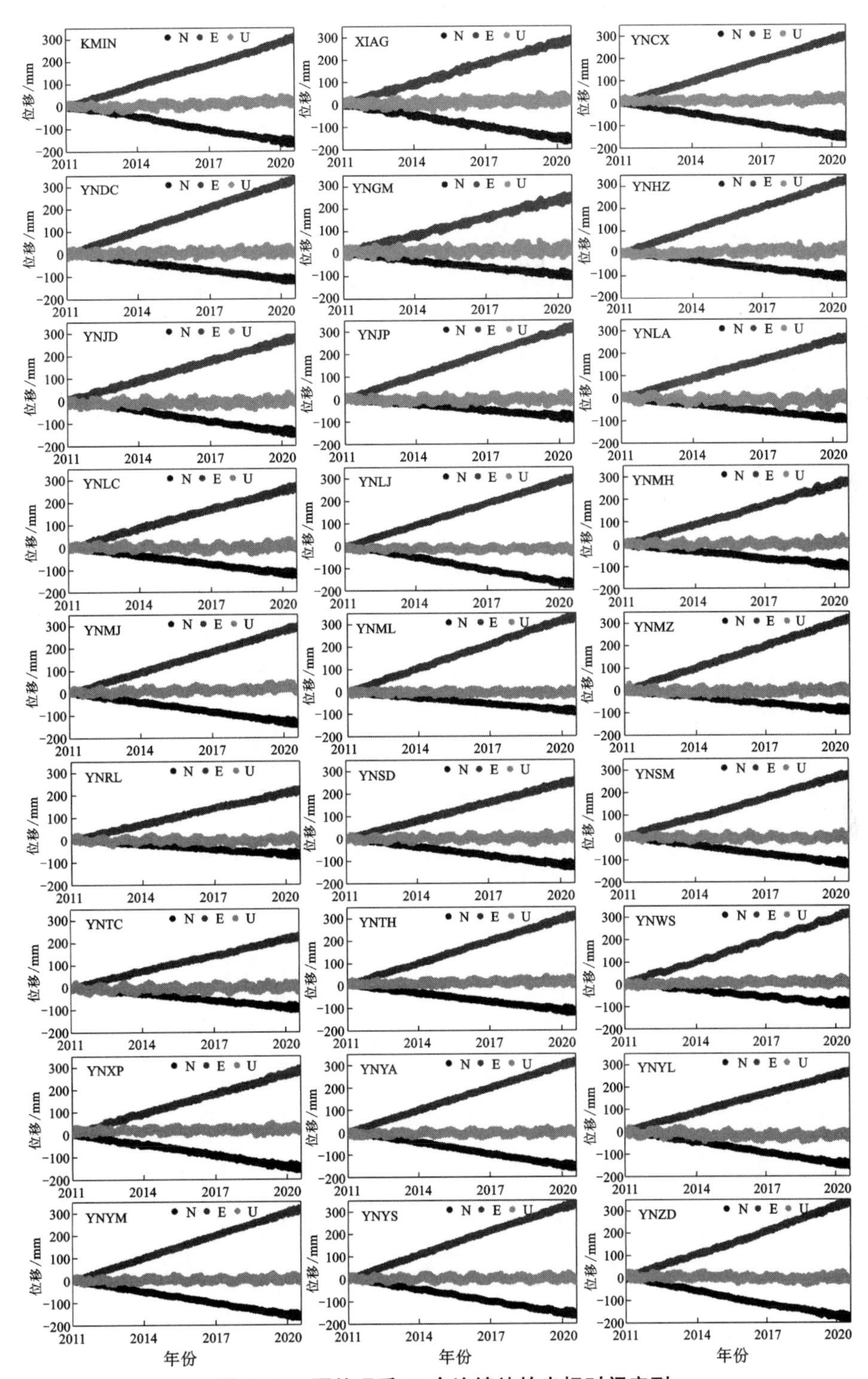

图 2-14　预处理后 27 个连续站的坐标时间序列

2.5 本章小结

本章对 GAMIT/GLOBK10.71 软件的处理流程及理论方法进行了详细介绍，并对云南区域 27 个连续站观测数据进行了基线解算和网平差及精度评定，并对 GLOBK 解算的原始坐标时间序列分别进行了 IQR 粗差探测与剔除、阶跃改正和 ReGEM 方法插值等预处理，最后获得了在 ITRF2014 全球参考框架下的坐标时间序列。本章获得的高精度坐标时间序列数据将服务于下一步的 GNSS 坐标时间序列特征分析及非构造形变改正研究，以及 GNSS 垂向运动的季节性变化和构造变形研究。

第3章

GNSS 坐标时间序列特征分析及非构造形变改正研究

GNSS 坐标时间序列中不仅包含受同一区域构造应力场控制的继承性构造运动，还存在由水文负载、大气负载、非潮汐海洋负载等地球物理效应引起的非构造形变信号及各类有色噪声。这种非线性形变在地球动力学研究中往往被当作需要剔除的非构造形变噪声。因此，构建具有实际物理意义、准确的非线性形变模型，定量分析不同因素对 GNSS 坐标时间序列的贡献，需要精确分离测站的线性和非线性运动，这对于地球参考框架的建立和维持[11]、区域负荷质量变化监测[121]、地壳运动[142]等领域具有重要意义。

本章通过不同机构发布的 CM 和 CF 框架下的水文负载、大气负载、非潮汐海洋负载三种产品改正云南区域内 27 个 GNSS 连续站坐标时间序列中非线性运动部分，并定量评估不同环境负载模型改正的效果，然后分析环境负载模型、共模误差及不同噪声模型对 GNSS 坐标时间中线性运动速度及不确定度的影响。

3.1 GNSS 坐标时间序列分析方法

3.1.1 AIC/BIC 准则法

为了提取 GNSS 坐标时间序列中的线性趋势项和周年、半周年运动振幅等参数，对 GNSS 坐标时间序列建立如下模型[式(3-1)]，详细参数说明见公式(2-19)。

$$y(t_i) = a + bt_i + c\sin(2\pi t_i) + d\cos(2\pi t_i) + e\sin(4\pi t_i) + f\cos(4\pi t_i) + \sum_{j=1}^{n_g} g_j H(t_i - T_{gj}) + v_i \tag{3-1}$$

式(3-1)中的多项参数通过最大似然估计方法计算得到。在求解最准确的参数时，不断地调试观测值的不同噪声组合协方差阵 $\boldsymbol{C}$ 让式(3-2)的值达到最大化。

$$l(\hat{v},\ \boldsymbol{C})=\frac{1}{(2\pi)^{N/2}(\det \boldsymbol{C})^{1/2}}\exp(-0.5\hat{v}^{\mathrm{T}}\boldsymbol{C}^{-1}\hat{v}) \tag{3-2}$$

式中：det 为矩阵行列式；$\boldsymbol{C}$ 为协方差阵；$\hat{v}$ 为拟合残差，由协方差阵 $\boldsymbol{C}$ 采用加权最小二乘法求得。为了方便求出多项参数，将式(3-2)转化为：

$$\ln[l(\hat{v},\ \boldsymbol{C})]=-\frac{1}{2}[\ln(\det \boldsymbol{C})+\hat{v}^{\mathrm{T}}\boldsymbol{C}^{-1}\hat{v}+N\ln(2\pi)] \tag{3-3}$$

设单站、单分量 GNSS 坐标时间序列满足：

$$x(t_i)=x_0+rt_i+\varepsilon \tag{3-4}$$

式中：x_0、r、ε 分别为初始坐标、速率和误差。

矩阵形式表示为：

$$\boldsymbol{y}=\boldsymbol{Ax}+\boldsymbol{\varepsilon} \tag{3-5}$$

其中，$\boldsymbol{y}$ 为坐标时间序列；$\boldsymbol{A}=\begin{bmatrix}1 & t_1\\ 1 & t_2\\ \cdots & \cdots\\ 1 & t_n\end{bmatrix}$；$\boldsymbol{y}=\begin{bmatrix}x(t_1)\\ x(t_2)\\ \cdots\\ x(t_n)\end{bmatrix}$；$\boldsymbol{x}=\begin{bmatrix}x_0\\ r\end{bmatrix}$。

假设误差项是白噪声 α 和有色噪声 β 的线性组合：

$$\boldsymbol{\varepsilon}=a_{\mathrm{w}}\alpha(t)+b_k\boldsymbol{\beta}(t) \tag{3-6}$$

式中：a_{w}、b_k 分别为白噪声和有色噪声的振幅。

根据最小二乘法则，得到式(3-1)中多项参数为：

$$\hat{y}=[\boldsymbol{A}^{\mathrm{T}}\boldsymbol{C}_x^{-1}\boldsymbol{A}]^{-1}\boldsymbol{A}^{\mathrm{T}}\boldsymbol{C}_x^{-1}\boldsymbol{A} \tag{3-7}$$

式中：$\boldsymbol{C}_x$ 为协方差矩阵。不同噪声组合的协方差矩阵 $\boldsymbol{C}$ 可以表达若干随机噪声过程，如白噪声(white noise，WN)、闪烁噪声(flicker noise，FN)、随机漫步噪声(random walk noise，RWN)、幂律噪声(power-law noise，PL)、高斯-马尔可夫噪声(Gauss-Markov model noise，GGM)等，以及它们之间的各类组合。

不同噪声模型协方差矩阵见公式(3-8)~式(3-12)。

WN：

$$\boldsymbol{C}_x=a^2\boldsymbol{I} \tag{3-8}$$

FN：

$$\boldsymbol{C}_x=b_{\mathrm{FN}}^2\boldsymbol{J}_{\mathrm{FN}} \tag{3-9}$$

RWN：

$$\boldsymbol{C}_x=b_{\mathrm{RWN}}^2\boldsymbol{J}_{\mathrm{RWN}} \tag{3-10}$$

PL：

$$C_x = b_{PL}^2 J_{PL} \tag{3-11}$$

GGM：

$$C_x = b_{GGM}^2 J_{GGM} \tag{3-12}$$

式中：a 为白噪声的振幅；矩阵 $\boldsymbol{I}$ 为 $N \times N$ 的单位矩阵；b_{FN}、b_{PL}、b_{RWN} 为有色噪声的振幅；$\boldsymbol{J}_{FN}$、$\boldsymbol{J}_{PL}$、$\boldsymbol{J}_{RWN}$ 为有色噪声的协方差矩阵。

Zhang 等[17]对比分析了 FN、PL、RWN 等有色噪声和式(3-1)中的线性运动趋势及对应的中误差关系。

设振幅分别为 a_0、b_{-1}、b_{-2}，数据采样间隔为 T，观测数据分别为 n 的 WN、FN、RWN 噪声过程和三种噪声估计的线性运动趋势速率的方差分别为：

$$\sigma_r^2 = \frac{12a_0^2}{T^2(n^3 - n)},\ n > 1 \tag{3-13}$$

$$\delta_r^2 = \frac{9b_{-1}^2}{16T^2(n^2 - 1)},\ n > 1 \tag{3-14}$$

$$\omega_r^2 = \frac{9b_{-2}^2}{T(n^2 - 1)},\ n > 1 \tag{3-15}$$

通过赤池信息量准则(akaike information criterion, AIC)和贝叶斯信息准则(bayesian information criterion, BIC)来评价最优噪声模型，其基本原理如下：

$$\ln(L) = -\frac{1}{2}[N\ln(2\pi) + \ln\det(c) + \boldsymbol{r}^{T}\boldsymbol{C}^{-1}\boldsymbol{r}] \tag{3-16}$$

其中，$\boldsymbol{C}$ 可以分解为：

$$\boldsymbol{C} = \sigma^2 \overline{C} \tag{3-17}$$

式中：$\overline{C}$ 为所有假设噪声模型的相加；σ 为标准差。

$$\sigma = \sqrt{\frac{\boldsymbol{r}^{T}\boldsymbol{C}^{-1}\boldsymbol{r}}{N}} \tag{3-18}$$

由于 $\det CA = C^N \det A$，于是可以得到：

$$\ln(L) = -\frac{1}{2}[N\ln(2\pi) + \ln\det(\overline{C}) + 2N\ln(\sigma) + N] \tag{3-19}$$

$$\mathrm{AIC} = 2k + 2\ln(L) \tag{3-20}$$

$$\mathrm{BIC} = k\ln(N) + 2\ln(L) \tag{3-21}$$

式中：k 为所采用的噪声模型参数和设计矩阵 $\boldsymbol{H}$ 以及原始的驱动白噪声方差之和。例如，采用白噪声与有色噪声(幂律噪声)的组合模型估计式(3-1)中的线性趋势项参数，那么 $k=2+2+1=5$，表示的是需要 5 个参数进行估计，包含 GNSS 坐标时间序列中的偏差值、线性运动趋势项、功率谱指数、不同噪声之间的差值以及可提前获得的驱动白噪声方差，最后通过 BIC 值较小的模型组合来确定 GNSS 连续站的最优噪声模型。

3.1.2 基于主成分分析的时空滤波方法

主成分分析（PCA）提取 GNSS 区域网中的共模误差时，将 GNSS 区域网中所有测站拟合后的残差时间序列分解成时间域的主成分和空间域的特征向量，进一步通过前几个主要主成分最大程度上凸显出 GNSS 的区域性时间变化特征的分析方法。

对于 GNSS 区域网中的任一个测站在东西向、南北向、垂向三个分量的坐标时间序列，可以将拟合后的残差坐标时间序列构建成矩阵 $\boldsymbol{X}(t_i, x_j)$（$i=1, 2, \cdots, m$；$j=1, 2, \cdots, n$），其中，n 为 GNSS 区域网中所有测站的数量、m 为 GNSS 区域网中测站观测的历元数，通过 $\boldsymbol{X}(t_i, x_j)$ 构建出协方差阵 $\boldsymbol{B}$，$\boldsymbol{B}$ 中任意元素 $b_{i,j}$ 为：

$$b_{i,j} = \frac{1}{m-1}\sum_{k=1}^{m} X(t_k, x_i) X(t_k, x_j) \tag{3-22}$$

协方差阵 $\boldsymbol{B}$ 为实对称阵，可分解为：

$$\boldsymbol{B} = \boldsymbol{V\Lambda V}^{\mathrm{T}} \tag{3-23}$$

式中：$\boldsymbol{V}^{\mathrm{T}}(n\times n)$ 为一个行正交的矩阵；特征值矩阵 $\boldsymbol{\Lambda}$ 由 k 个非零对角元素构成；$\boldsymbol{B}$ 为满秩矩阵，即 $k=n$。

协方差阵 $\boldsymbol{B}$ 的特征值、特征向量可写为 (λ_1, v_1)，(λ_2, v_2)，$\cdots$，(λ_n, v_n)，其中，v_1，v_2，$\cdots$，v_n 是一组正交基，可用该组基来展开 $\boldsymbol{X}(t_i, x_j)$：

$$\boldsymbol{X}(t_i, x_j) = \sum_{k=1}^{n} a_k(t_i) \boldsymbol{v}_k(x_j) \tag{3-24}$$

式中：$a_k(t_i)$ 为残差矩阵 $\boldsymbol{X}(t_i, x_j)$ 的第 k 个主成分，表示为：

$$a_k(t_i) = \sum_{j=1}^{n} \boldsymbol{X}(t_i, x_j) \boldsymbol{v}_k(x_j) \tag{3-25}$$

式中：$\boldsymbol{v}_k(x_j)$ 为第 k 个主成分 $a_k(t_i)$ 对应的特征向量。

最后将 PCA 提取的结果通过主成分贡献的能量大小进行降序排列，排序越靠前的主成分包含了残差时间序列方差的大部分贡献值，一般代表了 GNSS 区域网的共同变化特征；排序越靠后的主成分一般值代表 GNSS 区域网中测站自身的变化特征。共模误差计算结果如下：

$$\mathrm{cme}(t_i, x_j) = \sum_{k=1}^{p} a_k(t_i) \boldsymbol{v}_k(x_j) \tag{3-26}$$

式中：p 为主要共模误差的前 p 个主成分数量。

3.2　环境负载引起的非构造形变改正

GNSS 坐标时间序列中的非构造形变由地球物理效应引起的，主要可分为两类。第一类是由潮汐变化引起的地表形变，主要有海洋潮、固体潮和极潮。此部分非构造形变已经通过 GAMIT/GLOBK10.71 软件在解算时进行了改正，使用 IERS10 模型改正了固体潮和极潮的影响，FES2004 模型改正了海洋负荷潮的影响。第二类是地球表面流体圈中的大气和水文负载引起的地表负荷变化。此部分在 GAMIT/GLOBK10.71 软件解算时未进行改正，因此，本研究使用水文、大气、非潮汐海洋负载模型对此部分进行改正。在对环境负载引起的测站位移进行计算时，需要涉及不同参考框架问题。地球参考框架的原点定义通常有三种[54]：固定地球外表面的形状中心(CF)；不包含地球表面质量负载的固体地球质量中心；包含大气和海洋在内的整个地球质量中心。本研究使用的 GFZ、EOST 和 IMLS 产品下的环境负载模型均包含 CM 和 CF 框架。

3.2.1　环境负载形变的数学模型

1)球谐函数法

球谐函数法是将环境负载 $q(\lambda, \varphi)$ 进行球谐展开[210]，然后结合勒夫数进行计算：

$$q(\lambda, \varphi) = \sum q_n(\lambda, \varphi) \tag{3-27}$$

$$q(\lambda, \varphi) = \sum [q_{n,m}^{c}(\lambda, \varphi)\cos m\lambda + q_{n,m}^{s}(\lambda, \varphi)\sin m\lambda] P_{n,m}(\sin \varphi) \tag{3-28}$$

式中：λ、φ 分别为经度、纬度；$q_{n,m}^{c}(\lambda, \varphi)$ 和 $q_{n,m}^{s}(\lambda, \varphi)$ 为斯托克斯系数；λ 为经度、φ 为余纬；$P_{n,m}$ 为缔合 Legendre 函数。环境负载引起的地表径向形变 $u(\lambda, \varphi)$ 可用下式表达：

$$u(\lambda, \varphi) = \frac{3}{\rho_e}\sum_{n=0}^{\infty}\frac{h'_n}{2n+1}q_n(\lambda, \varphi) \tag{3-29}$$

式中：h'_n 为负载勒夫数；ρ_e 为固体地球的平均密度值。

2)格林函数法

格林函数法是通过格林函数与环境负载进行卷积积分运算，然后得到水文、大气等负载导致的地表形变。通过 Farrell[211] 格林函数可知，由地表质量负载引起的某站点 t 时刻的地表弹性形变 $u(\lambda, \varphi, t)$ 为：

$$
\begin{cases}
u_{\mathrm{N}}(\lambda, \varphi, t) = -\iint \cos(A)\Delta m(\lambda', \varphi', t)L(\lambda', \varphi')G_{\mathrm{H}}(\psi)\cos(\varphi')\mathrm{d}\lambda'\mathrm{d}\varphi' \\
u_{\mathrm{E}}(\lambda, \varphi, t) = -\iint \sin(A)\Delta m(\lambda', \varphi', t)L(\lambda', \varphi')G_{\mathrm{H}}(\psi)\cos(\varphi')\mathrm{d}\lambda'\mathrm{d}\varphi' \\
u_{\mathrm{V}}(\lambda, \varphi, t) = \iint \Delta m(\lambda', \varphi', t)L(\lambda', \varphi')G_{\mathrm{R}}(\psi)\cos(\varphi')\mathrm{d}\lambda'\mathrm{d}\varphi'
\end{cases}
\tag{3-30}
$$

其中格林函数为：
$$
\begin{cases}
G_{\mathrm{H}}(\psi) = \dfrac{Ga}{g_0}\sum\limits_{n=0}^{+\infty} l'_n \dfrac{\partial P_n(\cos\psi)}{\partial\psi} \\
G_{\mathrm{R}}(\psi) = \dfrac{Ga}{g_0}\sum\limits_{n=0}^{+\infty} h'_n P_n(\cos\psi)
\end{cases}
$$

式中：A 为方位角；$\Delta m(\lambda', \varphi', t)$为质量负载变化；$L(\lambda', \varphi')$为陆海格网；$\psi$ 为形变点与负荷点之间的地心角；P_n 为缔合 Legendre 函数；G 为万有引力常数；g_0 为平均地表引力；a 为地球平均曲率半径；h'_n和 l'_n为勒夫数。

3.2.2 GFZ 环境负载模型

GFZ 提供由水文负载、大气负载和非潮汐海洋负载引起的规则全球格网数据，空间分辨率为 0.5°×0.5°，它们都是基于格林函数法计算得到，详细参数见表 3-1。其中，水文负载形变通过时间分辨率为 24 h 的 LSDM (land surface discharge model)模型数据[212]计算得到，记为 GFZ_LSDM 形变序列；大气和非潮汐海洋负载分别通过时间分辨率为 3 h 的 ECMWF(european center for medium-range weather forecasts)模型数据和 MPIOM(max planck institute ocean model)模型数据[213]计算得到，分别记为 GFZ_ECMWF 和 GFZ_MPIOM 形变序列。GNSS 连续站相对应的水文、大气、非潮汐海洋负载形变通过双线性法对模型数据进行插值得到。图 3-1 为计算得到 YNLA 连续站对应的 GFZ 产品下的水文负载、大气负载、非潮汐海洋负载形变，从图 3-1 中可知，在 U 方向上，水文负载和大气负载引起的形变均呈现出较强的季节性运动变化。

表 3-1　GFZ 产品下的水文、大气、非潮汐海洋负载模型参数

负载类型	模型	空间分辨率	时间分辨率	时间跨度
水文负载	LSDM	0.5°×0.5°	24 h	1976 年—今日
大气负载	ECMWF	0.5°×0.5°	3 h	1976 年—今日
非潮汐海洋负载	MPIOM	0.5°×0.5°	3 h	1976 年—今日

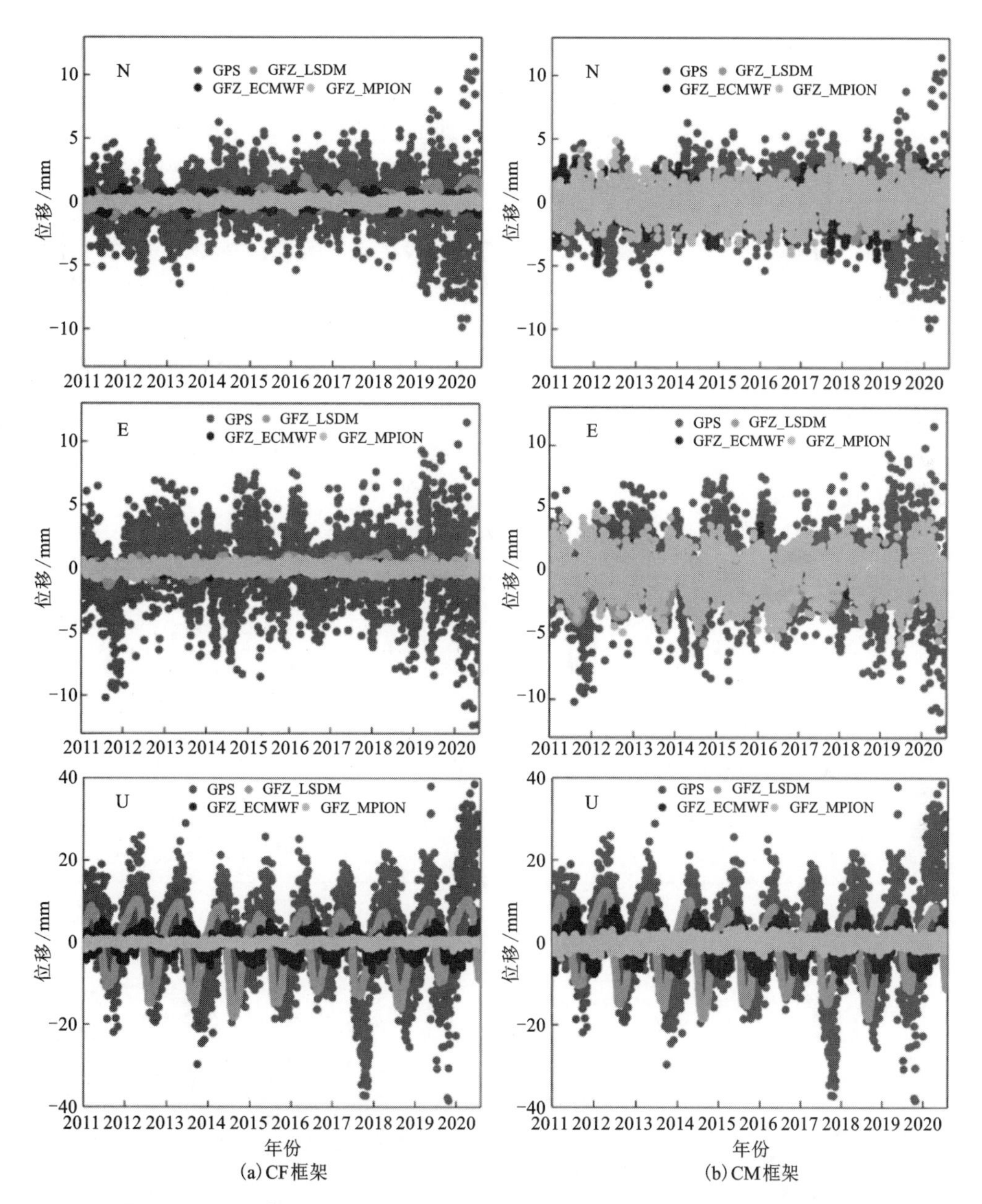

图 3-1　GFZ 产品下 YNLA 连续站对应的水文、大气、非潮汐海洋负载形变

3.2.3　EOST 环境负载模型

EOST 提供由水文负载、大气负载和非潮汐海洋负载引起的规则全球格网数据，它们都是基于球谐函数法计算得到，详细参数见表 3-2。其中，水文负载形变通过时间分辨率为 6 h 的 ERA interim 模型数据[214]和 3 h 的 GLDAS(global land data assimilation system)模型数据[215]计算得到，分别记为 EOST_ERAin_hydro 和 EOST_GLDAS 形变。大气负载形变时间序列通过三种方法(Carrere and Lyard, 2003)计算得到：①假设海洋对大气压变化存在逆气压响应，由 ECMWF 提供的时间分辨率为 3 h 的地表气压数据计算得到，记为 EOST_ATMIB 序列；②基于 TUGO-m 正压模型假设海洋对压力和风速变化存在动态响应，由 ECMWF 提供的时间分辨率为 3 h 的地表气压数据计算得到，记为 EOST_ATMMO 序列；③由时间分辨率为 6 h 的 ERAin 模型数据计算得到，记为 EOST_ERAin 形变序列。非潮汐海洋负载形变通过时间分辨率为 24 h 的 ECOO2(follow-on ecco, Phase II)模型数据[216]计算得到，记为 EOST_ECOO2 形变序列。图 3-2 为计算得到的 YNLA 连续站对应的 EOST 产品下的水文负载、大气负载、非潮汐海洋负载形变。

表 3-2　EOST 产品下的水文、大气、非潮汐海洋负载模型参数

负载类型	模型	空间分辨率	时间分辨率	时间跨度
水文负载	ERAin interim	0. 5°×0. 5°	6 h	1979 年—2019 年 8 月
	GLDAS	0. 5°×0. 5°	3 h	2000 年 3 月—2016 年
大气负载	ATMIB(ECMWF)	0. 5°×0. 5°	3 h	2001 年—2020 年 10 月
	ATMMO(ECMWF)	0. 5°×0. 5°	3 h	2002 年—2017 年 1 月
	ERAin	0. 5°×0. 5°	6 h	1979 年—2019 年 8 月
非潮汐海洋负载	ECOO2	0. 25°×0. 25°	24 h	1992 年—2015 年

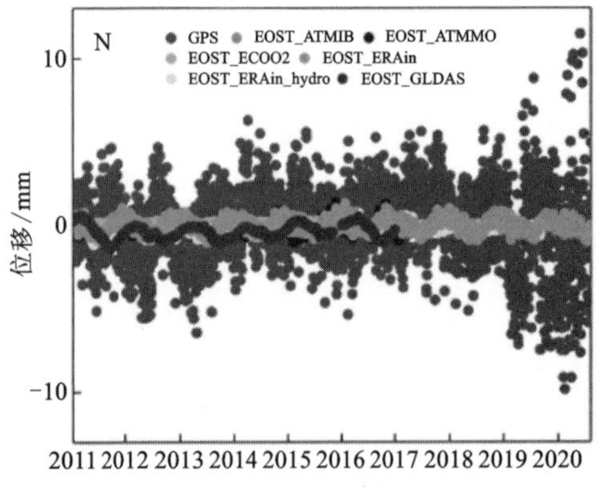

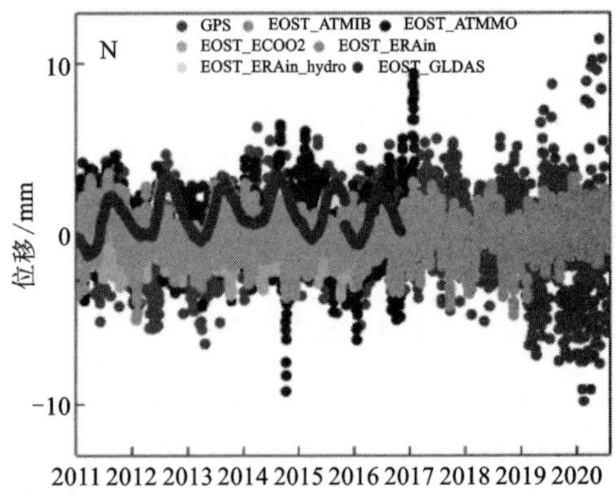

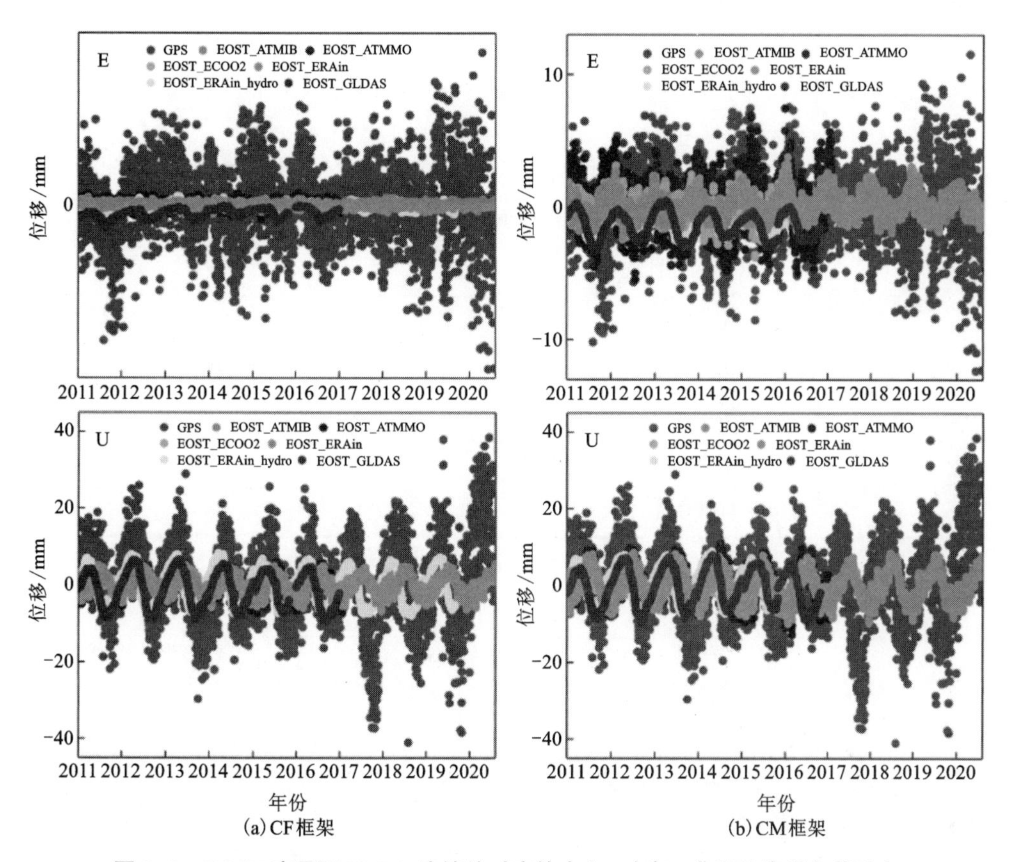

(a) CF 框架　　(b) CM 框架

图 3-2　EOST 产品下 YNLA 连续站对应的水文、大气、非潮汐海洋负载形变

3.2.4　IMLS 环境负载模型

IMLS 提供由大气负载、水文负载和非潮汐海洋负载引起的规则全球格网数据，空间分辨率为 2′×2′，他们都是基于球谐函数法计算得到，详细参数见表 3-3。其中，水文负载通过时间分辨率为 3 h 的 GEOSFPIT(global earth observing system forward processing instrumental team)[217] 和 MERRA2(modern-era retrospective analysis for research and applications, version 2)[218] 模型计算得到，分别记为 IMLS_LWS_GEOSFPIT 和 IMLS_LWS_ MERRA2 形变序列；大气负载形变通过时间分辨率为 3 h 的 GEOSFPIT 模型数据和 6 h 的 MERRA2 模型数据[219] 计算得到，分别记为 IMLS_ATM_GEOSFPIT 和 IMLS_ATM_MERRA2 形变序列；非潮汐海洋负载使用的是时间分辨率为 3 h 的 MPIOM06(max planck institute ocean model)和 6 h 的

OMCT05(ocean model for circulation and tides)模型[220]计算得到，分别记为 IMLS_MPIOM06 和 IMLS_OMCT05 形变序列。图 3-3 为计算得到的 YNLA 连续站对应的 IMLS 产品下的水文负载、大气负载、非潮汐海洋负载形变。

表 3-3　IMLS 产品下的水文、大气、非潮汐海洋负载模型参数

负载类型	模型	空间分辨率	时间分辨率	时间跨度
水文负载	GEOSFPIT	2′×2′	3 h	2000 年—今日
	MERRA2	2′×2′	3 h	1980 年—今日
大气负载	GEOSFPIT	2′×2′	3 h	2000 年—今日
	MERRA2	2′×2′	6 h	1980 年—今日
非潮汐海洋负载	MPIOM06	2′×2′	3 h	1980 年—今日
	OMCT05	2′×2′	6 h	1980 年—2017 年 11 月

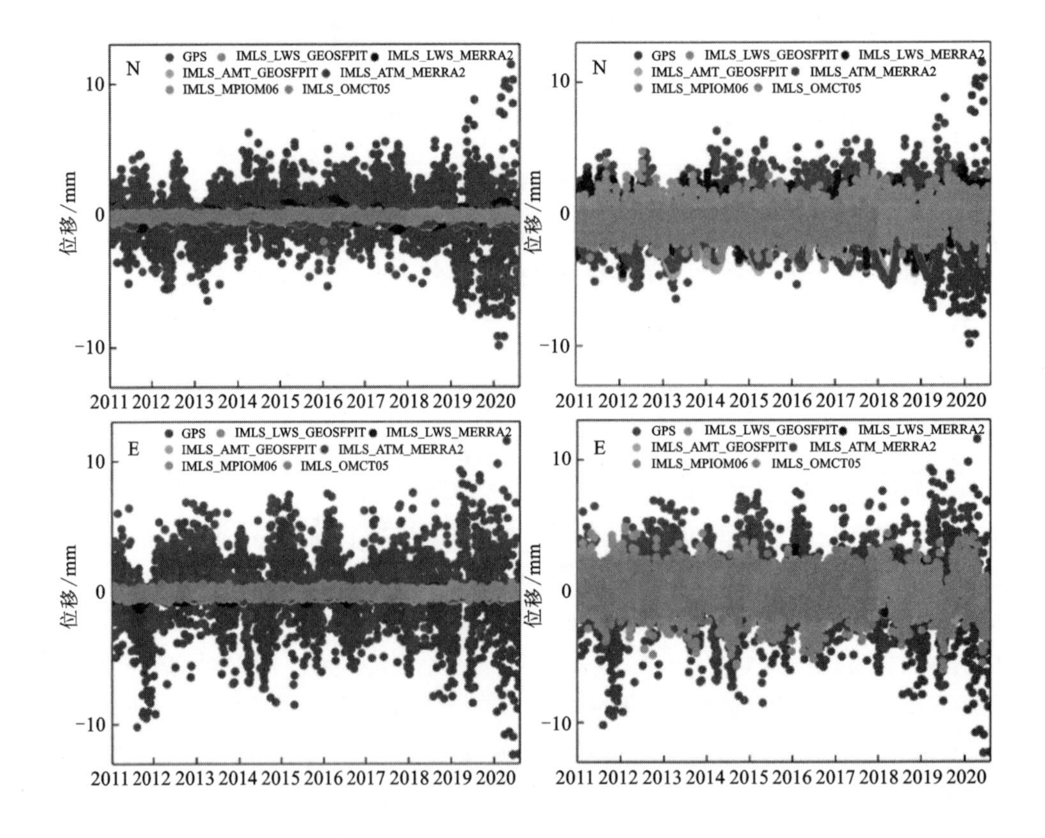

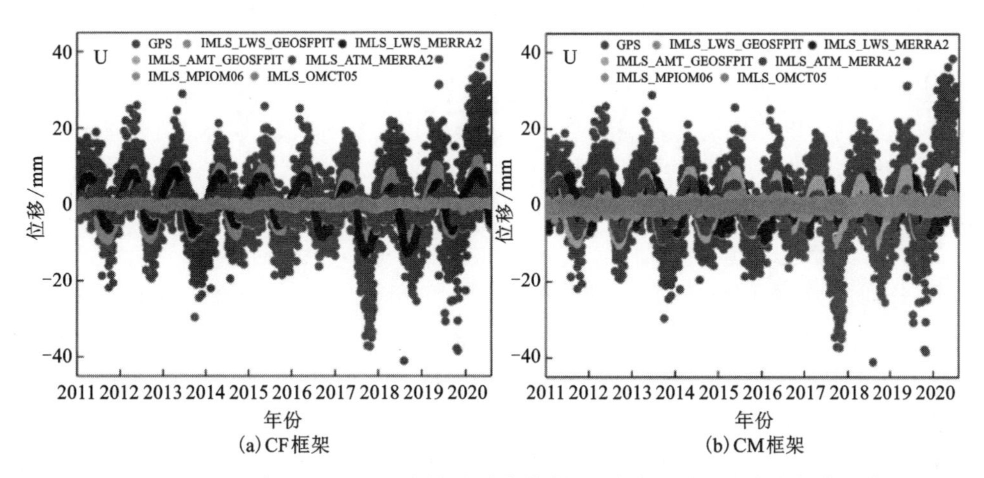

图3-3　IMLS产品下YNLA连续站对应的水文、大气、非潮汐海洋负载形变

3.2.5　非构造形变改正结果和分析

从GNSS坐标时间序列中减去环境负载形变后，通过计算改正环境负载形变前后RMS值的绝对变化量(DRMS)和减少百分比(PRMS)两个指标来定量分析环境负载能否有效改正GNSS坐标时间序列中的非构造形变[221-222]。RMS、DRMS、PRMS的计算公式分别为式(3-31)、式(3-32)、式(3-33)。

$$\mathrm{RMS}(\mathrm{gnss}) = \sqrt{\frac{\sum_{i=1}^{n}\left(X(i) - \frac{\sum_{j=1}^{n} X(i)}{n}\right)^2}{n-1}} \tag{3-31}$$

$$\mathrm{DRMS} = \mathrm{RMS}(\mathrm{gnss}) - \mathrm{RMS}(\mathrm{gnss} - \mathrm{loading}) \tag{3-32}$$

$$\mathrm{PRMS} = \frac{\mathrm{RMS}(\mathrm{gnss}) - \mathrm{RMS}(\mathrm{gnss} - \mathrm{loading})}{\mathrm{RMS}(\mathrm{gnss})} \times 100\% \tag{3-33}$$

式中：RMS(gnss)和RMS(gnss-loading)分别为GNSS坐标时间序列的均方根值和GNSS减去环境负载形变后的均方根值；$X(i)$为GNSS坐标时间序列。

第2章解算得到的云南区域27个连续站的坐标时间序列跨度范围为2011年1月1日—2020年8月4日，除IMLS产品下的IMLS_OMCT05非潮汐海洋负载形变时间序列跨度截至2017年11月，其他GFZ和IMLS产品下的环境负载形变时间序列跨度均超过GNSS坐标时间序列；而EOST产品下的EOST_ERAin_hydro水文负载和EOST_ERAin大气负载形变时间序列跨度截至2019年8月，EOST_

ATMIB 大气负载形变时间跨度截至 2020 年 10 月，EOST 其他三种环境负载形变时间跨度截止时间都不超过 2017 年。因此，综合考虑时间跨度和环境负载种类，使用时间跨度在 2011 年 1 月 1 日—2019 年 8 月 31 日的环境负载来改正 GNSS 坐标时间序列中的非构造形变。为了方便进行改正对比和突出 GNSS 坐标时间序列中的非构造形变，使用最小二乘法统一对云南区域 27 个 GNSS 坐标时间序列进行去线性化处理。

1. 水文负载改正

分别计算在 CM 和 CF 框架下四种水文负载（GFZ_LSDM、IMLS_LWS_MERRA2、IMLS_LWS_GEOSFPIT、EOST_ERAin_hydro）对云南区域 27 个 GNSS 连续站 NEU 方向坐标时间序列改正前后的 DRMS 和 PRMS 值，统计结果如表 3-4 所示，使用 DRMS 中位值和 PRMS 平均值来定量评价改正效果。从表 3-4 中可知，GFZ_LSDM、IMLS_LWS_MERRA2、IMLS_LWS_GEOSFPIT、EOST_ERAin_hydro 水文负载在 CF 框架下水平 N 方向改正坐标时间序列前后的 DRMS 中位值分别为 0.02 mm、0.02 mm、-0.02 mm、-0.06 mm，PRMS 平均值分别为 0.59%、0.85%、-0.55%、-2.16%；在 CM 框架下水平 N 方向改正坐标时间序列前后的 DRMS 中位值和 PRMS 平均值都是负值；在 CF 框架下水平 E 方向改正坐标时间序列前后的 DRMS 中位值分别为-0.01 mm、0.01 mm、0.03 mm、0.02 mm，PRMS 平均值分别为-0.02%、0.87%、1.18%、1.20%；在 CM 框架下水平 E 方向改正坐标时间序列前后的 DRMS 中位值分别为-0.13 mm、0 mm、-0.09 mm、0.01 mm，PRMS 平均值分别为-4.75%、0.16%、-3.35%、0.19%；在 CF 框架下垂向 U 方向改正坐标时间序列前后的 DRMS 中位值分别为 0.02 mm、1.06 mm、1.24 mm、0.77 mm，PRMS 平均值分别为 0.65%、13.66%、15.12%、9.46%；在 CM 框架下垂向 U 方向改正坐标时间序列前后的 DRMS 中位值分别为 0.11 mm、1.16 mm、1.42 mm、0.88 mm，PRMS 平均值分别为-0.9%、13.37%、15.92%、11.14%。通过对比 CF 和 CM 框架下使用水文负载改正 NEU 方向坐标时间序列中非构造形变结果可知，在垂向 U 方向的改正效果要明显优于水平 N 和 E 方向。在垂向 U 方向上，CF 和 CM 框架下的 IMLS_LWS_MERRA2、IMLS_LWS_GEOSFPIT、EOST_ERAin_hydro 三种水文负载改正效果相差不大；在 CF 框架下 GFZ_LSDM 水文负载虽然能够改正坐标时间序列中的非构造形变，但是改正效果不明显，在 CM 框架下 GFZ_LSDM 水文负载不但不能改正坐标时间序列中非构造形变，反而会增加误差；在水平 N 和 E 方向上，CF 改正效果要整体优于 CM 框架，且 CM 框架下四种水文负载不能改正坐标时间序列中非构造形变。

表 3-4　水文负载改正 GNSS 坐标时间序列后的 DRMS 和 PRMS 统计结果

水文负载模型	NEU方向	CF 框架					CM 框架				
		DRMS /mm 最大值	DRMS /mm 最小值	DRMS /mm 平均值	DRMS /mm 中位值	PRMS /% 平均值	DRMS /mm 最大值	DRM /mm 最小值	DRMS /mm 平均值	DRMS /mm 中位值	PRMS /% 平均值
GFZ_LSDM	N	0.22	−0.20	0.01	0.02	0.59	−0.07	−0.60	−0.29	−0.32	−12.27
	E	0.32	−0.18	0.00	−0.01	−0.02	0.32	−0.43	−0.13	−0.13	−4.75
	U	1.11	−2.72	0.06	0.02	0.65	1.15	−2.98	−0.06	0.11	−0.90
IMLS_LWS_MERRA2	N	0.18	−0.22	0.02	0.02	0.85	−0.10	−0.64	−0.36	−0.37	−15.51
	E	0.17	−0.08	0.02	0.01	0.87	0.15	−0.10	0.01	0.00	0.16
	U	2.09	−0.75	1.03	1.06	13.66	2.10	−0.59	1.01	1.16	13.37
IMLS_LWS_GEOSFPT	N	0.26	−0.26	−0.01	−0.02	−0.55	−0.13	−0.69	−0.39	−0.41	−16.47
	E	0.27	−0.12	0.03	0.03	1.18	0.47	−0.35	−0.08	−0.09	−3.35
	U	2.30	−0.99	1.13	1.24	15.12	2.41	−0.76	1.19	1.42	15.92
EOST_ERAin_hydro	N	0.08	−0.12	−0.05	−0.06	−2.16	0.07	−0.28	−0.11	−0.12	−4.46
	E	0.15	−0.06	0.03	0.02	1.20	0.19	−0.18	0.00	0.01	0.19
	U	1.55	−1.55	0.70	0.77	9.46	1.63	−1.33	0.83	0.88	11.14

2. 大气负载改正

分别计算在 CF 和 CM 框架下的五种大气负载(GFZ_ECMWF、IMLS_ATM_MERRA2、IMLS_ATM_GEOSFPIT、EOST_ERAin、EOST_ATMIB)对云南区域 27 个 GNSS 连续站 NEU 方向坐标时间序列改正前后的 DRMS 和 PRMS。统计结果如表 3-5 所示，GFZ_ECMWF、IMLS_ATM_MERRA2、IMLS_ATM_GEOSFPIT、EOST_ERAin、EOST_ATMIB 大气负载在 CF 和 CM 框架下水平 N 方向改正坐标时间序列前后的 DRMS 中位值和 PRMS 平均值都为负值；在 CF 框架下水平 E 方向改正坐标时间序列前后的 DRMS 中位值分别为 0 mm、0.01 mm、0.01 mm、0 mm、0.01 mm；PRMS 平均值分别为 0.2%、0.26%、0.24%、0.18%、0.21%；在 CM 框架下水平 E 方向改正坐标时间序列后的 DRMS 和 PRMS 都为负值；在 CF 框架下垂向 U 方向改正坐标时间序列后的 DRMS 中位值分别为 0.19 mm、0.21 mm、0.18 mm、0.15 mm、0.18 mm；PRMS 平均值分别为 2.44%、2.73%、2.47%、2.01%、2.39%；在 CM 框架下垂向 U 方向改正坐标时间序列后的 DRMS 中位值和 PRMS 平均值都为负值。通过对比 CF 和 CM 框架下使用大气负载改正 NEU 方向坐标时间序列中非构造形变结果可知，在 CM 框架中五种大气负载都不能改正 NEU 方向坐标时间序列中的非构造形变；在 CF 框架中，水平 N 方向上，五种大气负载都不能改正坐标时间序列中的非构造形变；垂向 U 方向和水平 E 方向上，五种大气负载都能够改正坐标时间序列中的非构造形变，但是在水平 E 方向上改正效果并不明显。

表 3-5　大气负载改正 GNSS 坐标时间序列后的 DRMS 和 PRMS 统计结果

大气负载模型	NEU方向	CF 框架					CM 框架				
		DRMS /mm 最大值	DRMS /mm 最小值	DRMS /mm 平均值	DRMS /mm 中位值	PRMS /% 平均值	DRMS /mm 最大值	DRMS /mm 最小值	DRMS /mm 平均值	DRMS /mm 中位值	PRMS /% 平均值
GFZ_ECMWF	N	0.00	-0.25	-0.11	-0.11	-4.39	0.09	-0.28	-0.11	-0.12	-5.09
	E	0.03	-0.02	0.01	0.00	0.20	0.01	-0.34	-0.13	-0.13	-4.95
	U	0.57	-0.44	0.18	0.19	2.44	0.65	-1.18	-0.19	-0.25	-2.82
IMLS_ATM_MERR2	N	0.01	-0.18	-0.06	-0.07	-2.62	0.03	-0.27	-0.14	-0.13	-6.09
	E	0.03	-0.01	0.01	0.01	0.26	0.01	-0.27	-0.10	-0.10	-3.81
	U	0.53	-0.35	0.20	0.21	2.73	0.64	-0.96	-0.08	-0.15	-1.20
IMLS_ATM_GEOSFPIT	N	0.01	-0.18	-0.07	-0.07	-2.70	0.02	-0.27	-0.14	-0.14	-6.19
	E	0.03	-0.01	0.01	0.01	0.24	0.00	-0.26	-0.10	-0.10	-3.68
	U	0.56	-0.39	0.19	0.18	2.47	0.66	-1.02	-0.12	-0.18	-1.78
EOST_ERAin	N	0.00	-0.23	-0.10	-0.10	-4.02	0.08	-0.31	-0.13	-0.14	-5.92
	E	0.02	-0.02	0.00	0.00	0.18	0.00	-0.36	-0.14	-0.14	-5.28
	U	0.58	-0.48	0.15	0.15	2.01	0.64	-1.24	-0.24	-0.30	-3.43
EOST_ATMIB	N	0.00	-0.23	-0.09	-0.10	-3.87	0.08	-0.31	-0.14	-0.14	-6.03
	E	0.02	-0.02	0.01	0.01	0.21	0.00	-0.34	-0.14	-0.13	-5.15
	U	0.57	-0.45	0.18	0.18	2.39	0.65	-1.18	-0.19	-0.26	-2.81

3. 非潮汐海洋负载改正

分别计算在 CM 和 CF 框架下的两种非潮汐海洋负载（GFZ_MPION、IMLS_MPIOM06）对云南区域 27 个 GNSS 连续站 NEU 方向坐标时间序列改正前后的 DRMS 和 PRMS，统计结果如表 3-6 所示。从表 3-6 中可知，GFZ_MPION、IMLS_MPIOM06 非潮汐海洋负载在 CF 框架下水平 N 方向改正坐标时间序列前后的 DRMS 中位值分别为 0.04 mm、0.03 mm，PRMS 平均值分别为 1.42%、1.14%；在 CM 框架下水平 N 方向改正坐标时间序列前后的 DRMS 中位值和 PRMS 平均值都是负值；在 CF 框架下水平 E 方向改正坐标时间序列前后的 DRMS 中位值都为 0 mm，PRMS 平均值分别为-0.19%、-0.07%；在 CM 框架下水平 E 方向改正坐标时间序列前后的 DRMS 中位值和 PRMS 平均值都为负值；在 CF 框架下垂向 U 方向改正坐标时间序列前后的 DRMS 中位值都为 0.04 mm，PRMS 平均值分别为 0.56%、0.58%；在 CM 框架下垂向 U 方向改正坐标时间序列前后的 DRMS 中位值分别为 0.04 mm、0.05 mm，PRMS 平均值分别为 0.39%、0.47%。通过对比 CF 和 CM 框架下使用非潮汐海洋负载改正 NEU 方向坐标时间序列中非构造形变可知，在垂向 U 方向上，在 CF 和 CM 框架下两种非潮汐海洋负载都能够改正坐标时间序列中的非构造形变，但是改正效果都不明显；在水平 N 和 E 方向上，在 CM 框架中两种非潮汐海洋负载都不能改正坐标时间序列中的非构造形变；在 CF 框架中两种非潮汐海洋负载只在水平 N 方向上有一定的改正，但是改正效果也不明显，在水平 E 方向上都不能改正。

表 3-6　非潮汐海洋负载改正 GNSS 坐标时间序列后的 DRMS 和 PRMS 统计结果

水文负载模型	NEU 方向	CF 框架					CM 框架				
		DRMS /mm 最大值	DRMS /mm 最小值	DRMS /mm 平均值	DRMS /mm 中位值	PRMS /% 平均值	DRMS /mm 最大值	DRMS /mm 最小值	DRMS /mm 平均值	DRMS /mm 中位值	PRMS /% 平均值
GFZ_MPION	N	0.07	-0.01	0.03	0.04	1.42	-0.07	-0.30	-0.22	-0.24	-9.51
	E	0.02	-0.04	-0.01	0.00	-0.19	0.00	-0.60	-0.39	-0.40	-15.58
	U	0.10	-0.04	0.04	0.04	0.56	0.09	-0.08	0.03	0.04	0.39
IMLS_MPIOM06	N	0.06	-0.01	0.03	0.03	1.14	-0.08	-0.29	-0.22	-0.23	-9.39
	E	0.02	-0.03	0.00	0.00	-0.07	-0.01	-0.62	-0.40	-0.42	-16.16
	U	0.10	-0.05	0.04	0.04	0.58	0.11	-0.09	0.03	0.05	0.47

4. 组合环境负载改正

由于不同环境负载形变之间存在的相关性会影响水文、大气、非潮汐海洋负载对 GNSS 坐标时间序列中非构造形变的改正，因此，将 GFZ、EOST、IMLS 不同产品下在 CF 和 CM 框架的水文负载、大气负载和非潮汐海洋负载进行组合，然后对 GNSS 坐标时间序列中的非构造形变进行改正。分别用 A1、A2、A3 和 A4 代表 GFZ_LSDM、IMLS_LWS_MERRA2、IMLS_LWS_GEOSFPIT、EOST_ERAin_hydro

四种水文负载形变；分别用 B1、B2、B3、B4、B5 代表 GFZ_ECMWF、IMLS_ATM_MERRA2、IMLS_ATM_GEOSFPIT、EOST_ERAin、EOST_ATMIB 五种大气负载形变；分别用 C1、C2 代表 GFZ_MPION、IMLS_MPIOM06 两种非潮汐海洋负载形变，三种不同的环境负载一共有 40 种组合，将 40 种组合环境负载对 GNSS 坐标时间序列中的非构造形变进行改正。表 3-7～表 3-9 为部分组合环境负载改正 NEU 方向坐标时间序列前后的 DRMS 和 PRMS 结果(只列出按 PRMS 值大小排序的前十组和最后十组结果)。

表 3-7　N 方向水文、大气、非潮汐海洋负载组合改正 GNSS 坐标时间序列后的 DRMS 和 PRMS 统计结果

组合模型	CF 框架					组合模型	CM 框架				
	DRMS /mm 最大值	DRMS /mm 最小值	DRMS /mm 平均值	DRMS /mm 中位值	PRMS /% 平均值		DRMS /mm 最大值	DRMS /mm 最小值	DRMS /mm 平均值	DRMS /mm 中位值	PRMS /% 平均值
A1B2C1	0. 20	-0. 21	0. 01	0. 01	0. 36	A4B2C2	-0. 21	-0. 80	-0. 56	-0. 57	-24. 13
A2B2C1	0. 16	-0. 24	0. 01	0. 03	0. 27	A4B3C2	-0. 21	-0. 80	-0. 56	-0. 57	-24. 17
A1B3C1	0. 20	-0. 22	0. 004	0. 01	0. 22	A4B1C2	-0. 21	-0. 82	-0. 56	-0. 57	-24. 17
A2B3C1	0. 15	-0. 25	0. 002	0. 03	0. 15	A4B2C1	-0. 22	-0. 81	-0. 57	-0. 57	-24. 36
A1B2C2	0. 19	-0. 21	0. 001	0. 00	0. 07	A4B1C1	-0. 21	-0. 83	-0. 57	-0. 58	-24. 39
A2B2C2	0. 15	-0. 24	-0. 002	0. 00	-0. 03	A4B3C1	-0. 22	-0. 81	-0. 57	-0. 57	-24. 41
A1B3C2	0. 19	-0. 22	-0. 002	-0. 02	-0. 06	A4B5C2	-0. 22	-0. 85	-0. 58	-0. 60	-25. 00
A2B3C2	0. 15	-0. 25	-0. 01	-0. 01	-0. 15	A4B5C1	-0. 22	-0. 86	-0. 59	-0. 60	-25. 25
A1B5C1	0. 16	-0. 23	-0. 02	-0. 03	-0. 76	A4B4C2	-0. 23	-0. 87	-0. 60	-0. 61	-25. 69
A2B5C1	0. 12	-0. 26	-0. 02	-0. 01	-0. 94	A4B4C1	-0. 23	-0. 88	-0. 60	-0. 62	-25. 93
⋮	⋮	⋮	⋮	⋮	⋮	⋮	⋮	⋮	⋮	⋮	⋮
A3B1C2	0. 17	-0. 31	-0. 07	-0. 06	-3. 13	A3B2C2	-0. 44	-1. 12	-0. 85	-0. 88	-36. 06
A4B3C1	0. 05	-0. 11	-0. 08	-0. 10	-3. 20	A3B1C1	-0. 44	-1. 11	-0. 85	-0. 88	-36. 15
A4B2C2	0. 04	-0. 11	-0. 08	-0. 11	-3. 44	A2B4C2	-0. 47	-1. 07	-0. 84	-0. 82	-36. 16
A4B3C2	0. 04	-0. 11	-0. 09	-0. 10	-3. 56	A3B3C1	-0. 44	-1. 12	-0. 85	-0. 88	-36. 20
A4B5C1	0. 02	-0. 25	-0. 11	-0. 11	-4. 41	A3B2C1	-0. 44	-1. 12	-0. 85	-0. 88	-36. 20
A4B4C1	0. 01	-0. 12	-0. 12	-0. 25	-4. 61	A2B4C1	-0. 47	-1. 07	-0. 85	-0. 83	-36. 29

续表3-7

组合模型	CF 框架					组合模型	CM 框架				
	DRMS /mm 最大值	DRMS /mm 最小值	DRMS /mm 平均值	DRMS /mm 中位值	PRMS /% 平均值		DRMS /mm 最大值	DRMS /mm 最小值	DRMS /mm 平均值	DRMS /mm 中位值	PRMS /% 平均值
A4B5C2	0. 01	-0. 27	-0. 12	-0. 12	-4. 80	A3B5C2	-0. 45	-1. 12	-0. 87	-0. 90	-36. 94
A4B1C1	0. 00	-0. 27	-0. 12	-0. 12	-4. 95	A3B5C1	-0. 45	-1. 12	-0. 87	-0. 90	-37. 09
A4B4C2	0. 00	-0. 27	-0. 12	-0. 13	-5. 00	A3B4C2	-0. 46	-1. 14	-0. 89	-0. 92	-37. 81
A4B1C2	-0. 01	-0. 12	-0. 13	-0. 27	-5. 34	A3B4C1	-0. 47	-1. 15	-0. 89	-0. 92	-37. 96

从表 3-7 中可知，在 CF 框架下水平 N 方向的前五种组合环境负载改正坐标时间序列前后的 DRMS 中位数和 PRMS 平均值为正值，DRMS 中位值范围为 0~0. 03 mm，PRMS 平均值范围为 0. 07%~0. 36%，从第六种组合环境负载之后，DRMS 中位数和 PRMS 平均值为负值；在 CM 框架下水平 N 方向改正坐标时间序列前后的 DRMS 中位数和 PRMS 平均值都为负值。

表 3-8　E 方向水文、大气、非潮汐海洋负载组合改正 GNSS 坐标时间序列后的 DRMS 和 PRMS 统计结果

组合模型	CF 框架					组合模型	CM 框架				
	DRMS /mm 最大值	DRMS /mm 最小值	DRMS /mm 平均值	DRMS /mm 中位值	PRMS /% 平均值		DRMS /mm 最大值	DRMS /mm 最小值	DRMS /mm 平均值	DRMS /mm 中位值	PRMS /% 平均值
A4B1C2	0. 15	-0. 06	0. 03	0. 02	1. 29	A2B2C1	-0. 14	-0. 87	-0. 60	-0. 60	-23. 61
A4B5C2	0. 14	-0. 06	0. 03	0. 02	1. 28	A2B3C1	-0. 12	-0. 87	-0. 60	-0. 60	-23. 64
A3B2C2	0. 25	-0. 11	0. 03	0. 00	1. 27	A2B2C2	-0. 15	-0. 90	-0. 62	-0. 62	-24. 40
A4B2C2	0. 13	-0. 06	0. 03	0. 02	1. 27	A2B3C2	-0. 13	-0. 90	-0. 62	-0. 62	-24. 42
A4B3C2	0. 13	-0. 06	0. 03	0. 02	1. 26	A3B2C1	-0. 20	-0. 95	-0. 65	-0. 54	-25. 85
A4B4C2	0. 14	-0. 05	0. 03	0. 02	1. 26	A2B1C1	-0. 17	-0. 94	-0. 65	-0. 66	-25. 85
A3B3C2	0. 25	-0. 11	0. 03	0. 00	1. 25	A3B3C1	-0. 18	-0. 96	-0. 65	-0. 65	-25. 92
A3B5C2	0. 26	-0. 12	0. 03	0. 00	1. 25	A2B5C1	-0. 17	-0. 95	-0. 66	-0. 67	-26. 01
A3B1C2	0. 27	-0. 12	0. 03	0. 00	1. 23	A4B2C1	-0. 19	-0. 97	-0. 67	-0. 60	-26. 22
A3B4C2	0. 26	-0. 11	0. 03	0. 00	1. 23	A4B3C1	-0. 18	-0. 97	-0. 67	-0. 60	-26. 24
⋮	⋮	⋮	⋮	⋮	⋮	⋮	⋮	⋮	⋮	⋮	⋮

续表3-8

组合模型	CF 框架					组合模型	CM 框架				
	DRMS /mm 最大值	DRMS /mm 最小值	DRMS /mm 平均值	DRMS /mm 中位值	PRMS /% 平均值		DRMS /mm 最大值	DRMS /mm 最小值	DRMS /mm 平均值	DRMS /mm 中位值	PRMS /% 平均值
A1B1C2	0.31	-0.19	0.003	0.00	0.10	A4B5C2	-0.25	-1.08	-0.76	-0.76	-29.72
A1B4C2	0.30	-0.18	0.001	0.00	0.06	A1B2C2	-0.37	-1.07	-0.77	-0.79	-30.12
A1B5C2	0.31	-0.19	0.000	0.00	0.03	A1B3C2	-0.38	-1.07	-0.77	-0.79	-30.13
A1B1C1	0.30	-0.19	0.000	-0.01	0.00	A4B4C2	-0.25	-1.10	-0.77	-0.78	-30.31
A1B2C2	0.29	-0.18	-0.001	0.00	-0.02	A1B1C1	-0.39	-1.12	-0.82	-0.82	-31.78
A1B3C2	0.29	-0.18	-0.001	0.00	-0.02	A1B5C1	-0.40	-1.12	-0.82	-0.82	-31.85
A1B4C1	0.29	-0.18	-0.002	-0.01	-0.04	A1B4C1	-0.40	-1.14	-0.83	-0.84	-32.43
A1B5C1	0.30	-0.19	-0.003	-0.01	-0.08	A1B1C2	-0.41	-1.15	-0.84	-0.84	-32.65
A1B2C1	0.28	-0.19	-0.004	-0.01	-0.13	A1B5C2	-0.41	-1.15	-0.84	-0.84	-32.72
A1B3C1	0.28	-0.19	-0.004	-0.01	-0.13	A1B4C2	-0.42	-1.17	-0.86	-0.86	-33.30

从表3-8中可知，在CF框架下水平E方向的组合环境负载改正坐标时间序列中的非构造形变效果要优于水平N方向，改正前后的PRMS平均值最大为1.29%，对应的DRMS中位值为0.02 mm，PRMS值最小为-0.13%，对应的DRMS值为-0.01 mm；在CM框架下E方向的DRMS中位值和PRMS平均值都为负值。综合表3-7和表3-8可知，在CF框架下水平N和E方向只有少部分组合环境负载能够有效改正坐标时间序列中的非构造形变，且改正效果并不明显；在CM框架下组合环境负载都不能改正坐标时间序列中的非构造形变。

表3-9　U方向水文、大气、非潮汐海洋负载组合改正GNSS坐标时间序列后的DRMS和PRMS统计结果

组合模型	CF 框架					组合模型	CM 框架				
	DRMS /mm 最大值	DRMS /mm 最小值	DRMS /mm 平均值	DRMS /mm 中位值	PRMS /% 平均值		DRMS /mm 最大值	DRMS /mm 最小值	DRMS /mm 平均值	DRMS /mm 中位值	PRMS /% 平均值
A4B5C2	2.05	-0.66	1.30	1.56	17.38	A4B2C1	2.24	-0.36	1.13	1.2	14.92
A4B1C2	2.05	-0.68	1.29	1.58	17.32	A4B2C2	2.24	-0.34	1.13	1.21	14.90
A4B5C1	2.05	-0.67	1.29	1.55	17.32	A4B3C1	2.2	-0.31	1.12	1.19	14.80

续表3-9

组合模型	CF 框架					组合模型	CM 框架				
	DRMS /mm 最大值	DRMS /mm 最小值	DRMS /mm 平均值	DRMS /mm 中位值	PRMS /% 平均值		DRMS /mm 最大值	DRMS /mm 最小值	DRMS /mm 平均值	DRMS /mm 中位值	PRMS /% 平均值
A4B4C2	2.05	−0.64	1.29	1.59	17.30	A4B3C2	2.24	−0.30	1.12	1.18	14.78
A4B1C1	2.05	−0.69	1.29	1.57	17.26	A4B1C1	2.24	−0.29	1.07	1.09	14.00
A4B4C1	2.05	−0.65	1.28	1.57	17.24	A4B5C1	2.23	−0.28	1.06	1.07	13.94
A4B3C2	2.02	−0.70	1.28	1.53	17.20	A4B1C2	2.24	−0.28	1.06	1.07	13.92
A3B2C1	2.67	−0.55	1.29	1.50	17.18	A4B5C2	2.23	−0.31	1.06	1.05	13.86
A3B2C2	2.66	−0.55	1.29	1.51	17.18	A4B4C1	2.22	−0.31	1.05	1.06	13.80
A4B3C1	2.02	−0.71	1.27	1.52	17.11	A4B4C2	2.22	−0.3	1.04	1.04	13.71
⋮	⋮	⋮	⋮	⋮	⋮	⋮	⋮	⋮	⋮	⋮	⋮
A2B4C2	2.38	−0.24	1.11	1.35	14.64	A2B2C1	1.93	−1.08	0.48	0.52	5.96
A1B4C2	2.11	−1.75	0.88	1.07	11.69	A2B3C1	1.92	−1.11	0.46	0.51	5.73
A1B4C1	2.11	−1.78	0.87	1.05	11.55	A2B2C2	1.91	−1.10	0.46	0.51	5.73
A1B5C2	2.10	−1.77	0.87	1.06	11.54	A2B3C2	1.90	−1.14	0.45	0.50	5.49
A1B1C2	2.10	−1.80	0.86	1.04	11.44	A2B1C1	1.82	−1.32	0.33	0.41	3.91
A1B5C1	2.10	−1.79	0.86	1.04	11.39	A2B5C1	1.81	−1.34	0.32	0.3	3.69
A1B3C2	2.05	−1.83	0.83	0.97	10.99	A2B1C2	1.80	−1.35	0.31	0.39	3.62
A1B3C1	2.04	−1.84	0.82	0.95	10.82	A2B4C1	1.78	−1.36	0.30	0.39	3.47
A1B2C2	2.02	−1.87	0.80	0.92	10.63	A2B5C2	1.79	−1.37	0.29	0.37	3.40
A1B2C1	2.01	−1.89	0.79	0.92	10.46	A2B4C2	1.76	−1.40	0.28	0.38	3.18

从表3-9中可知，垂向U方向在CF和CM框架下的组合环境负载改正坐标时间序列中的非构造形变效果更加明显，且改正前后DRMS中位值和PRMS平均值都为正值。在CF框架下改正前后的DRMS中位值最大为1.59 mm，最小为0.92 mm，PRMS平均值最大为17.38%，最小为10.46%；在CM框架下改正前后的DRMS中位值最大为1.21 mm，最小为0.3 mm；PRMS平均值最大为14.92%，最小为3.18%。综合对比CF和CM框架下的改正效果可知，在CF框架下改正的效果要整体优于CM框架，因此，本研究重点分析CF框架下的组合环境负载。从

表 3-9 可知，前 10 种组合环境负载改正坐标时间序列前后的 DRMS 中位值和 PRMS 平均值相差不大，DRMS 中位值范围为 1.52~1.59 mm，PRMS 平均值范围为 17.11%~17.38%。从前十种组合环境负载可知，水文负载中有 A3 和 A4，对应着 IMLS_LWS_GEOSFPIT、EOST_ERAin_hydro；大气负载中有 B1、B2、B3、B4、B5，对应着 GFZ_ECMWF、IMLS_ATM_MERRA2、IMLS_ATM_GEOSFPIT、EOST_ERAin、EOST_ATMIB；非潮汐海洋负载中有 C1 和 C2，对应着 GFZ_MPION 和 IMLS_MPIOM06。由于 EOST_ERAin_hydro 水文负载的时间跨度截至 2019 年 8 月，不能覆盖 GNSS 坐标时间序列的时间跨度，因此，综合考虑时间跨度和改正效果，本研究认为 A3B2C1、A3B2C2 组合环境负载更加适合用于后面章节中环境负载对 GNSS 坐标时间序列的影响和云南区域垂向运动的季节性变化分析。又由于 A3B2C2 组合的环境负载都属于 IMLS 机构下的环境负载产品，因此，本研究后面用到的环境负载分析都选择 IMLS 产品下的 A3B2C2 组合环境负载，分别对应着 IMLS_LWS_GEOSFPIT 水文负载、IMLS_ATM_GEOSFPIT 大气负载、IMLS_MPIOM06 非潮汐海洋负载。

3.3 不同噪声模型对速度及不确定度的影响

对连续站坐标时间序列的最优噪声模型进行辨识，可以合理地获取连续站的线性速度及不确定度。为了分析不同噪声模型对 GNSS 坐标时间序列的线性速度及不确定度参数的影响，本研究使用 Hector 软件[223]中的白噪声（WN）及白噪声组合[白噪声+闪烁噪声（WN+FN）、白噪声+幂律噪声（WN+PL）、白噪声+闪烁噪声+随机漫步噪声噪声（WN+FN+RWN）、白噪声+广义高斯-马尔可夫噪声模型（WN+GGM）]估计云南区域 27 个连续站 NEU 方向坐标时间序列中的速度及不确定度参数，表 3-10 为不同噪声模型在 NEU 方向上估计的速度及不确定度结果。由表 3-10 可知，在白噪声和白噪声组合模型下估计的 NEU 方向的线性速度差异很小，N 方向最大差异量为 0.58 mm/a，对应 KMIN 测站的 WN 和 WN+FN+RWN 噪声模型；E 方向最大差异量为 0.32 mm/a，对应 YNML 测站的 WN 和 WN+FN+RWN 噪声模型；U 方向最大差异量为 0.34 mm/a，对应 KMIN 测站的 WN 和 WN+FN+RWN 噪声模型。NEU 方向的速度不确定度差异较大，N 方向最大差异量为 1.11 mm/a，对应 KMIN 测站的 WN 和 WN+FN+RWN 噪声模型；E 方向最大差异量为 1.37 mm/a，对应 YNMH 测站的 WN 和 WN+FN+RWN 噪声模型；U 方向最大差异量为 2.22 mm/a，对应 YNLA 测站的 WN 和 WN+FN+RWN 噪声模型。几种组合噪声模型估计的速度不确定度普遍要比单一的白噪声模型大几倍甚至几十倍，因此，仅使用白噪声模型会导致速度不确定度估计过于乐观，且会产生一定的速率偏差，这在实际应用中是不可忽视的。

表 3-10 NEU 方向白噪声及组合噪声模型下估计的速度及不确定度

测站代码	NEU方向	WN /(mm·a^{-1})	WN+PL /(mm·a^{-1})	WN+FN /(mm·a^{-1})	WN+GGM /(mm·a^{-1})	WN+FN+RWN /(mm·a^{-1})
KMIN	N	−17.69±0.02	−17.21±0.56	−17.35±0.19	−17.37±0.36	−17.11±1.13
	E	31.40±0.02	31.56±0.31	31.51±0.17	31.53±0.24	31.65±0.65
	U	2.66±0.04	2.37±0.90	2.44±0.48	2.55±0.42	2.22±2.21
XIAG	N	−16.95±0.02	−16.87±0.27	−16.88±0.22	−16.92±0.15	−16.88±0.22
	E	30.07±0.03	29.95±0.27	29.94±0.31	29.99±0.21	29.94±0.31
	U	1.64±0.05	1.47±0.34	1.42±0.54	1.52±0.28	1.42±0.54
YNCX	N	−16.55±0.01	−16.49±0.16	−16.49±0.15	−16.55±0.06	−16.49±0.15
	E	31.12±0.01	31.09±0.12	31.08±0.17	31.11±0.08	31.08±0.17
	U	0.45±0.03	0.60±0.32	0.61±0.37	0.57±0.27	0.61±0.37
YNDC	N	−12.82±0.01	−12.68±0.15	−12.69±0.15	−12.76±0.10	−12.69±0.15
	E	34.53±0.02	34.53±0.11	34.53±0.16	34.53±0.07	34.53±0.16
	U	0.85±0.04	0.83±0.26	0.82±0.49	0.85±0.15	0.82±0.49
YNGM	N	−10.81±0.02	−10.79±0.24	−10.79±0.19	−10.81±0.10	−10.79±0.19
	E	25.57±0.03	25.45±0.39	25.46±0.36	25.55±0.18	25.46±0.36
	U	0.65±0.05	0.58±0.38	0.54±0.72	0.61±0.27	0.54±0.72
YNHZ	N	−11.94±0.02	−11.75±0.27	−11.78±0.17	−11.82±0.19	−11.64±0.49
	E	33.77±0.02	33.97±0.23	33.95±0.20	33.93±0.18	33.95±0.20
	U	1.69±0.05	1.50±0.74	1.53±0.52	1.59±0.48	1.42±1.61
YNJD	N	−15.95±0.02	−15.71±0.31	−15.76±0.19	−15.79±0.22	−15.59±0.54
	E	28.94±0.02	28.95±0.16	28.95±0.21	28.94±0.07	28.95±0.21
	U	0.41±0.04	0.52±0.48	0.52±0.43	0.41±0.23	0.52±0.43
YNJP	N	−8.96±0.02	−8.86±0.23	−8.87±0.18	−8.93±0.13	−8.87±0.18
	E	33.28±0.02	33.24±0.30	33.25±0.19	33.25±0.25	33.24±0.59
	U	−0.10±0.04	−0.20±0.55	−0.20±0.54	−0.13±0.28	−0.20±0.54

续表3-10

测站代码	NEU方向	WN /(mm · a^{-1})	WN+PL /(mm · a^{-1})	WN+FN /(mm · a^{-1})	WN+GGM /(mm · a^{-1})	WN+FN+RWN /(mm · a^{-1})
YNLA	N	−10. 10±0. 01	−10. 16±0. 19	−10. 16±0. 15	−10. 10±0. 07	−10. 16±0. 15
	E	27. 97±0. 02	27. 93±0. 33	27. 95±0. 19	27. 96±0. 09	27. 95±0. 19
	U	−1. 10±0. 05	−0. 83±0. 97	−0. 88±0. 53	−1. 05±0. 39	−0. 71±2. 27
YNLC	N	−13. 15±0. 01	−13. 10±0. 19	−13. 10±0. 16	−13. 14±0. 08	−13. 10±0. 16
	E	27. 90±0. 02	28. 05±0. 27	28. 03±0. 21	28. 03±0. 23	28. 03±0. 21
	U	−0. 19±0. 04	0. 01±0. 55	−0. 01±0. 43	−0. 11±0. 33	−0. 01±0. 43
YNLJ	N	−18. 92±0. 01	−18. 76±0. 26	−18. 79±0. 15	−18. 88±0. 11	−18. 65±0. 63
	E	31. 95±0. 01	31. 95±0. 12	31. 95±0. 15	31. 95±0. 05	31. 95±0. 15
	U	−0. 45±0. 03	−0. 51±0. 25	−0. 53±0. 35	−0. 49±0. 14	−0. 53±0. 35
YNMH	N	−10. 18±0. 02	−10. 34±0. 51	−10. 26±0. 19	−10. 23±0. 17	−10. 47±1. 21
	E	29. 19±0. 02	29. 14±0. 52	29. 16±0. 24	29. 16±0. 23	29. 07±1. 39
	U	−0. 06±0. 03	−0. 06±0. 39	−0. 06±0. 39	−0. 07±0. 20	−0. 06±0. 39
YNMJ	N	−14. 82±0. 02	−14. 80±0. 26	−14. 79±0. 18	−14. 82±0. 10	−14. 79±0. 18
	E	30. 55±0. 01	30. 55±0. 10	30. 55±0. 15	30. 54±0. 08	30. 55±0. 15
	U	1. 84±0. 04	1. 57±0. 58	1. 62±0. 44	1. 69±0. 30	1. 62±0. 44
YNML	N	−9. 45±0. 01	−9. 53±0. 28	−9. 50±0. 15	−9. 49±0. 11	−9. 60±0. 65
	E	35. 21±0. 02	35. 02±0. 30	35. 07±0. 19	35. 14±0. 14	34. 89±0. 67
	U	−0. 73±0. 03	−0. 69±0. 26	−0. 69±0. 38	−0. 73±0. 13	−0. 69±0. 38
YNMZ	N	−9. 59±0. 02	−9. 36±0. 25	−9. 39±0. 18	−9. 43±0. 18	−9. 21±0. 50
	E	33. 08±0. 02	33. 18±0. 19	33. 17±0. 17	33. 12±0. 11	33. 17±0. 17
	U	0. 12±0. 04	−0. 01±0. 33	−0. 05±0. 52	0. 00±0. 31	−0. 05±0. 52
YNRL	N	−7. 73±0. 01	−7. 66±0. 27	−7. 67±0. 17	−7. 72±0. 10	−7. 67±0. 17
	E	22. 91±0. 02	23. 00±0. 33	22. 97±0. 18	22. 97±0. 19	23. 08±0. 76
	U	−0. 53±0. 04	−0. 54±0. 54	−0. 53±0. 39	−0. 55±0. 25	−0. 53±0. 39
YNSD	N	−13. 36±0. 01	−13. 34±0. 17	−13. 34±0. 17	−13. 36±0. 09	−13. 34±0. 17
	E	26. 72±0. 02	26. 70±0. 10	26. 70±0. 19	26. 71±0. 07	26. 70±0. 19
	U	0. 28±0. 04	0. 39±0. 31	0. 41±0. 43	0. 31±0. 17	0. 41±0. 43

续表3-10

测站代码	NEU方向	WN /(mm·a^{-1})	WN+PL /(mm·a^{-1})	WN+FN /(mm·a^{-1})	WN+GGM /(mm·a^{-1})	WN+FN+RWN /(mm·a^{-1})
YNSM	N	−12.99±0.02	−12.99±0.29	−12.99±0.19	−12.99±0.13	−12.99±0.19
	E	28.81±0.02	28.79±0.44	28.79±0.19	28.79±0.32	28.77±0.90
	U	−0.66±0.03	−0.74±0.56	−0.71±0.39	−0.70±0.22	−0.71±0.39
YNTC	N	−10.27±0.01	−10.18±0.20	−10.19±0.17	−10.25±0.09	−10.19±0.17
	E	23.69±0.02	23.74±0.28	23.73±0.17	23.71±0.16	23.75±0.55
	U	0.65±0.04	0.55±0.35	0.53±0.42	0.62±0.15	0.53±0.42
YNTH	N	−12.94±0.01	−12.92±0.16	−12.92±0.17	−12.94±0.08	−12.92±0.17
	E	32.46±0.02	32.48±0.17	32.48±0.17	32.47±0.12	32.48±0.17
	U	0.99±0.03	0.91±0.33	0.90±0.39	0.98±0.13	0.90±0.39
YNWS	N	−10.15±0.02	−9.90±0.39	−9.98±0.19	−10.03±0.21	−9.76±0.93
	E	32.34±0.02	32.45±0.46	32.38±0.20	32.41±0.21	32.60±1.19
	U	1.00±0.03	0.97±0.28	0.96±0.44	0.97±0.25	0.96±0.44
YNXP	N	−16.11±0.02	−16.04±0.21	−16.03±0.26	−16.06±0.17	−16.03±0.26
	E	29.31±0.02	29.48±0.30	29.48±0.28	29.43±0.23	29.48±0.28
	U	0.67±0.04	0.75±0.27	0.76±0.42	0.67±0.14	0.76±0.42
YNYA	N	−17.02±0.01	−16.90±0.17	−16.91±0.15	−16.97±0.11	−16.91±0.15
	E	32.99±0.01	32.96±0.10	32.94±0.15	32.98±0.05	32.94±0.15
	U	0.48±0.03	0.55±0.30	0.55±0.39	0.48±0.14	0.55±0.39
YNYL	N	−16.07±0.01	−16.02±0.21	−16.02±0.17	−16.07±0.09	−16.02±0.17
	E	27.60±0.02	27.60±0.17	27.60±0.18	27.61±0.09	27.60±0.18
	U	−1.90±0.05	−1.68±0.57	−1.69±0.54	−1.72±0.48	−1.69±0.54
YNYM	N	−17.30±0.01	−17.23±0.20	−17.24±0.15	−17.29±0.08	−17.24±0.15
	E	33.38±0.01	33.38±0.12	33.38±0.16	33.38±0.06	33.38±0.16
	U	0.23±0.03	0.25±0.25	0.24±0.40	0.22±0.13	0.24±0.40
YNYS	N	−17.45±0.01	−17.28±0.26	−17.32±0.16	−17.42±0.09	−17.32±0.16
	E	35.08±0.01	35.07±0.15	35.07±0.16	35.08±0.11	35.07±0.16
	U	−0.09±0.03	−0.03±0.24	−0.01±0.41	−0.08±0.13	−0.01±0.41

续表3-10

测站代码	NEU方向	WN /(mm·a⁻¹)	WN+PL /(mm·a⁻¹)	WN+FN /(mm·a⁻¹)	WN+GGM /(mm·a⁻¹)	WN+FN+RWN /(mm·a⁻¹)
YNZD	N	−19.08±0.02	−19.04±0.51	−19.04±0.19	−19.05±0.39	−19.04±1.07
	E	34.88±0.03	34.92±0.30	34.91±0.22	34.92±0.29	34.93±0.61
	U	−1.63±0.04	−1.49±0.29	−1.46±0.47	−1.52±0.26	−1.46±0.47

3.4 环境负载对 GNSS 坐标时间序列的影响

3.4.1 环境负载对噪声模型的影响

由 3.2.5 小节中的分析可知，GFZ、EOST 和 IMLS 产品在 CM 和 CF 框架下的环境负载组合对水平 N 和 E 方向的坐标时间序列改正效果不明显，甚至有的反而会增大误差，对垂向 U 方向的改正效果普遍偏好。因此，本研究重点讨论垂向 U 方向上环境负载对 GNSS 坐标时间序列的影响。由 3.2.5 小节分析可知，为兼顾 GNSS 坐标时间序列上的跨度和改正效果，本研究选择 IMLS 下的 IMLS_LWS_GEOSFPIT 水文负载、IMLS_ATM_GEOSFPIT 大气负载、IMLS_MPIOM06 非潮汐海洋负载进行组合。由于 3.2.5 小节分析中只使用时间跨度为 2011 年 1 月 1 日—2019 年 8 月 31 日的环境负载来改正 GNSS 坐标时间序列中的非构造形变，而本节的环境负载形变和 GNSS 坐标时间序列的跨度为 2011 年 1 月 1 日—2020 年 8 月 4 日，因此，本研究重新计算组合环境负载对 GNSS 时间序列中非构造形变改正前后的 DRMS 和 PRMS 值(如图 3-4)。从图 3-4 中可知，除 KMIN 和 YNGM 连续站之外，其他连续站改正后的 DRMS 和 PRMS 值都为正值，说明这些连续站对应的环境负载能够有效改正 GNSS 垂向坐标时间序列中的非构造形变，所以选择与这些连续站相对应的环境负载对 GNSS 坐标时间序列影响进行分析。

分别使用 WN、WN+FN、WN+PL、WN+FN+RWN 和 WN+GGM 模型对环境负载改正前后的 25 个连续站进行噪声分析，表 3-11 为环境负载改正前后垂向 U 方向上的最优噪声模型。

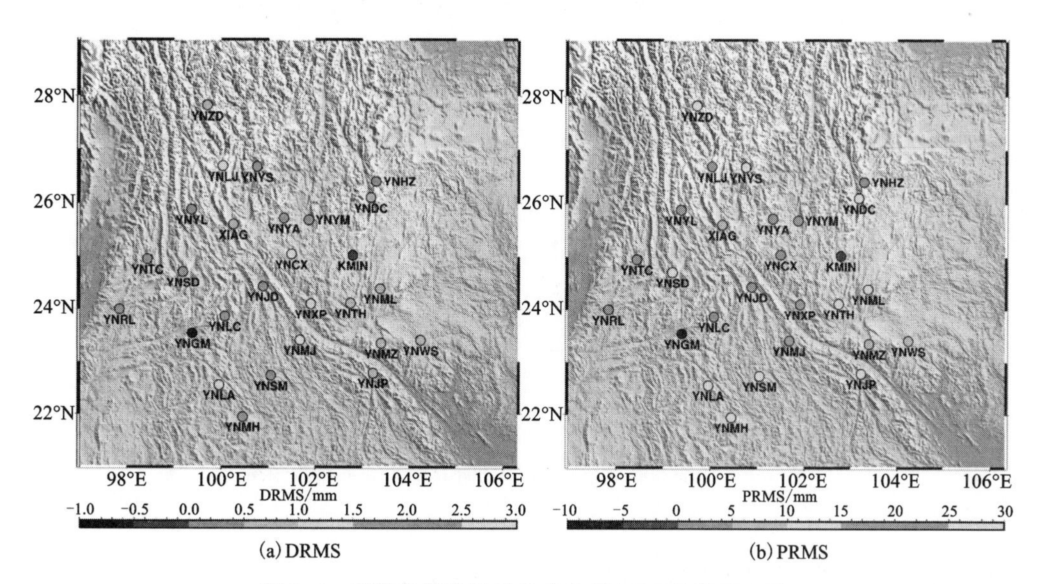

(a) DRMS　　(b) PRMS

图 3-4　环境负载改正后 U 方向的 DRMS 和 PRMS

表 3-11　环境负载改正前后 U 方向的最优噪声模型

测站代码	改正前	改正后	测站代码	改正前	改正后
XIAG	WN+FN	WN+FN	YNRL	WN+FN	WN+FN
YNCX	WN+FN	WN+FN	YNSD	WN+FN	WN+PL
YNDC	WN+PL	WN+PL	YNSM	WN+FN	WN+FN
YNHZ	WN+GGM	WN+FN	YNTC	WN+FN	WN+FN
YNJD	WN+FN	WN+FN	YNTH	WN+FN	WN+FN
YNJP	WN+FN	WN+FN	YNWS	WN+FN	WN+FN
YNLA	WN+PL	WN+FN	YNXP	WN+FN	WN+GGM
YNLC	WN+FN	WN+FN	YNYA	WN+FN	WN+FN
YNLJ	WN+FN	WN+FN	YNYL	WN+FN	WN+FN
YNMH	WN+FN	WN+FN	YNYM	WN+FN	WN+FN
YNMJ	WN+FN	WN+FN	YNYS	WN+FN	WN+FN
YNML	WN+FN	WN+FN	YNZD	WN+PL	WN+PL
YNMZ	WN+FN	WN+PL			

图 3-5 为环境负载改正前后 25 个连续站最优噪声模型的分布情况，从图 3-5 中可知，环境负载改正前，垂向 U 方向上主要表现为 WN+FN 噪声(约80%)、WN+PL 噪声(约 16%)、WN+GGM 噪声(约 4%)；环境负载改正后，垂向 U 方向上主要表现为 WN+FN 噪声(约 80%)、WN+PL 噪声(约 20%)。

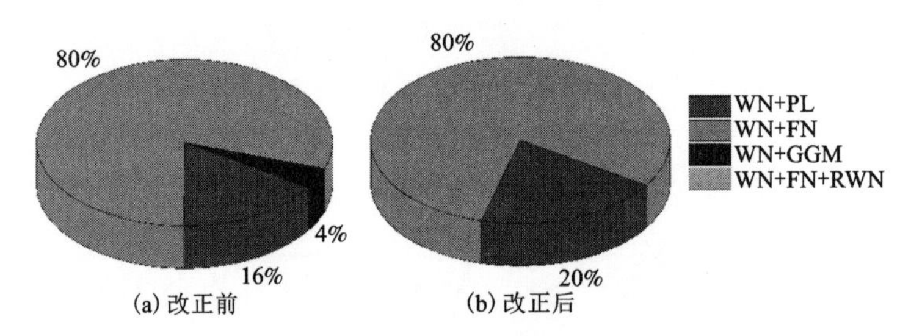

图 3-5　环境负载改正前后 U 方向的最优噪声模型分布

3.4.2　环境负载对速度及不确定度的影响

为了研究环境负载对 GNSS 坐标时间序列的速度及不确定度的影响，对环境负载改正前后最优噪声模型估计的 GNSS 速度及不确定度进行对比分析。表 3-12 为环境负载改正前后最优噪声模型估计的结果。图 3-6 为环境负载改正前后最优噪声模型下估计的速度及不确定度的差值。从图 3-6 中可知，速度差值相差不大，大部分范围在 0~0.25 mm/a，但是速度不确定度差值最大为 0.5 mm/a，因此，为了准确估计连续站坐标时间序列的速度及不确定度参数，需要考虑环境负载改正前后的噪声特性。

表 3-12　环境负载改正前后 U 方向最优噪声模型下估计的速度及不确定度比较

测站代码	改正前	改正后	测站代码	改正前	改正后
XIAG	1.42±0.54	1.56±0.54	YNRL	−0.53±0.39	−0.37±0.37
YNCX	0.61±0.37	0.62±0.36	YNSD	0.41±0.43	0.54±0.22
YNDC	0.83±0.26	0.90±0.30	YNSM	−0.71±0.39	−1.02±0.38
YNHZ	1.59±0.48	1.60±0.55	YNTC	0.53±0.42	0.76±0.42
YNJD	0.52±0.43	0.48±0.41	YNTH	0.90±0.39	0.81±0.37
YNJP	−0.20±0.54	−0.40±0.48	YNWS	0.96±0.44	0.86±0.36
YNLA	−0.83±0.97	−0.97±0.50	YNXP	0.76±0.42	0.65±0.10

续表3-12

测站代码	改正前	改正后	测站代码	改正前	改正后
YNLC	−0. 01±0. 43	−0. 05±0. 42	YNYA	0. 55±0. 39	0. 64±0. 37
YNLJ	−0. 53±0. 35	−0. 37±0. 35	YNYL	−1. 69±0. 54	−1. 49±0. 54
YNMH	−0. 06±0. 39	−0. 22±0. 36	YNYM	0. 24±0. 40	0. 30±0. 35
YNMJ	1. 62±0. 44	1. 39±0. 43	YNYS	−0. 01±0. 41	0. 15±0. 39
YNML	−0. 69±0. 38	−0. 76±0. 35	YNZD	−1. 49±0. 29	−1. 28±0. 29
YNMZ	−0. 05±0. 52	−0. 19±0. 42			

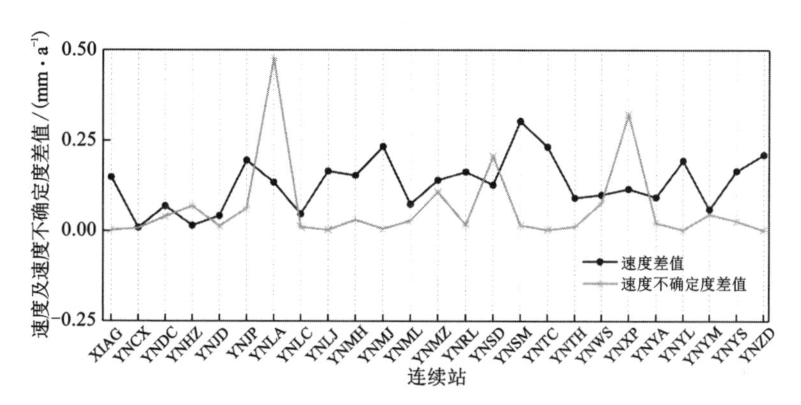

图 3-6　环境负载改正前后最优噪声模型下估计的速度及不确定度差值

3.5　共模误差对 GNSS 坐标时间序列的影响

Wdowinsk 等[33]的研究表明，区域 GNSS 网中不同连续站的坐标时间序列会存在时空相关的非构造形变噪声。通常情况下，在 GNSS 坐标时间序列中去除速度项和周期项后的残差时间序列中进行共模误差提取，但是周期项信号中可能包含部分共模误差，因此，本研究对去除了速度项之后的 GNSS 坐标时间序列残差进行共模误差提取。

3.5.1　共模误差提取

本研究对云南区域 27 个 GNSS 连续站使用 PCA 法计算出区域共模误差。图 3-7 和图 3-8 分别为 NEU 方向的前三个主成分的标准化空间特征向量和各个主成分的特征贡献率。由图 3-7 可知，PC1 的空间响应波动范围小，具有较好的一致性，PC1 中空间向量都超过 0.25；PC2 和 PC3 中空间响应波动比较剧烈，不能很好地反映云南区域 GNSS 网的共同变化规律，且 PC2 和 PC3 中至少有一半的连续站小于 0.25。从图 3-8 中可知，N、E、U 方向的第一主成分贡献率分别为 60.48%、33.65%、49.17%。根据 Dong 等[35]采用的主成分分析方法进行空间滤波，提取共模误差的标准为：参与计算的某阶主分量中(>50%)有明显的空间响应(25%)，且该主分量中的特征值超过特征值总和的 1%。因此，本研究将 NEU 方向的第一主成分定义为云南区域 GNSS 区域网的共模误差。

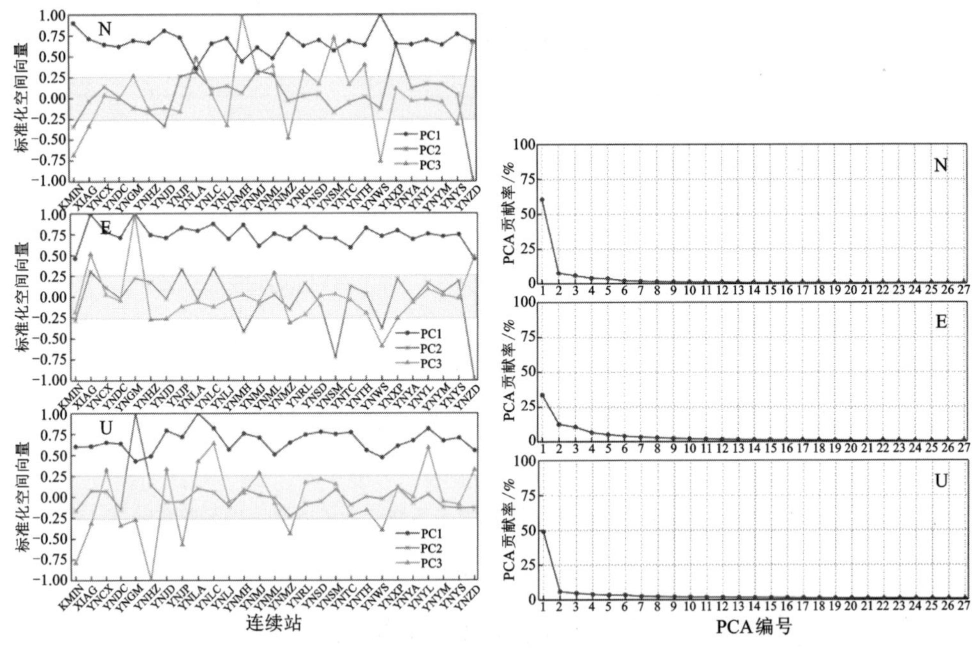

图 3-7　NEU 方向前三个主成分的标准化空间特征向量

图 3-8　NEU 方向主成分特征值的贡献率

图 3-9 为 YNLA 连续站进行主成分滤波前后的对比图。从图 3-9 中可知，PCA 滤波后能够有效提高 YNLA 连续站 NEU 方向的坐标时间序列信号的信噪比，进一步说明 PCA 提取的区域共模误差效果不错。

3.5.2　共模误差对噪声模型的影响

分别使用 WN、WN+FN、WN+PL、WN+FN+RWN 和 WN+GGM 模型对 PCA 滤波前后 NEU 方向的 GNSS 坐标时间序列进行噪声特性分析。表 3-13 为 NEU 方向上 PCA 滤波前后噪声模型估计结果，图 3-10 表示 PCA 滤波前后的云南区域基准站 NEU 方向最优噪声模型分布。

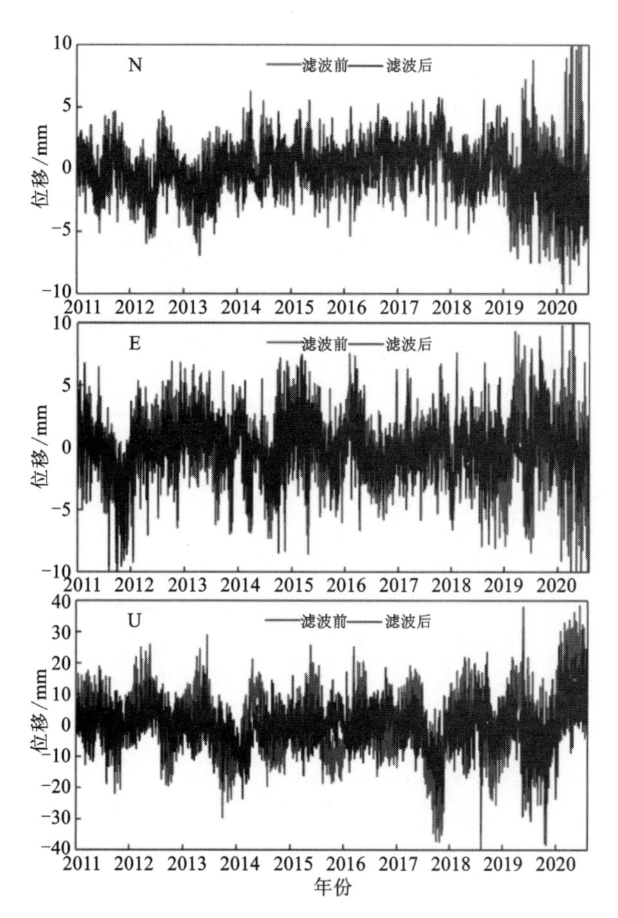

图 3-9　YNLA 连续站坐标时间序列 PCA 滤波前后对比

表 3-13　PCA 滤波前后 NEU 方向的最优噪声模型

测站代码	N 方向最优噪声模型		E 方向最优噪声模型		U 方向最优噪声模型	
	滤波前	滤波后	滤波前	滤波后	滤波前	滤波后
KMIN	WN+PL	WN+FN+RWN	WN+PL	WN+PL	WN+PL	WN+PL
XIAG	WN+FN	WN+FN	WN+FN	WN+FN	WN+FN	WN+FN
YNCX	WN+FN	WN+FN	WN+FN	WN+FN	WN+FN	WN+FN
YNDC	WN+FN	WN+FN	WN+FN	WN+FN	WN+PL	WN+FN
YNGM	WN+FN	WN+FN	WN+FN	WN+FN	WN+PL	WN+PL

续表3-13

测站代码	N 方向最优噪声模型		E 方向最优噪声模型		U 方向最优噪声模型	
	滤波前	滤波后	滤波前	滤波后	滤波前	滤波后
YNHZ	WN+FN	WN+FN+RWN	WN+FN	WN+FN	WN+GGM	WN+PL
YNJD	WN+FN	WN+FN	WN+FN	WN+FN	WN+FN	WN+FN
YNJP	WN+FN	WN+FN	WN+FN	WN+FN+RWN	WN+FN	WN+FN
YNLA	WN+FN	WN+PL	WN+FN	WN+PL	WN+PL	WN+PL
YNLC	WN+FN	WN+FN	WN+FN	WN+FN	WN+FN	WN+FN
YNLJ	WN+FN	WN+PL	WN+FN	WN+FN	WN+FN	WN+FN
YNMH	WN+GGM	WN+PL	WN+PL	WN+PL	WN+FN	WN+FN
YNMJ	WN+FN	WN+PL	WN+FN	WN+FN	WN+FN	WN+FN
YNML	WN+PL	WN+PL	WN+FN	WN+GGM	WN+FN	WN+FN
YNMZ	WN+FN	WN+PL	WN+FN	WN+FN	WN+FN	WN+FN
YNRL	WN+FN	WN+PL	WN+PL	WN+FN+RWN	WN+FN	WN+PL
YNSD	WN+FN	WN+FN	WN+PL	WN+PL	WN+FN	WN+PL
YNSM	WN+FN	WN+PL	WN+PL	WN+PL	WN+FN	WN+FN
YNTC	WN+FN	WN+FN	WN+FN	WN+PL	WN+FN	WN+FN
YNTH	WN+FN	WN+FN	WN+FN	WN+FN	WN+FN	WN+FN
YNWS	WN+PL	WN+PL	WN+PL	WN+FN	WN+FN	WN+FN
YNXP	WN+FN	WN+FN	WN+FN	WN+FN	WN+FN	WN+PL
YNYA	WN+FN	WN+FN	WN+FN	WN+PL	WN+FN	WN+FN
YNYL	WN+FN	WN+PL	WN+FN	WN+FN	WN+FN	WN+FN
YNYM	WN+FN	WN+PL	WN+FN	WN+FN	WN+FN	WN+FN
YNYS	WN+FN	WN+FN	WN+FN	WN+FN	WN+FN	WN+FN
YNZD	WN+PL	WN+FN+RWN	WN+FN	WN+FN+RWN	WN+PL	WN+FN

由图 3-10 可知，共模误差对水平 N 方向上的最优噪声模型影响较大，其次是水平 E 方向。在水平 N 方向上，经过 PCA 滤波后，33. 33%的最优噪声模型经过改变，且改变后的噪声模型主要表现为 WN+PL 和 WN+FN+RWN 噪声；在水平 E 方向上，29. 6%的最优噪声模型发生改变；在垂向 U 方向上，22. 22%的最优噪

声模型发生改变。综合可知，经过PCA滤波后会导致GNSS坐标时间序列最优噪声模型的变化，大部分是WN+FN噪声模型变为WN+PL。

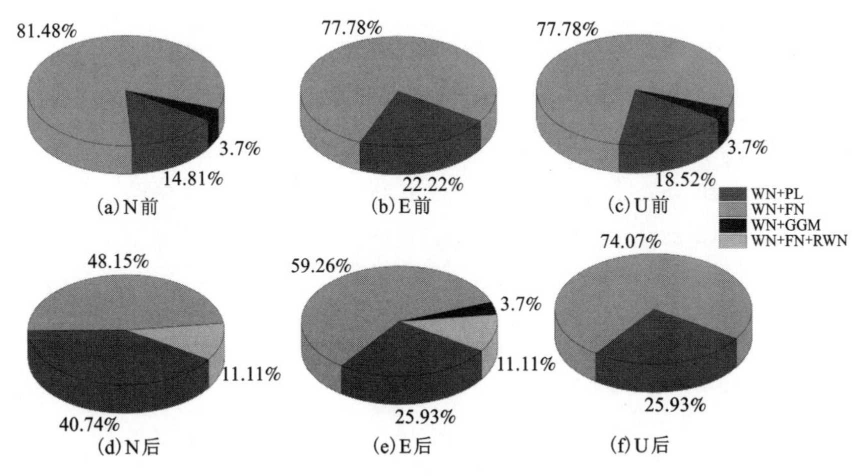

图3-10　NEU方向PCA滤波前后最优噪声模型分布

3.5.3　共模误差对速度及不确定度的影响

对PCA滤波前后最优噪声模型估计的速度及不确定度进行对比分析。表3-14为滤波前后最优噪声模型估计的结果。图3-11为滤波前后最优噪声模型下估计的速度及不确定度的差值。

表3-14　PCA滤波前后NEU方向最优噪声模型下估计的速度及不确定度

测站代码	N方向/($mm \cdot a^{-1}$)		E方向/($mm \cdot a^{-1}$)		U方向/($mm \cdot a^{-1}$)	
	滤波前	滤波后	滤波前	滤波后	滤波前	滤波后
KMIN	−17.21±0.56	−17.36±0.76	31.56±0.31	31.62±0.43	2.37±0.90	2.36±0.90
XIAG	−16.88±0.22	−16.97±0.17	29.94±0.31	29.94±0.22	1.42±0.54	1.41±0.42
YNCX	−16.49±0.15	−16.57±0.06	31.08±0.17	31.08±0.07	0.61±0.37	0.60±0.19
YNDC	−12.69±0.15	−12.77±0.06	34.53±0.16	34.53±0.08	0.83±0.26	0.81±0.31
YNGM	−10.79±0.19	−10.88±0.12	25.46±0.36	25.45±0.29	0.58±0.38	0.58±0.33
YNHZ	−11.78±0.17	−11.80±0.33	33.95±0.20	33.95±0.13	1.59±0.48	1.48±0.92
YNJD	−15.76±0.19	−15.87±0.11	28.95±0.21	28.95±0.18	0.52±0.43	0.52±0.26

续表3-14

测站代码	N 方向/(mm·a^{-1})		E 方向/(mm·a^{-1})		U 方向/(mm·a^{-1})	
	滤波前	滤波后	滤波前	滤波后	滤波前	滤波后
YNJP	−8.87±0.18	−8.97±0.09	33.25±0.19	33.21±0.69	−0.20±0.54	−0.21±0.37
YNLA	−10.16±0.15	−10.24±0.19	27.95±0.19	27.91±0.26	−0.83±0.97	−0.81±0.84
YNLC	−13.10±0.16	−13.18±0.09	28.03±0.21	28.02±0.14	−0.01±0.43	−0.03±0.28
YNLJ	−18.79±0.15	−18.85±0.22	31.95±0.15	31.94±0.07	−0.53±0.35	−0.52±0.20
YNMH	−10.23±0.17	−10.47±0.51	29.14±0.52	29.11±0.43	−0.06±0.39	−0.07±0.22
YNMJ	−14.79±0.18	−14.90±0.18	30.55±0.15	30.54±0.11	1.62±0.44	1.62±0.30
YNML	−9.53±0.28	−9.68±0.32	35.07±0.19	35.11±0.15	−0.69±0.38	−0.69±0.20
YNMZ	−9.39±0.18	−9.43±0.28	33.17±0.17	33.17±0.13	−0.05±0.52	−0.06±0.34
YNRL	−7.67±0.17	−7.76±0.19	23.00±0.33	23.06±0.55	−0.53±0.39	−0.57±0.47
YNSD	−13.34±0.17	−13.43±0.07	26.70±0.10	26.70±0.05	0.41±0.43	0.35±0.14
YNSM	−12.99±0.19	−13.09±0.21	28.79±0.44	28.76±0.51	−0.71±0.39	−0.72±0.24
YNTC	−10.19±0.17	−10.28±0.07	23.73±0.17	23.74±0.31	0.53±0.42	0.52±0.33
YNTH	−12.92±0.17	−13.01±0.09	32.48±0.17	32.47±0.08	0.90±0.39	0.90±0.23
YNWS	−9.90±0.39	−10.12±0.12	32.45±0.46	32.37±0.14	0.96±0.44	0.96±0.28
YNXP	−16.03±0.26	−16.12±0.19	29.48±0.28	29.47±0.23	0.76±0.42	0.71±0.10
YNYA	−16.91±0.15	−17.00±0.05	32.94±0.15	32.97±0.03	0.55±0.39	0.55±0.20
YNYL	−16.02±0.17	−16.13±0.14	27.60±0.18	27.59±0.09	−1.69±0.54	−1.69±0.42
YNYM	−17.24±0.15	−17.35±0.13	33.38±0.16	33.37±0.05	0.24±0.40	0.24±0.22
YNYS	−17.32±0.16	−17.42±0.06	35.07±0.16	35.06±0.07	−0.01±0.41	−0.03±0.21
YNZD	−19.04±0.51	−19.20±0.60	34.91±0.22	34.93±0.64	−1.49±0.29	−1.47±0.37

从图 3-11 中可知，NEU 方向的速度差异量大部分在 0~0.25 mm/a，水平 N 方向上的速度差异要大于水平 E 方向和垂向 N 方向；NEU 方向的速度不确定度差异在 0~0.5 mm/a，水平 N 方向上的最大差异量在 0.25 mm/a，水平 E 方向和垂向 U 方向上的最大差异量达到 0.5 mm/a。因此，为了准确估计连续站坐标时间序列的速度及不确定度参数，需要考虑滤波前后的噪声特性。

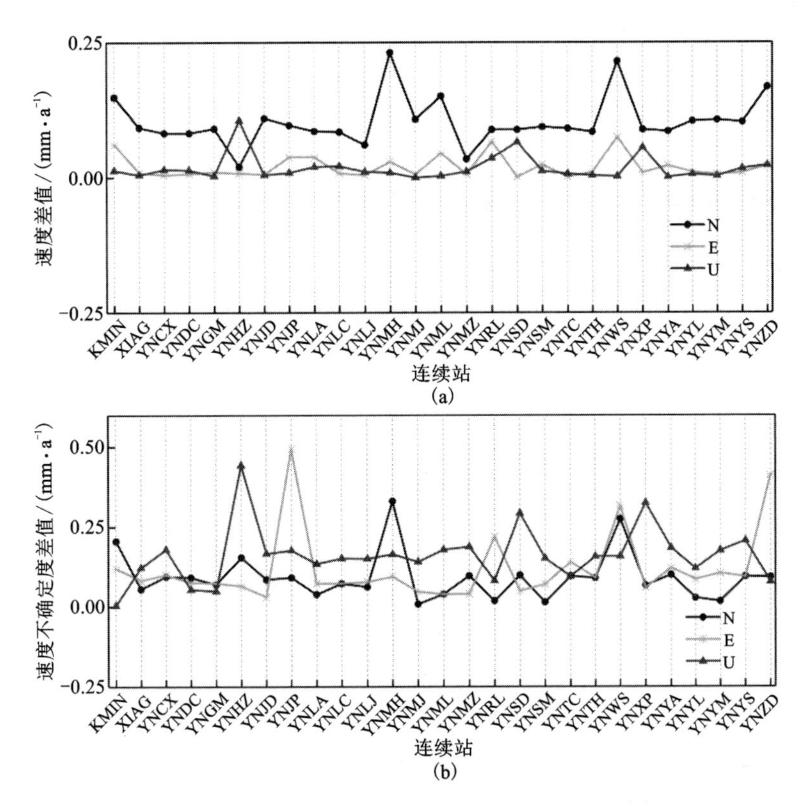

图 3-11　PCA 滤波前后最优噪声模型下估计的速度及不确定度差值

3.6　本章小结

本章使用了 DRMS 和 PRMS 指标定量评价水文负载、大气负载、非潮汐海洋负载及三者之间的 40 种组合环境负载改正 GNSS 坐标时间序列中的非构造形变效果，并使用了 WN、WN+FN、WN+PL、WN+FN+RWN 和 WN+GGM 模型估计 GNSS 坐标时间序列的速度及不确定度，探讨了 PCA 滤波和环境负载改正前后对 GNSS 坐标时间序列的影响。

第 4 章

云南区域垂向运动的季节性变化和构造变形研究

部分学者分别使用时间跨度为 2010—2012 年[224]，2010—2015 年[55, 144]的 GRACE 和 GNSS 数据研究云南区域垂向运动的季节性变化，认为水文负载是引起云南区域 GNSS 垂向运动季节性变化的主要因素之一。然而，GRACE 只能有效分辨大约 400 km 范围内的水文负载变化，对于 GNSS 连续站局部的小尺度范围的水文负载影响不能有效辨别。因此，本研究使用时间跨度更长(2011—2020 年)且 IMLS 产品 CF 框架下空间分辨率为 2′×2′的环境负载形变和 GNSS 数据来探讨云南区域垂向运动的季节性变化和现今构造变形。前人分析环境负载对云南区域 GNSS 垂向运动的季节性变化影响时，在季节性信号提取方面关注比较少。因此，本章使用多通道奇异谱分析(multivariate singular spectrum analysis，MSSA)和奇异谱分析(singular spectrum analysis，SSA)方法提取 GNSS 垂向位移的季节性信号。由于 GNSS 垂向位移和环境负载形变中含有其他非周年信号且相位差可能随时间变化，传统的皮尔逊相关系数只能简单地从单一时间尺度上衡量两者的相关性[如式(4-1)]，而忽略了两者在多时间尺度上的相关性而小波技术可以研究具有时间序列的数据在不同时段和频率尺度上的相关性，能够揭示两者在时频空间中的相位关系[225]，因此，本研究使用连续小波变换(continuous wavelet transform，CWT)、小波相干性(wavelet coherence，WTC)、交叉小波变换(cross wavelet transform，XWT)，在时频空间下多时间尺度研究 GNSS 垂向位移与环境负载形变的周期特性。

$$r = \frac{\sum_{i=1}^{n}\left[x_i - \bar{x}(y_i - \bar{y})\right]}{\sqrt{\sum_{i=1}^{n}(x_i - \bar{x})^2}\sqrt{\sum_{i=1}^{n}(y_i - \bar{y})^2}} \tag{4-1}$$

式中：x、$\bar{x}$ 分别为 GNSS 垂向位移的单日值和平均值；y、$\bar{y}$ 分别为环境负载形变的单日值和平均值；r 为两者的相关系数。

4.1 GNSS与环境负载形变的季节性波动变化对比

为了更好地比较GNSS垂向位移与环境负载形变的季节性变化关系，使用最小二乘法[公式(3-1)]对GNSS垂向位移进行去线性趋势化。去线性趋势化后的27个GNSS垂向位移与环境负载形变(IMLS_LWS_GEOSFPIT水文负载形变、IMLS_ATM_GEOSFPIT大气负载形变，IMLS_MPIOM06非潮汐海洋负载形变总和)均出现季节性变化且整体运动趋势一致。大部分GNSS连续站的垂向位移变化范围为-30~30 mm；相对应的环境负载形变变化范围为-15~15 mm，IMLS_LWS_GEOSFPIT水文负载形变变化范围为-10~10 mm，IMLS_ATM_GEOSFPIT大气负载形变变化范围为-5~5 mm，IMLS_MPIOM06非潮汐海洋负载形变变化范围为-1~1 mm。通过对比GNSS和环境负载形变可知，环境负载并不能完全解释GNSS垂向位移的季节性变化，其中，环境负载中的水文负载是引起云南区域GNSS垂向季节性变化的主要因素之一[226]，其次是大气负载，非潮汐海洋负载影响可以忽略不计。图4-1为部分连续站(KMIN、YNJD、YNMH和YNXP)的GNSS垂向位移与环境负载形变对比。KMIN连续站在2011—2014年的相位吻合度较差，说明该时段可能受站点局部环境、系统误差及噪声影响较大。YNJD、YNMH和YNXP连续站与环境负载形变的运动变化具有较好的一致性。YNJD、YNMH和YNXP连续站位于云南区域陆地水变化较大的区域，说明在陆地水变化较大的区域，水文负载形变可能能更好地解释GNSS垂向位移中的季节性变化。

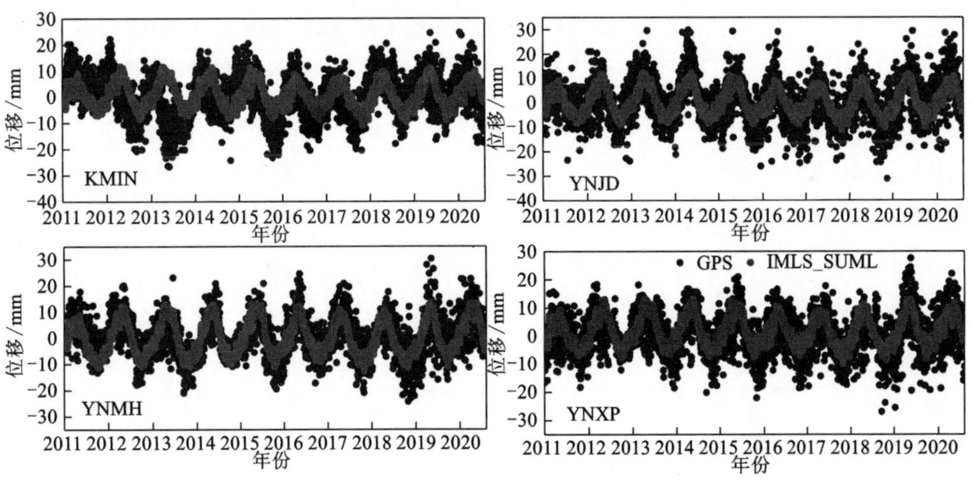

图4-1 KMIN、YNJD、YNMH和YNXP连续站的GNSS垂向位移与相对应的环境负载形变

如果 GNSS 和环境负载形变得到的时间序列的周期性具有一定的相关性，则有两种情况：①GNSS 和环境负载形变的周期项实为同一周期，它们都是由同一个物理因素引起的，由于它们的分辨率或者分析方法不同，因而显现出两个周期；②引起 GNSS 和环境负载形变周期项的物理因素之间具有相关性。因此，使用皮尔逊相关系数来判断 GNSS 与环境负载模型是否为同一周期项或者是否为由同一物理因素产生周期振动。所有连续站的 GNSS 垂向位移与环境负载形变的相关系数结果如表 4-1 所示，两者的相关性平均为 0.55，相关性最小的为 YNGM 测站，值为 0.22；相关性最大的为 YNMH、YNLA 和 YNSM 测站，值为 0.69。GNSS 垂向位移和环境负载形变的皮尔逊相关系数说明两者具有较好的相关性。GNSS 垂向位移与单一的水文负载形变、大气负载形变和非潮汐海洋负载形变的平均相关系数分别为 0.52、0.21、0.12。为了进一步说明 GNSS 与环境负载形变季节性变化的一致性，定量评估环境负载及单一的水文负载、大气负载和非潮汐海洋负载改正 GNSS 垂向位移中非构造形变的有效性，计算 GNSS 垂向位移中扣除环境负载形变后 RMS 减少百分比(PRMS)结果，若 PRMS 值为正值，说明环境负载能够有效地改正 GNSS 垂向位移中的非构造形变。结果如表 4-1 所示，除了 YNGM 和 KMIN 连续站之外，其他连续站的 PRMS 均为正值，平均值为 18%，说明环境负载能够有效去除这些连续站中的非构造形变，平均约 18%来源于环境负载形变。GNSS 垂向位移中扣除单一的水文负载、大气负载和非潮汐海洋负载形变后的 PRMS 平均值分别 14.91%、1.85%、0.53%。综合上述对比分析可进一步说明水文负载是引起云南区域 GNSS 垂向季节性变化的主要因素，这一结果与其他几位学者得出的结果一致[55, 146, 226]。

表 4-1　GNSS 与环境负载形变(IMLS_SUM)、水文负载形变(IMLS_LWS_GEOSFPIT)、大气负载形变(IMLS_ATM_GEOSFPIT)、非潮汐海洋负载形变(IMLS_MPIOM06)的相关系数和 PRMS

测站代码	IMLS_SUM		IMLS_LWS_GEOSFPIT		IMLS_ATM_GEOSFPIT		IMLS_MPIOM06	
	PRMS/%	相关系数	PRMS/%	相关系数	PRMS/%	相关系数	PRMS/%	相关系数
KMIN	-0.52	0.28	7.22	0.38	-5.33	-0.04	-0.61	-0.09
XIAG	7.85	0.42	6.75	0.38	1.18	0.17	0.63	0.16
YNCX	22.15	0.64	17.04	0.56	5.60	0.33	0.89	0.17
YNDC	11.06	0.47	11.52	0.47	0.75	0.18	0.24	0.07
YNGM	-5.44	0.22	-10.04	0.10	5.30	0.34	0.50	0.14
YNHZ	4.54	0.34	3.48	0.29	1.70	0.20	0.42	0.11

续表4-1

测站代码	IMLS_SUM		IMLS_LWS_GEOSFPIT		IMLS_ATM_GEOSFPIT		IMLS_MPIOM06	
	PRMS/%	相关系数	PRMS/%	相关系数	PRMS/%	相关系数	PRMS/%	相关系数
YNJD	22.18	0.63	19.69	0.60	2.43	0.22	0.62	0.15
YNJP	12.11	0.50	11.88	0.48	-0.18	0.14	0.48	0.11
YNLA	27.44	0.69	23.84	0.65	2.84	0.24	0.59	0.17
YNLC	24.13	0.65	18.49	0.58	4.38	0.30	0.92	0.22
YNLJ	21.36	0.63	23.48	0.64	-0.18	0.17	0.17	0.06
YNMH	25.40	0.69	18.85	0.62	4.86	0.31	1.20	0.23
YNMJ	19.74	0.61	16.14	0.55	3.35	0.26	0.94	0.19
YNML	9.89	0.53	7.40	0.44	3.42	0.29	0.93	0.16
YNMZ	6.14	0.41	9.51	0.44	-2.60	0.07	-0.17	0.00
YNRL	24.12	0.68	26.29	0.68	-0.60	0.13	0.47	0.12
YNSD	25.01	0.66	22.14	0.63	2.01	0.21	0.59	0.15
YNSM	26.54	0.69	19.68	0.61	5.68	0.33	1.20	0.23
YNTC	22.39	0.63	24.34	0.65	-1.50	0.08	0.18	0.06
YNTH	11.45	0.53	9.42	0.47	2.74	0.26	0.76	0.14
YNWS	8.99	0.49	8.09	0.44	0.14	0.21	0.52	0.10
YNXP	15.29	0.56	9.06	0.45	5.95	0.34	1.25	0.23
YNYA	24.24	0.66	22.53	0.63	3.00	0.26	0.57	0.13
YNYL	18.68	0.59	17.45	0.58	0.94	0.16	0.24	0.08
YNYM	21.81	0.63	21.59	0.62	2.13	0.23	0.41	0.10
YNYS	25.20	0.66	24.29	0.66	2.11	0.22	0.27	0.08
YNZD	11.73	0.48	12.64	0.49	0.08	0.14	0.19	0.06

从表 4-1 中可知，KMIN 和 YNGM 连续站经过环境负载形变改正后的 PRMS 值为负值，KMIN 连续站经环境负载形变及单一的水文负载、大气负载和非潮汐海洋负载形变改正之后的 PRMS 值分别为-0.52%、7.22%、-5.33%、-0.61%，说明大气负载和非潮汐海洋负载对 GNSS 垂向位移中的非构造形变不能有效地改正，反而增大了误差；水文负载则能够有效改正 KMIN 连续站中 GNSS 垂向位移

的非构造形变。YNGM 连续站经环境负载及单一的水文负载、大气负载和非潮汐海洋负载改正之后的 PRMS 值分别为-5.44%、-10.04%、5.3%、0.5%。结果说明水文负载不是引起 YNGM 连续站 GNSS 垂向位移中季节性变化的原因，主要影响因素是大气负载。然而，YNGM 连续站位于陆地水变化较大的区域，对于 YNGM 连续站异常，本研究分别从 YNGM 连续站的观测环境和建设质量情况以及周围气象站的降雨量和温度等多方面进行综合分析，判断造成 YNGM 连续站异常的原因。根据从陆态网收集的资料可知，建设的 YNGM 连续站为第三纪钙质砂岩的基岩墩标，且连续站附近没有大型湖泊、河流。通过 YNGM 连续站观测的 MP1 和 MP2 多路径效应及数据有效率来判断观测质量，如图 4-2 所示，MP1 和 MP2 值大部分在 0.5 m 以下，且数据有效率大部分在 90%以上，由此可知 YNGM 连续站观测环境质量不是造成异常的原因。为了进一步分析 YNGM 连续站是否受降雨量与温度的影响，本研究收集了与 YNGM 连续站距离最近的约为 29 km 的气象站在 2011 年 1 月—2020 年 6 月间观测的温度与降雨量数据，收集的月降雨量和温度数据如图 4-3 所示，降雨量与温度变化均存在着季节性变化，月平均温度、月平均最高温度和月平均最低温度范围分别为 11.6°~25.7°、20.1°~33.2°、5.2°~21.6°，因此，可以排除基岩的热胀冷缩，冰川覆盖、冰雪消融等情况造成 YNGM 异常的原因。YNGM 连续站附近气象站观测的月累积降雨量比较大，由于水文负载模型不包含地下水变化引起的形变，综合因素考虑，YNGM 连续站的地下水变化、水文负载模型误差和 GNSS 系统误差可能是造成 YNGM 连续站中 GNSS 垂向位移与水文负载形变相关性和一致性较差的主要原因。

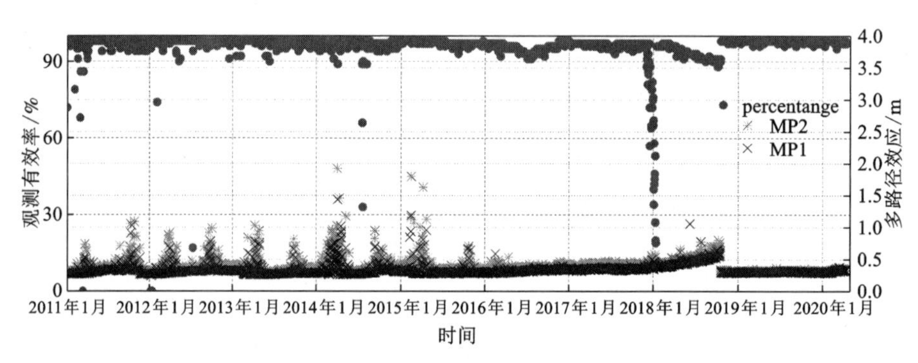

图 4-2 YNGM 连续站的数据观测有效率和多路径效应误差

数据来源：中国地震局 GNSS 数据产品服务平台

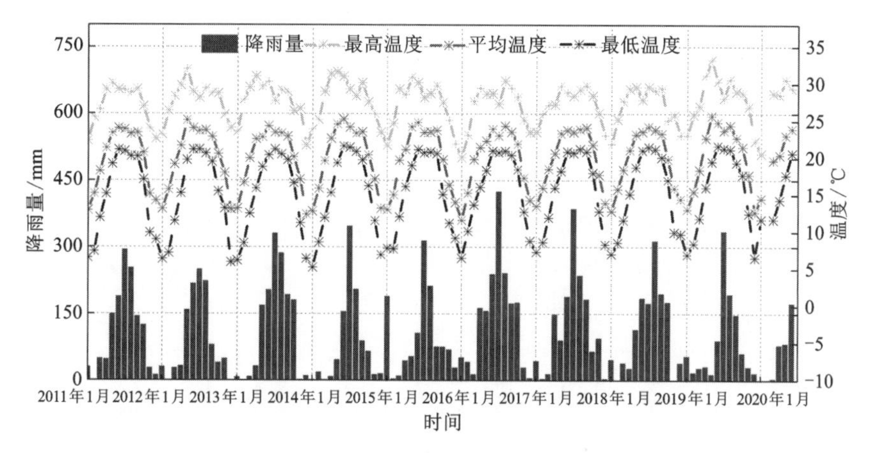

图 4-3　YNGM 连续站在 2011 年 1 月—2020 年 6 月的月降水量和最高、最低、平均温度

数据来源：中国气象数据网(http：//data. cma. cn)

4.2　GNSS 共模误差与环境负载形变的季节性变化对比

图 4-4 为部分连续站(KMIN、YNJD、YNMH、YNXP)的 GNSS 共模误差和相对应的环境负载形变对比，从图 4-4 中可知，GNSS 共模误差和环境负载形变的整体运动趋势更为一致。为了定量分析 GNSS 共模误差和环境负载形变的关系，分别计算两者的相关系数和 PRMS，结果如表 4-2 所示，GNSS 共模误差与环境负载形变的平均相关系数为 0. 78。若用环境负载对 GNSS 共模误差进行改正，则改

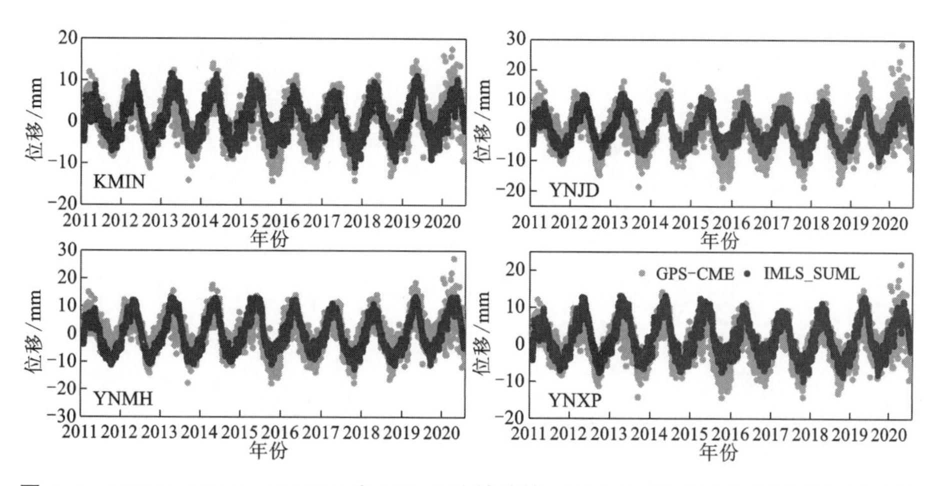

图 4-4　KMIN、YNJD、YNMH 和 YNXP 连续站的 GNSS 共模误差与环境负载形变对比

正后的 PRMS 平均减少量为 31.5%，说明环境负载是引起云南区域 GNSS 共模误差的主要因素。

表 4-2　GNSS 共模误差与环境负载形变的相关系数和 PRMS

测站代码	PRMS/%	相关系数	测站代码	PRMS/%	相关系数	测站代码	PRMS/%	相关系数
KMIN	32.82	0.78	YNLC	29.40	0.80	YNTC	31.77	0.79
XIAG	35.60	0.79	YNLJ	35.24	0.79	YNTH	36.25	0.78
YNCX	32.93	0.79	YNMH	38.24	0.80	YNWS	34.74	0.76
YNDC	25.98	0.77	YNMJ	32.56	0.78	YNXP	36.02	0.79
YNGM	35.07	0.80	YNML	36.10	0.77	YNYA	29.69	0.79
YNHZ	34.65	0.77	YNMZ	30.35	0.77	YNYL	16.44	0.79
YNJD	25.76	0.79	YNRL	37.92	0.79	YNYM	29.05	0.78
YNJP	28.64	0.77	YNSD	30.27	0.80	YNYS	24.23	0.79
YNLA	26.63	0.80	YNSM	34.13	0.78	YNZD	30.07	0.78

4.3　GNSS 与环境负载形变的小波谱分析

4.3.1　小波分析原理

CWT 是使用一种小波基函数作为带通滤波器[227]，可以很好地揭示单一时间序列数据的多时间-尺度变换特征的振荡周期。对于某个连续站的 GNSS 垂向位移 $x_n(n=1, 2, \cdots, N)$，将其 CWT 定义为：

$$W_n^X(S) = \sqrt{\frac{\delta_t}{s}} \sum_{n'=1}^{N} x_{n'} \psi_0 \left[(n' - n) \frac{\delta_t}{s} \right] \tag{4-2}$$

式中：$W_n^X(S)$ 为小波系数；δ_t 为时间步长；s 为小波尺度；ψ_0 为 Morlet 小波。

那么该连续站的 GNSS 垂向位移 x_n 和相对应环境负载形变 y_n 的交叉小波变换[228]可表示为：

$$W^{XY} = W^X W^{Y*} W^X,\ W^Y \tag{4-3}$$

式中：W^{XY} 为 x_n、y_n 的交叉小波变换；W^X、W^Y 为连续小波变换；* 代表复共轭，小波功率受边缘效应影响较大的区域为影响堆(COI)。在使用 CWT 时，为了更

加精准地计算出 x_n、y_n 时间序列之间的相位，选择 COI 区域之外一系列相位角的圆域平均值来衡量：

$$a_{\mathrm{m}} = \arg(X, Y) = \arg\left(\frac{1}{n}\sum_{i=1}^{n}\cos a_i, \frac{1}{n}\sum_{i=1}^{n}\sin a_i\right) \tag{4-4}$$

交叉小波的相似性定义为：

$$\rho_i = \cos a_{\mathrm{m}} \tag{4-5}$$

式中：ρ 为相关系数，取值范围为-1～1，0 代表不相关。

XWT 能够很好地揭示 GNSS 垂向位移和环境负载形变共同的高能量区及时频域中的相位关系。WTC 则能够很好地弥补交叉小波变换在低能量区的不足，用来度量时频域中两者的局部相关密切程度，即对应交叉小波功率谱中低能量值区。连续站的 GNSS 垂向位移和环境负载形变 x_n、y_n 的小波相干谱定义为：

$$R_n^2(s) = \frac{\left|S[s^{-1}W_n^{XY}(s)]\right|}{S(s^{-1}|W_n^X|^2)\cdot S(s^{-1}|W_n^Y|^2)} \tag{4-6}$$

式中：S 为平滑窗口；s 为小波尺度；$R_n(s)$ 为局部相干系数。

4.3.2　GNSS 与环境负载形变的小波谱分析

为了进一步分析 GNSS 垂向位移与环境负载形变的关系，分别使用连续小波、交叉小波和小波相干性对两者进行周期分析，选取 Morlet 小波作为母函数。由于连续站数目较多，本研究以 KMIN、YNJD、YNMH 和 YNXP 连续站作为实例进行详细介绍。图 4-5～图 4-8 分别为 KMIN、YNJD、YNMH 和 YNXP 连续站的 GNSS 垂向位移与环境负载形变的连续小波、交叉小波和小波相干性的功率谱。图 4-5 中(a)和(b)的连续小波功率谱中黄色与蓝色分别表示能量密度的峰值和谷值，从蓝色到黄色，表示小波能量谱依次递增。黑色粗实线封闭区域表示通过了 95%置信水平的显著性检验，黑色细实线下方为 COI 区域。从图 4-5(a)、图 4-6(a)、图 4-7(a)、图 4-8(a)中 4 个连续站的 GNSS 垂向位移的连续小波功率谱可知，在全时域范围内均存在 256～512 d 的主振荡周期且通过了显著性检验。图 4-5(a)中在 2012 年 5 月—2013 年 9 月和 2015 年 2 月—2016 年 6 月时间范围内存在 128～256 d 的主振荡周期且通过了显著性检验，在 2015 年 2 月—2019 年 3 月时间范围内存在 512～1024 d 的主振荡周期且通过了显著性检验；图 4-6(a)中在 2013 年 9 月—2016 年 6 月时间范围内均存在 128～256 d 的主振荡周期且通过了显著性检验；图 4-7(a)中在 2015 年 2 月和 2019 年 3 月附近时间范围内存在 128～256 d 的主振荡周期且通过了显著性检验；图 4-8(a)中在 2019 年 3 月附近时间范围内存在 128～256 d 的主振荡周期且通过了显著性检验。从图 4-5(b)、图 4-6(b)、图 4-7(b)、图 4-8(b)中的环境负载形变连续小波功率谱可知，环境负载形变在全时域范围内存在 256~512 d 的主振荡周期且通过了显著性检验。从 GNSS 垂向位移与环境负载形变的连续小波结果可知，KMIN、YNJD、YNMH 和 YNXP 连续站的 GNSS 垂向位移与环境负载形变在全时间域内均具有显著的近年周期(256~512 d)变化，同时，使用连续小波对其他连续站进行周期分析，其他连续站都呈现出类似结果。

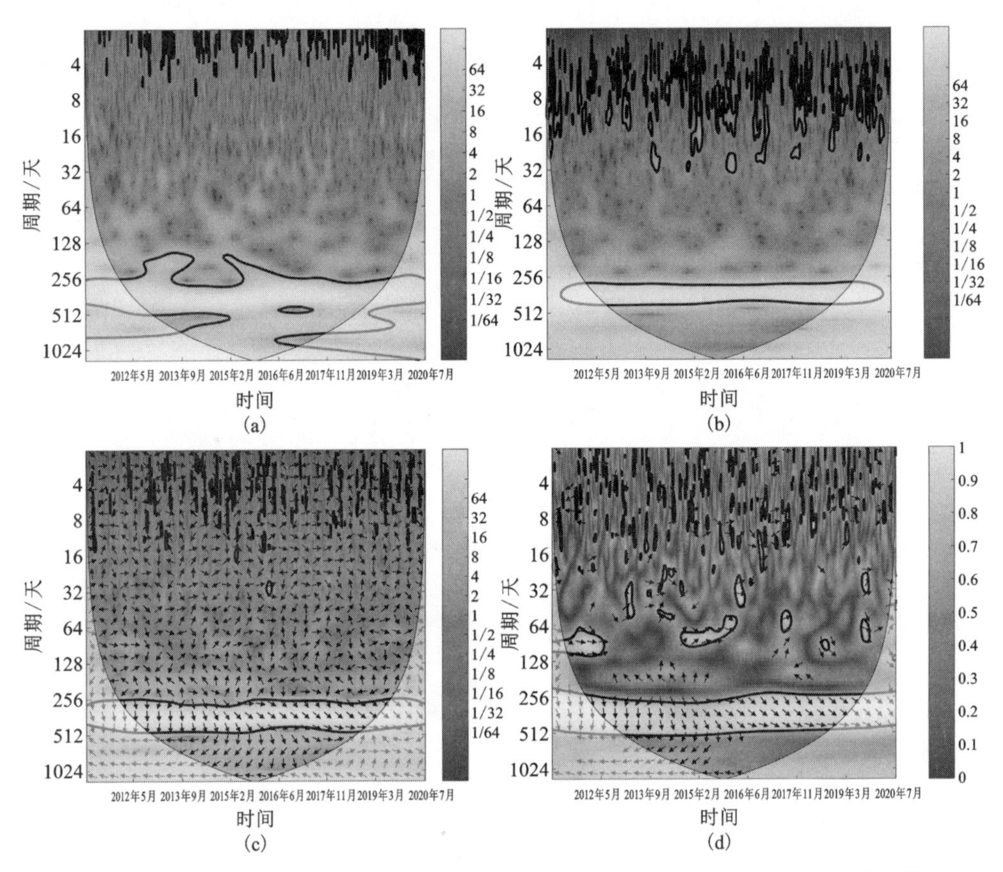

图 4-5　KMIN 连续站的 GNSS 垂向位移(a)与环境负载形变(b)的连续小波功率谱，GNSS/LSDM 的交叉小波(c)和小波相干性(d)功率谱

连续小波变换只是反映了 GNSS 垂向位移与环境负载形变自身的时间-尺度变换特征，为了进一步分析 GNSS 垂向位移与环境负载形变的相互周期特性，使用交叉小波变换和小波相干性来反映 GNSS 垂向位移与环境负载形变在高能量区和低能量区的相位关系。图 4-5(c)中，黑色箭头反映了参与交叉小波变换分析的 GNSS 垂向位移与组合环境负载形变的相位关系：若规定箭头方向“→”表示二者相位相同，则“←”是相位相反；若箭头“↑”表示 GNSS 垂向位移提前环境负载形变 1/4 周期，则“↓”为环境负载形变提前 GNSS 垂向位移 1/4 周期。

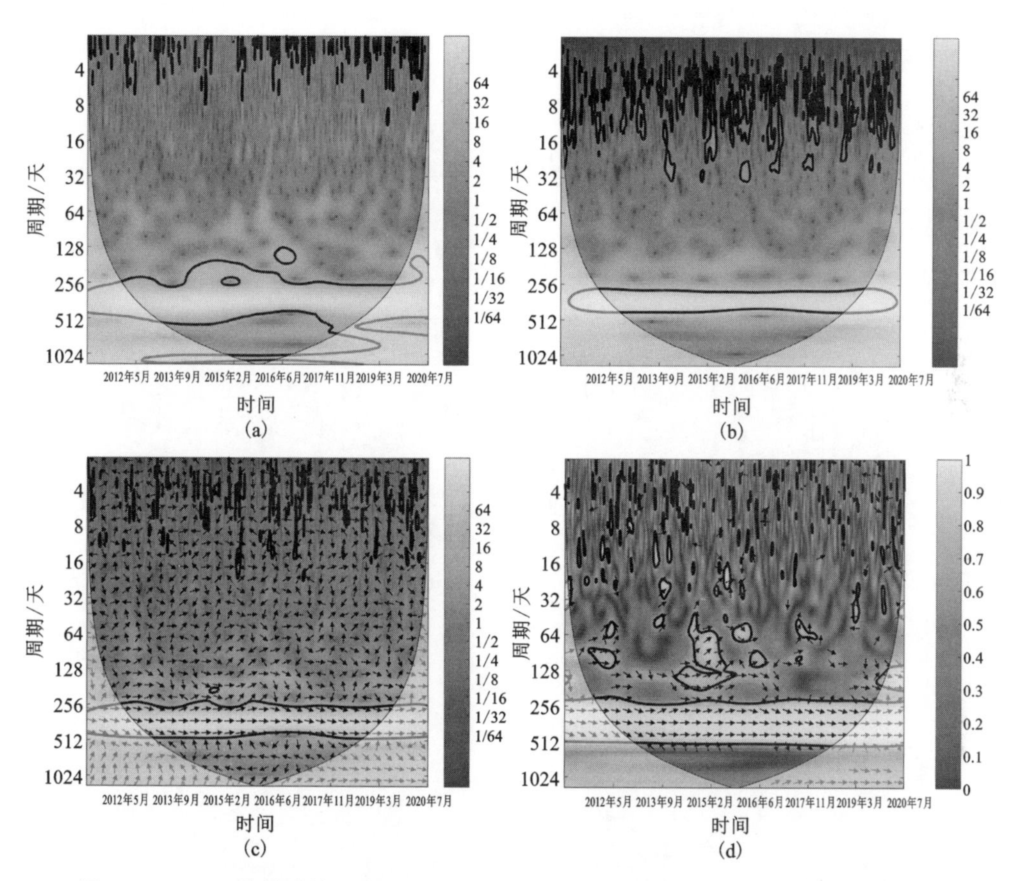

图 4-6　YNJD 连续站的 GNSS 垂向位移(a)与环境负载形变(b)的连续小波功率谱，GNSS/LSDM 的交叉小波(c)和小波相干性(d)功率谱

从图 4-5(c)、图 4-6(c)、图 4-7(c)、图 4-8(c)中的交叉小波功率谱可知，KMIN、YNJD、YNMH 和 YNXP 连续站的 GNSS 垂向位移与环境负载形变在全时域内都存在 256~512 d 的共振周期且通过了显著性检验。从图 4-5(d)、图 4-6(d)、图 4-7(d)、图 4-8(d)中小波相干性功率谱低能量区可知，GNSS 垂向位移与环境负载形变均存在部分时域内小于 128 d 高频部分的共振周期，说明环境负载形变在高频部分不是造成 GNSS 垂向季节性变化主要的驱动力，可能是由 GNSS 中系统误差引起的[59]。其他连续站的 GNSS 垂向位移与环境负载形变在全时域内均存在 256~512 d 的共振周期。因此，本研究重点关注 GNSS 垂向位移和环境负载形变共同存在的 256～512 d 的近年周期变化，从图 4-5(c)、图 4-6(c)、图 4-7(c)、图 4-8(c)中可知，在 256～512 d 的共振周期内的相位比较稳定，所以本研究使用交叉小波年周期的平均相位相似性来反映 GNSS 垂向位移与环境负载形变在不同时域上的相关性，结果如图 4-9 所示。图中 KMIN、YNGM、YNMZ 连续站年周期变化的平均相位相似性低于 0.9，说明其他因素(如 GNSS 系统和环境负载模型误差、其他地球物理因素)和环境负载共同作用引起了这几个连续站的年周期项变化；其他大部分连续站的年周期平均相位相似性大小在 0.9～1 范围，说明大部分连续站的 GNSS 垂向位移与环境负载形变的年周期变化是物理相关的，环境负载是引起 GNSS 年周期变化的主要原因。

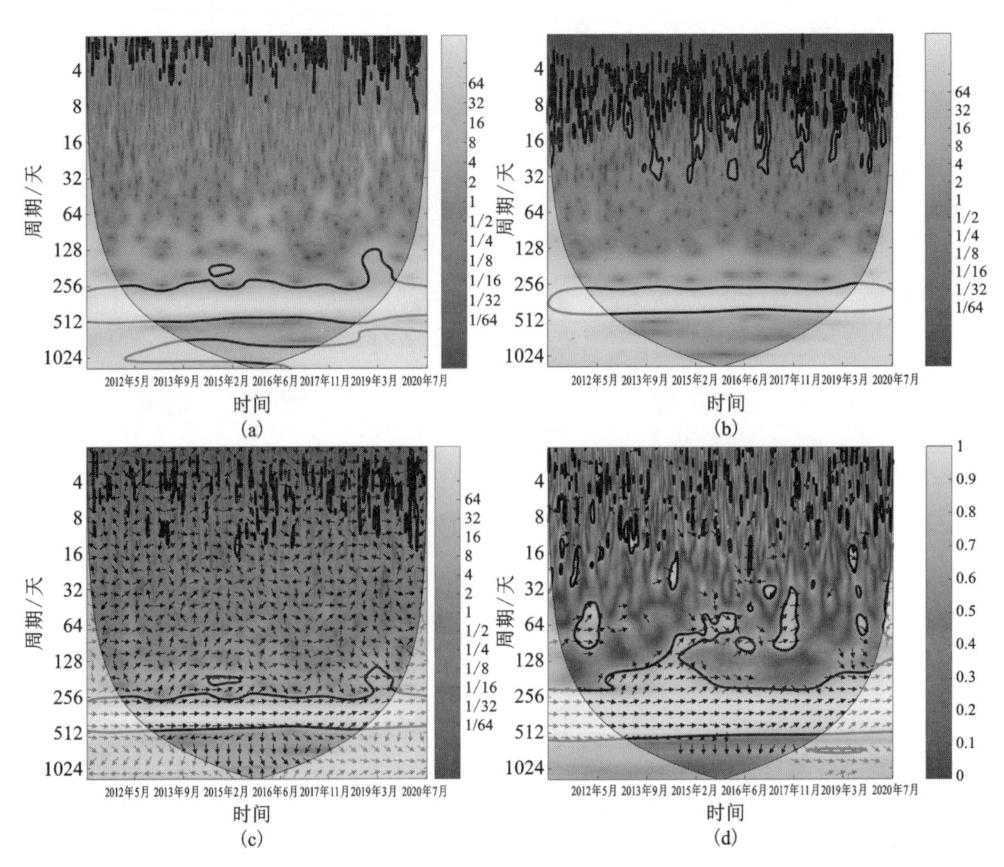

图 4-7　YNMH 连续站的 GNSS 垂向位移(a)与环境负载形变(b)的连续小波功率谱，GNSS/LSDM 的交叉小波(c)和小波相干性(d)功率谱

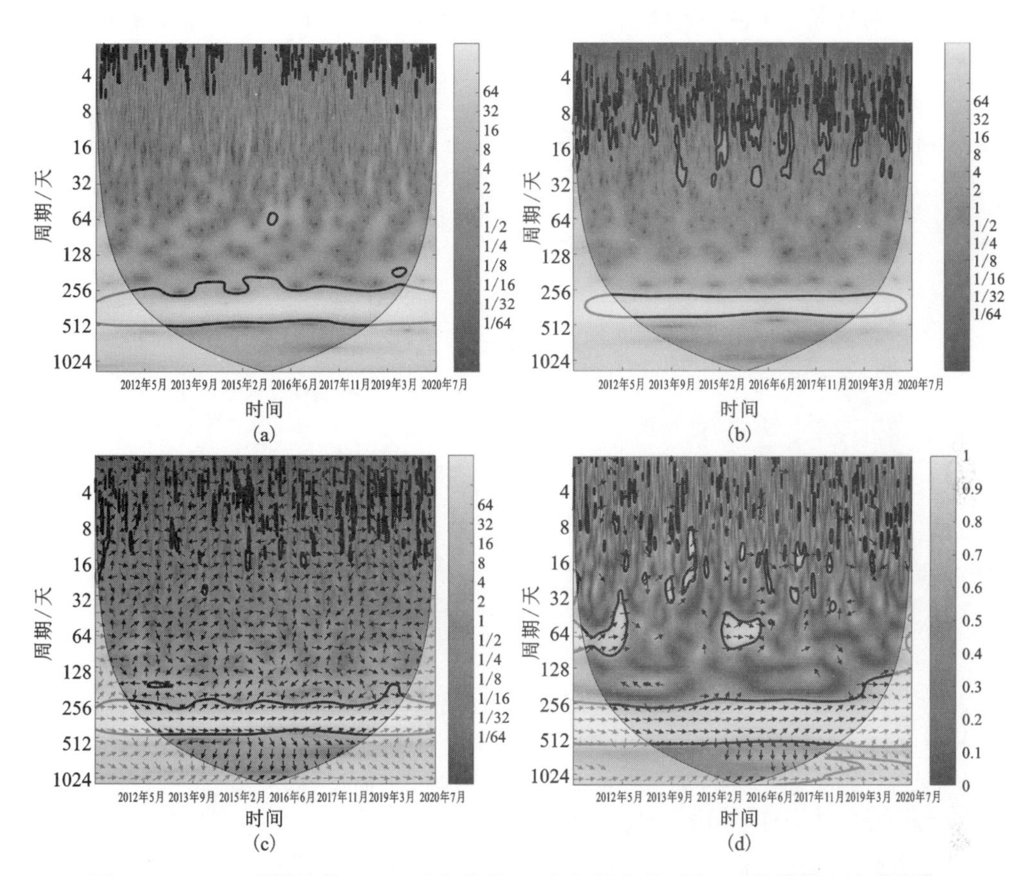

图 4-8　YNXP 连续站的 GNSS 垂向位移(a)与环境负载形变(b)的连续小波功率谱，GNSS/LSDM 的交叉小波(c)和小波相干性(d)功率谱

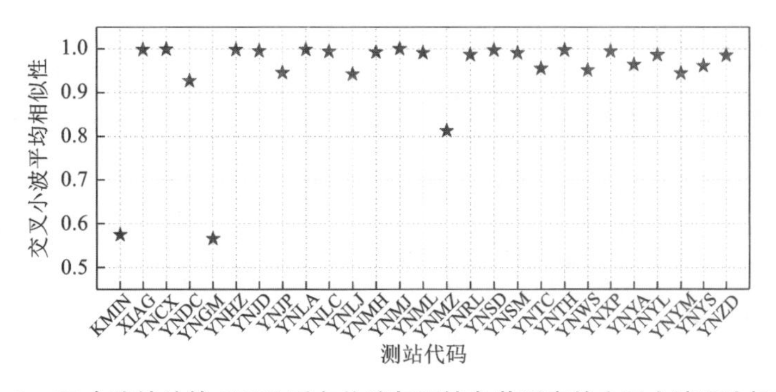

图 4-9　27 个连续站的 GNSS 垂向位移与环境负载形变的交叉小波平均相似性

为了验证交叉小波方法的可靠性，图 4-10 展示了云南区域 27 个连续站通过 XWT 与最小二乘法拟合两种方法计算 GNSS 垂向位移与环境负载形变的年周期变化的相位差值结果，差异大部分在 0°～5°，大部分连续站相吻合。这表明交叉小波可以在时频空间下有效检验 GNSS 垂向位移与环境负载形变的相位关系。

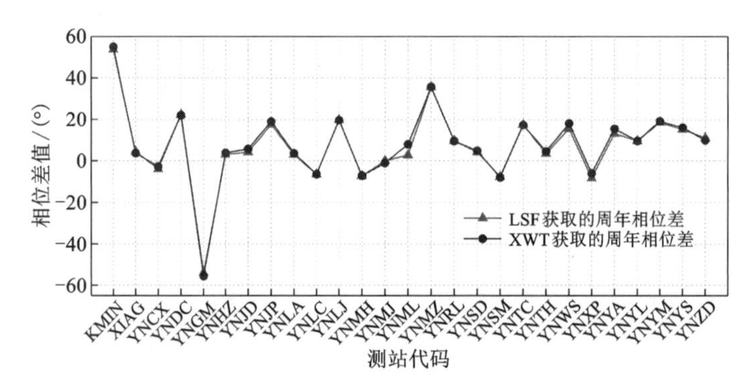

图 4-10　XWT 与 LSF 两种方法获取 27 个 GNSS 连续站与组合环境负载形变的年周期相位差

4.4　基于多通道奇异谱分析的季节性信号提取

通过小波分析结果可知，所有连续站的 GNSS 垂向位移与环境负载形变虽然在不同时域内存在不同周期的季节性变化，但是两者存在共同的(256～512 d)近年周期变化，因此，本研究使用 MSSA 和 SSA 方法提取近年周期变化的季节性信号。虽然 SSA 提取的季节性信号与 GNSS 垂向位移拟合效果更好，但是会包含噪声，而 MSSA 方法会考虑云南区域所有 GNSS 连续站的空间和时间相关性，能更好地从 GNSS 时间序列中去除单个 GNSS 连续站的特有噪声及不受局部环境负载影响，能更好地提取多个连续站的共有季节性信号。

4.4.1　多通道奇异谱分析原理

MSSA 方法包含分解和重建两部分[229]。MSSA 方法在提取 GNSS 连续站的季节性信号时，需要对 GNSS 坐标时间序列 $x_i^{(l)}$ 进行多维中心化，上标 l 为时间序号，$l=1, 2, \cdots, L$；$i=1, 2, \cdots, N$。分别将第 Y_i 通道时间序列 $x_i^{(l)}$ 按照嵌入维数 M、时滞为 1 排列成 M 行、$N-M+1$ 列的时滞矩阵[230]，如式(4-7)所示。

$$
\boldsymbol{X} = \begin{bmatrix}
\boldsymbol{x}_1^{(1)} & \boldsymbol{x}_2^{(1)} & \cdots & \boldsymbol{x}_{i+1}^{(1)} & \cdots & \boldsymbol{x}_{N-M+1}^{(1)} \\
\vdots & \vdots & \vdots & \vdots & \vdots & \vdots \\
\boldsymbol{x}_M^{(1)} & \boldsymbol{x}_{M+1}^{(1)} & \cdots & \boldsymbol{x}_{i+M}^{(1)} & \cdots & \boldsymbol{x}_N^{(1)} \\
\boldsymbol{x}_1^{(2)} & \boldsymbol{x}_2^{(2)} & \cdots & \boldsymbol{x}_{i+1}^{(2)} & \cdots & \boldsymbol{x}_{N-M+1}^{(2)} \\
\vdots & \vdots & \vdots & \vdots & \vdots & \vdots \\
\boldsymbol{x}_M^{(2)} & \boldsymbol{x}_{M+1}^{(2)} & \cdots & \boldsymbol{x}_{i+M}^{(2)} & \cdots & \boldsymbol{x}_N^{(2)} \\
\boldsymbol{x}_1^{(L)} & \boldsymbol{x}_2^{(L)} & \cdots & \boldsymbol{x}_{i+1}^{(L)} & \cdots & \boldsymbol{x}_{N-M+1}^{(L)} \\
\vdots & \vdots & \vdots & \vdots & \vdots & \vdots \\
\boldsymbol{x}_M^{(L)} & \boldsymbol{x}_{M+1}^{(L)} & \cdots & \boldsymbol{x}_{i+M}^{(L)} & \cdots & \boldsymbol{x}_N^{(L)}
\end{bmatrix} \tag{4-7}
$$

式中：$\boldsymbol{X}$ 为 $L\times M$ 行、$N-M+1$ 列矩阵，则 $\boldsymbol{X}$ 的自协方差阵 $\boldsymbol{D}_X$ 为 $L\times M$ 维分块 Toeplitz 矩阵[231]，如式(4-8)所示。

$$
\boldsymbol{D}_X = \begin{bmatrix}
\boldsymbol{D}_{11} & \boldsymbol{D}_{12} & \cdots & \boldsymbol{D}_{1L} \\
\boldsymbol{D}_{21} & \boldsymbol{D}_{22} & \cdots & \boldsymbol{D}_{2L} \\
\vdots & \vdots & \vdots & \vdots \\
\boldsymbol{D}_{L1} & \boldsymbol{D}_{L2} & \cdots & \boldsymbol{D}_{LL}
\end{bmatrix} \tag{4-8}
$$

式中的任一个矩阵块 $\boldsymbol{D}_{ll'}$ 是第 l、l' 通道时间序列的滞后协方差矩阵，$\boldsymbol{D}_{ll'}$ 矩阵中的第 j 行 j' 列元素通过无偏性估计其最优值，如式(4-9)所示。

$$
(\boldsymbol{D}_{ll'})_{j,j'} = \frac{1}{N-|j-j'|}\sum_{i=1}^{N-|j-j'|} x_{i+j}^{(l)} x_{i+j-j'}^{(l')} \tag{4-9}
$$

计算 $\boldsymbol{D}_X$ 的特征值 $\boldsymbol{\lambda}_k$ 和特征向量 $\boldsymbol{E}_k$，满足 $\boldsymbol{D}_X\boldsymbol{E}_k = \boldsymbol{\lambda}_k\boldsymbol{E}_k$，然后特征值按降序排序。计算式(4-9)中第 i 个状态向量 $\boldsymbol{X}_i$ 在特征向量 $\boldsymbol{E}_k$ 上的正交投影系数为

$$
a_{i,k} = \boldsymbol{X}_i \cdot \boldsymbol{E}_k = \sum_{l=1}^{L}\sum_{j=1}^{M} x_{i+j}^{(l)} E_{j,k}^{(l)} \tag{4-10}
$$

式中：$0\leqslant i\leqslant N-M$；$E_{j,k}^{(l)}$ 为 $\boldsymbol{E}_k$ 第 k 个特征向量在第 l 通道时间滞后 j 的分量，体现了 GNSS 连续站在时间和空间上共同的演变情况，所以将 $\boldsymbol{E}_k$ 定义为空间-时间经验正交函数(ST-EOF)；$a_{i,k}$ 为 $E_{j,k}^{(l)}$ 在 GNSS 坐标时间序列 $\boldsymbol{X}_i$ 上的权重，称为第 k 个空间-时间主成分(ST-PC)。

重建成分(RC)是 MSSA 中能够从 GNSS 坐标时间序列中精确分离出周期项及噪声信号的关键步骤。RC 由 ST-EOF 和 ST-PC 共同构成，重建公式定义为：

$$x_{i,k}^{(l)}=\begin{cases}\frac{1}{i}\sum_{j=1}^{i}a_{i-j,k}E_{j,k}^{(l)} & \text{for} \quad 1\leqslant i\leqslant M-1\\ \frac{1}{M}\sum_{j=1}^{M}a_{i-j,k}E_{j,k}^{(l)} & \text{for} \quad M\leqslant i\leqslant N-M+1\\ \frac{1}{N-i+1}\sum_{j=i-N+M}^{M}a_{i-j,k}E_{j,k}^{(l)} & \text{for} \quad N-M+2\leqslant i\leqslant N\end{cases} \tag{4-11}$$

使用加权相关分析(ω-correlation)方法[232]对重建后的时间序列进行相关性分析，将具有相同周期的 RC 成分进行分组。对于原始时间序列 $x_i^{(l)}$，假设重建的时间序列为 Y_i，则任意 2 个重建的时间序列的 ω-correlation 为：

$$\rho_{i,j}^{\omega}=\frac{(Y^{(i)},\ Y^{(j)})}{\|Y^{i}\|_{\omega}\|Y^{j}\|_{\omega}},\ 1\leqslant i,\ j\leqslant N \tag{4-12}$$

式中：$\|Y^{(i)}\|_{\omega}=\sqrt{(Y^{(i)},\ Y^{(j)})}$；$(Y^{(i)},\ Y^{(j)})=\sum_{k=1}^{N}\omega_k y_k^i y_k^j$；$\omega_k$ 为加权系数，$\omega_k=\min(k,\ M,\ N-k)$；$\rho_{i,j}^{\omega}$ 的绝对值越趋近于 1，说明 i、j 对应部分之间的相关性越大。根据经验判断[233]，ω-correlation 相关性大于 60%的，认为它们可以归为同一周期信号成分。

4.4.2 季节性信号提取结果分析

窗口大小对于 MSSA 和 SSA 方法是否准确地提取 GNSS 垂向位移和环境负载形变序列中的季节性信号至关重要。由于季节性信号以周年和半周年变化为主，因此，窗口大小上选择 2~3 年时间比较合适。多位学者使用 MSSA 和 SSA 方法提取季节性信号时，通过多次实验得到窗口大小取 2 年最为合适[234-236]，所以本研究选取的 $M=730$。通过 RC 方差贡献率大小和 ω-correlation 分析来提取 GNSS 垂向位移和环境负载形变中年周期变化的季节性信号。RC 方差贡献率的大小代表了 MSSA 和 SSA 方法分解和重建后的 RC 成分能量之间的相对关系，方差贡献率越大，说明 RC 成分中噪声含量较少。ω-correlation 方法通过对 RC 成分之间进行加权相关性分析，将具有相同周期性的 RC 成分进行分组。

本研究以 YNMH 连续站作为实例进行说明，使用 ω-correlation 方法分别对 YNMH 连续站的 GNSS 垂向位移和环境负载形变序列的前 20 阶 RC 成分进行周期性分析(图 4-11)并统计前 20 阶 RC 成分的方差贡献率(图 4-12)。从图 4-11(a)中可知，GNSS 垂向位移中 RC1-RC2、RC5-RC6、RC7-RC8、RC9-RC10、RC11-RC12 的 ω-correlation 系数分别为 0.99、0.77、0.71、0.91、0.95；通过图 4-11(b)可知，环境负载形变中 RC1-RC2、RC5-RC6 的 ω-correlation 系数分别为 0.99、0.99。当 ω-correlation 系数大于 0.6 时，可以认为是同一周期成分并进行

合并。从图4-12中可知，GNSS垂向位移和环境负载形变的RC1、RC2成分总和分别为78%和91%。图4-13和图4-14分别为环境负载形变和GNSS垂向位移中相同周期成分的RC1和RC2合并后的结果，合并后的RC呈现出年周期变化。因此，RC1和RC2合并后可作为GNSS垂向位移和环境负载形变中年周期变化的季节性信号。图4-15为提取的年周期信号对比，从图4-15中可知，MSSA与SSA方法提取年周期季节性信号与GNSS垂向位移和环境负载形变的运动趋势一致，说明两种方法提取的效果都不错。

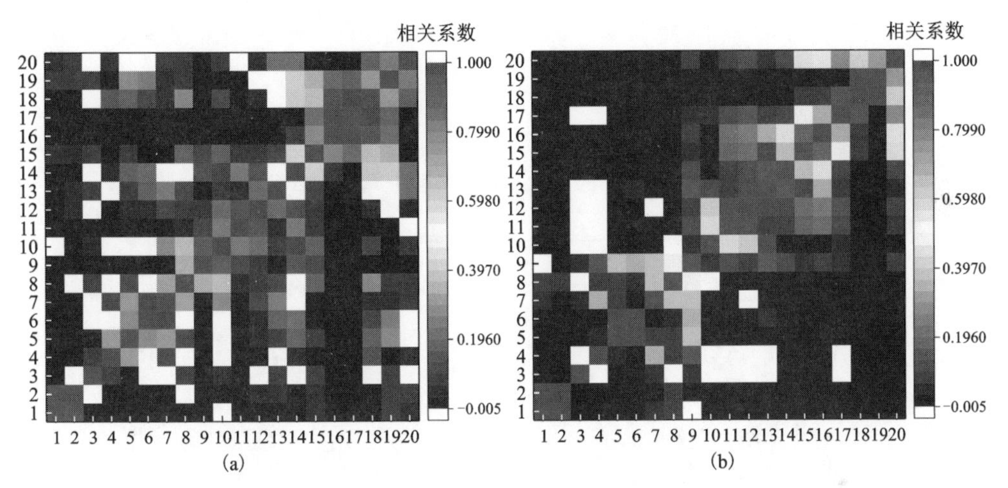

图4-11　YNMH连续站的前20阶GNSS垂向位移(a)与环境负载形变(b)的ω-correlation分析结果

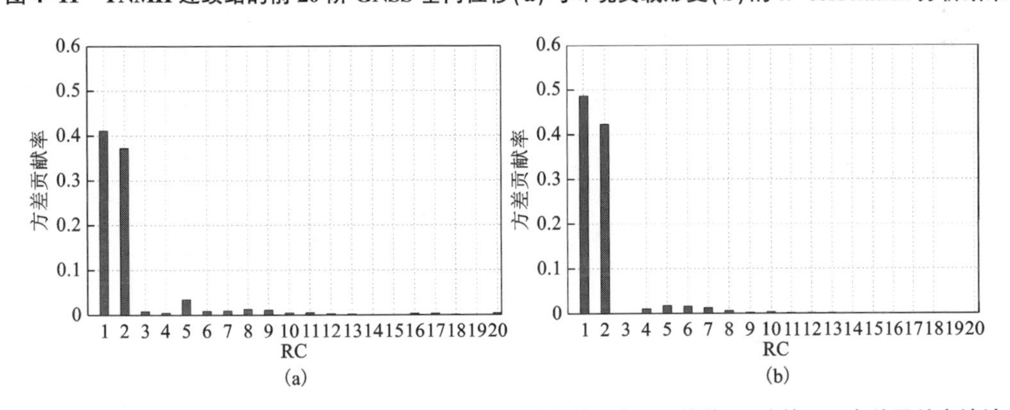

图4-12　YNMH连续站的GNSS垂向位移(a)与环境负载形变(b)的前20阶的RC方差贡献率统计

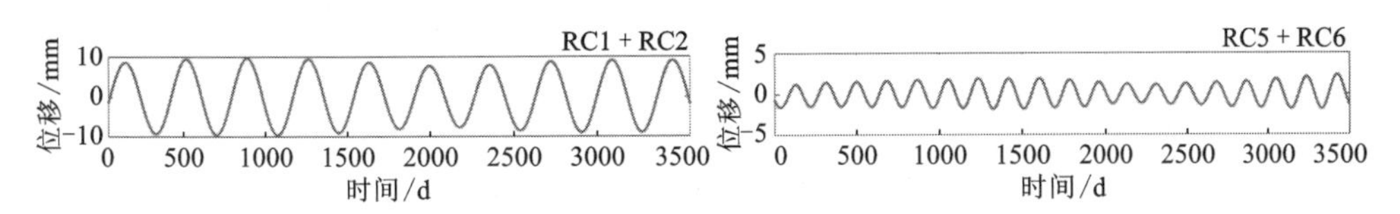

图4-13　YNMH连续站的环境负载形变中周期项相同的RC合并

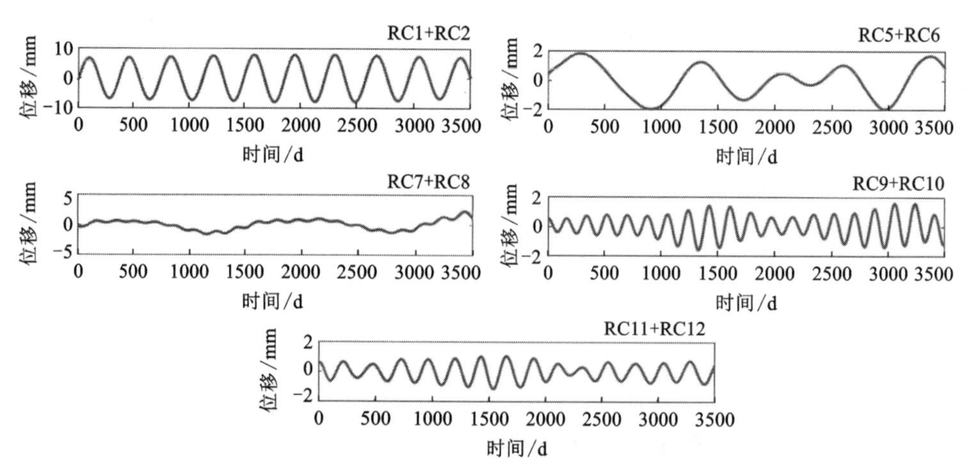

图 4-14 YNMH 连续站的 GNSS 垂向位移中周期项相同的 RC 合并

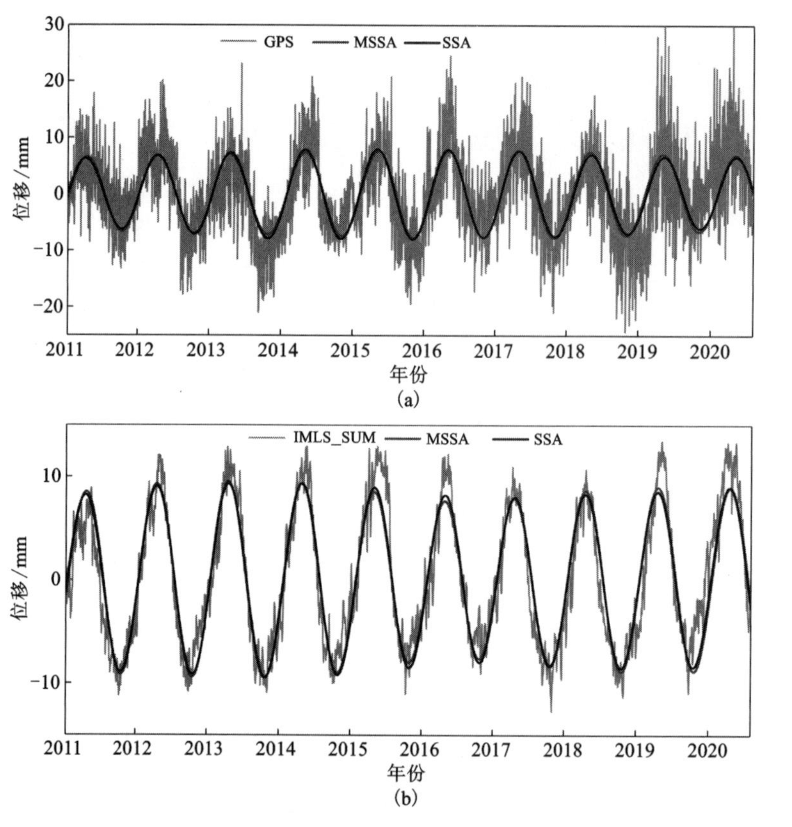

图 4-15 MSSA 与 SSA 方法提取 YNMH 连续站的 GNSS 垂向位移(a)与环境负载形变(b)的年周期信号

为了对比 MSSA 和 SSA 方法提取年周期变化的季节性信号效果，分别使用 MSSA 和 SSA 方法提取所有连续站以年周期变化的季节性信号。通过使用 ω-correlation 方法对其他连续站的 RC 成分进行周期分析可知，其他连续站的年周期变化和 YNMH 连续站结果类似，年周期变化信号都为 RC1 和 RC2 合并后的成分。图 4-16 为 MSSA 和 SSA 方法提取的年周期变化的季节性信号，从图中可知，MSSA 和 SSA 方法提取的所有连续站以周年变化的季节性信号与 GNSS 垂向位移整体运动趋势具有较好的一致性。图 4-17 为 MSSA 和 SSA 提取季节性信号的方差贡献率对比，从图 4-17 中可知，MSSA 方法提取所有连续站季节性信号的方差贡献率均大于 SSA 且平均方差贡献率比 SSA 高 6%，说明 MSSA 比 SSA 更适合提取年周期变化的季节性信号。

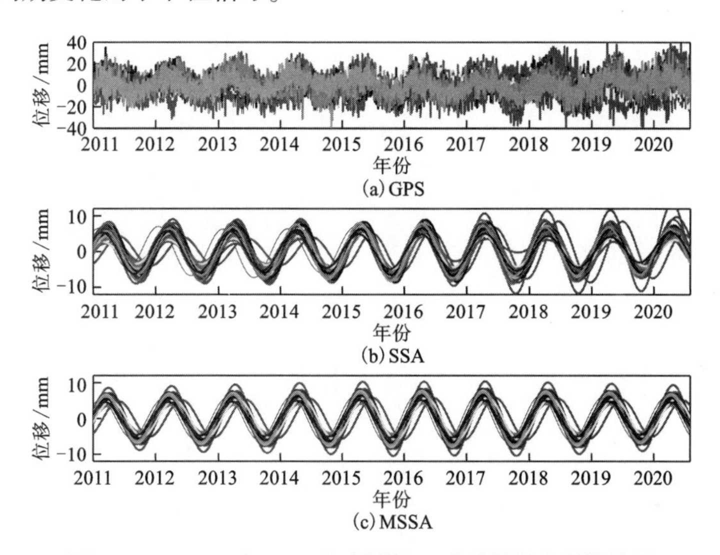

图 4-16　MSSA 与 SSA 方法提取 27 个连续站年周期信号

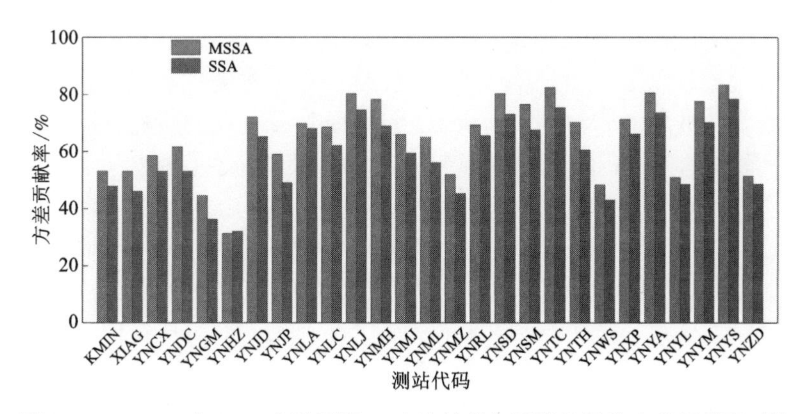

图 4-17　MSSA 与 SSA 方法提取 27 个连续站年周期信号的方差贡献率对比

为了进一步说明 MSSA 方法能从 GNSS 垂向位移中去除单个站点的特有噪声并提取多个站点具有共性的季节性信号，分别使用 MSSA 和 SSA 方法对 KMIN、YNJD、YNMH 和 YNXP 连续站中垂向位移前 20 个重建成分进行重构对比。图 4-18 中 MSSA 与 SSA 前 20 个重建成分重构后的信号整体运动趋势与原信号一致。SSA 方法提取的季节性信号中含有较多的站点特有噪声，MSSA 提取的季节性信号整体上要更加光滑。

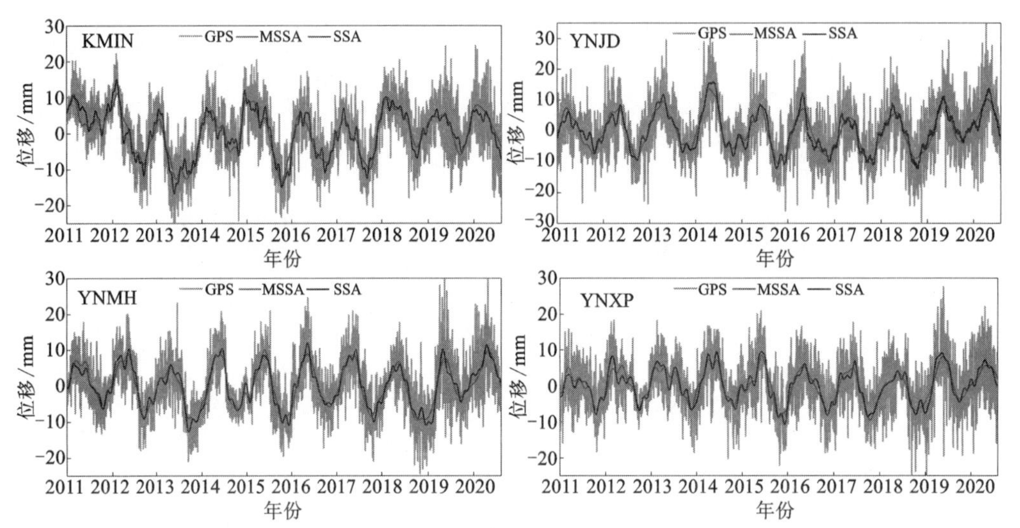

图 4-18　MSSA 与 SSA 方法提取 KMIN、YNJD、YNMH、YNXP 连续站前 20 个 RC 成分重构对比

4.5　云南区域现今垂向地壳形变

通过表 4-1 可知，除 YNGM 和 KMIN 连续站的环境负载改正 GNSS 垂向位移中非构造形变后 PRMS 为负值之外，其他连续站的 PRMS 值均为正，其中，KMIN 连续站经水文负载改正后 PRMS 为正，YNGM 连续站经大气负载改正后 PRMS 为正。因此，为了获得高精度的云南区域 27 个 GNSS 垂向速度场，KMIN 连续站和 YNGM 连续站分别使用水文负载和大气负载进行改正处理，其他 GNSS 连续站都使用环境负载(水文、大气、非潮汐海洋负载总和)进行改正，然后对所有连续站再使用 PCA 方法进行共模误差剔除。由第 3 章分析可知，经过环境负载和共模误差改正之后，白噪声和闪烁噪声组合的噪声模型能够代表大部分连续站的噪声特性。因此，在经过环境负载和共模误差改正处理后，最后通过白噪声和闪烁噪声组合模型估计所有连续站的速度及不确定度。图 4-19 为最后得到的 2011—2020 年云南区域现今的垂向速度场。从图 4-19 中可知，云南区域以红河断裂带为界划分滇西南块体，以红河断裂带、小江断裂带和丽江－小金河断裂组成川滇块体南部。滇西南块体整体以 0.01～1.43 mm/a 的速度沉降；而川滇块体南部整体以 0.2～2.46 mm/a 的速度抬升。川滇块体南部的整体抬升与小江断裂的左旋剪切运动密切相关，空间大地测量的研究结果表明小江断裂带的运动速度为 7～13 mm/a[141, 182, 202]，导致川滇块体整体南向运动，并受阻于南部的红河断裂带，使得川滇块体南部发生抬升。而滇西南块体沿着高黎贡右旋走滑断裂和南汀河左旋断裂与勐兴左旋断裂大规模旋转运动，在滇西南块体的中东部形成拉张而沉降。

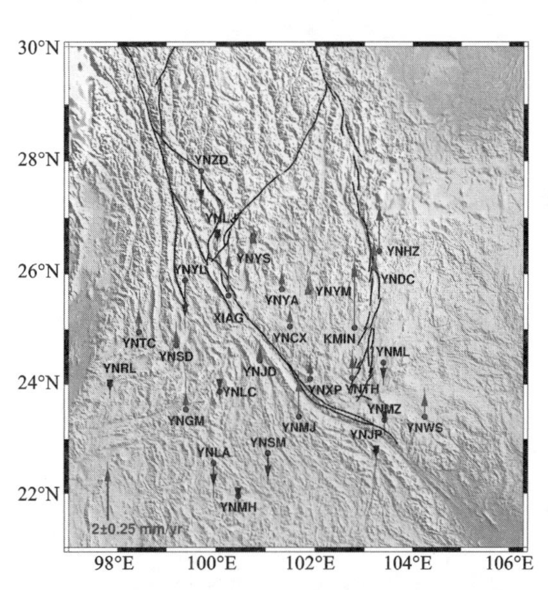

图 4-19　云南区域 2011—2020 年的 GNSS 垂向速度场

Hao 等[144]使用 GRACE 数据去除 GNSS 垂向位移中非构造形变之后得到云南区域 2010—2015 年 GNSS 垂向速度场整体以 0.1～3.4 mm/a 的速率抬升为主[图 4-20(a)]。但是，本研究得到的 2011—2020 年 GNSS 垂向速度场结果与 Hao 等的结果相差较大，却与 Zhan 等[55]同样使用 GRACE 数据得到的 2010—2015 年速度场[图 4-20(b)]在运动趋势上相差不大，都是以红河断裂带为边界，滇西南块体以沉降为主，川滇块体南部以抬升为主，然而在具体数值上仍存在差异。本研究得到的 2011—2020 年 GNSS 垂向速度场与前人[55, 144]的结果有差异，原因可能如下：①使用的 GNSS 观测数据时间跨度不同，本研究数据源是 2011—2020 年的 GNSS 连续站数据，Zhan 等[55]和 Hao 等[144]所使用的数据源是 2010—2015 年 GNSS 连续站观测数据，不同时间跨度内的构造形变信息存在不一致性，时间跨度越长，对获取可靠准确的速度场更有益。②使用的环境负载模型数据不同。本研究所使用的是 IMLS 产品下的环境负载形变，Zhan 等[55]和 Hao 等[144]所使用的是 GRACE 数据，地球物理数据源不同会导致垂直位移数值不相同，改正效果也会存在差异。③本研究对 GNSS 垂向位移进行共模误差去除和噪声模型估计，虽然 Hao 等[144]也做了共模误差和噪声模型估计处理，但是噪声模型和空间滤波方法不一样；而 Zhan 等[55]并未做共模误差和噪声模型估计，因此，导致部分连续站速度场数值存在差异。

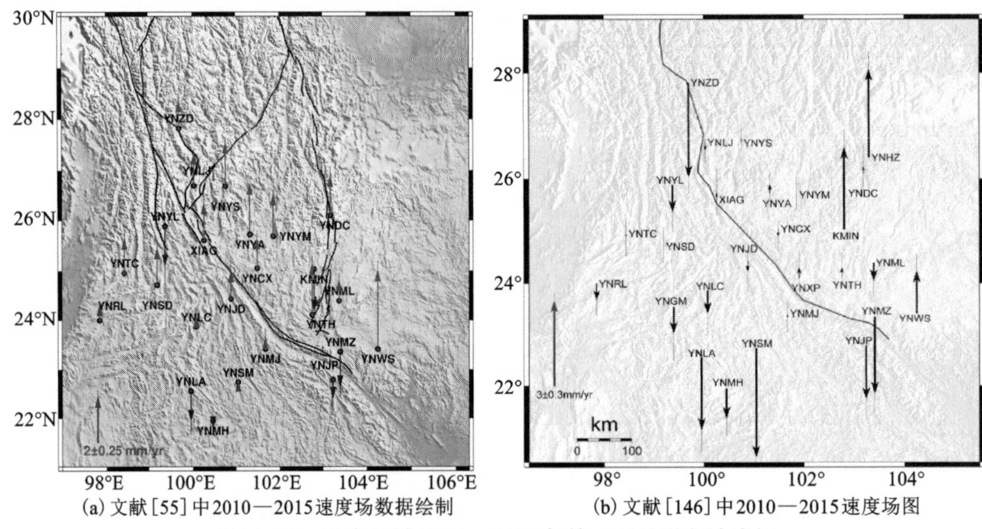

(a) 文献[55]中2010—2015速度场数据绘制　　(b) 文献[146]中2010—2015速度场图

图 4-20　云南区域 2010—2015 年的 GNSS 垂向速度场

4.6　本章小结

本章使用时间跨度在 2011—2020 年的 27 个连续站的 GNSS 垂向位移和环境负载形变来研究云南区域垂向运动的季节性变化和构造变形，本章得出的主要结论如下：

①GNSS 垂向位移和环境负载形变的整体运动趋势一致，环境负载形变的位移值范围要整体小于 GNSS 垂向位移，说明环境负载形变能解释部分 GNSS 垂向季节性变化。GNSS 共模误差与环境负载形变的平均相关系数为 0.78，若从 GNSS 共模误差中去除环境负载形变后，PRMS 减少平均为 31.5%，说明 GNSS 共模误差物理成因中大约有 31.5%来源于环境负载形变。

②通过小波分析结果可知，大部分 GNSS 连续站的周年平均相位相似性大小为 0.9~1，说明环境负载形变与 GNSS 垂向位移在年周期项上的变化是物理相关的，进一步说明环境负载形变是 GNSS 年周期变化的主要驱动力，少部分 GNSS 连续站是由其他因素和环境负载共同作用造成了 GNSS 年周期项变化。同时使用 MSSA、SSA 提取云南区域 27 个连续站以周年为主的季节性信号，相比于 SSA 方法，MSSA 提取的 27 个 GNSS 季节性信号的方差贡献率比 SSA 高 6%，MSSA 能更好地从 GNSS 垂向位移中去除单站的特有噪声及不受局部环境负载影响，能更好地提取多个连续站的共有季节性信号。

③2011—2020 年云南区域垂向速度场显示滇西南块体主要以 0.01~1.43 mm/a 的速率沉降，滇中块体主要以 0.2~2.46 mm/a 的速率抬升。

第 5 章

云南及周边区域现今地壳形变特征研究

云南及周边区域构造变形活动强烈，是地震发生最为严重的地区之一。该区域内部有若干条大型且活动较强的断裂带，主要分布于川滇块体的南部(红河断裂带)、东边界(安宁河、小江、甘孜-玉树、则木河、鲜水河等断裂)[4]。因此，对该区域主要断裂活动和块体运动及应变特征进行定量评估，可为中长期地震预测提供参考及对长期构造变形特征进行更细致、可靠的研究。本章以欧亚框架下1999—2016 年跨度云南及周边区域 526 个测站水平速度场为约束，使用块体模型、GNSS 剖面法及球面最小二乘配置方法计算该区域微块体运动参数、主要断裂带滑动速率及应变场结果，综合分析该区域现今地壳形变特征。

5.1 云南及周边区域地质构造背景

5.1.1 区域地质构造及地貌概况

云南地处印度板块与欧亚板块碰撞带的东缘，其对吸收和调节印度板块与欧亚板块碰撞引起的岩石圈变形和青藏板块的东南向挤压变形具有重要作用。区域内地质构造复杂，岩浆活动和变质作用强烈，地震活动频发，属典型的板块边缘、板内地震混合型地区。区域内的地震活动具有频率高、震级大、震源浅、分布广及灾害重等特点，中强地震发生的频率较国内其他地区要高得多。

云南区域自新第三纪以来，由于受青藏高原的隆起和掀斜控制，新构造运动无论在强度还是幅度上均十分强烈，主要表现为明显的继承性、间歇性和掀升性。继承性，表现为老构造复活，现代地貌发育受老构造的控制，新生代、第四纪地层的新断层多与老断裂方向一致；间歇性，表现为云南新构造运动的间歇性上升，高原面被解体后形成多级，阶地也有多级存在；掀升性，表现为云南新构造运动上升幅度由西北部向东南部逐渐减弱。此复杂的构造运动，造成了云南全区多为山地和台地，地势总体西北高、东南低，自北向南呈阶梯状逐级下降。全省海拔相差很大，最高点海拔 6740 m，位于德钦县境内的梅里雪山主峰卡瓦格博峰；最低点海拔 76.4 m，位于河口县境内南溪河与红河交汇处。云南以红河断裂为界，分为东、西两大地形区：东部为滇东、滇中高原，称为云南高原，系云贵高原的西部，平均海拔约 2000 m，地形以起伏的低山和丘陵为主，发育各类喀斯特地貌；西部为横断山脉的脊谷区，山高谷深，地势雄伟险峻，相对高差较大，南部海拔一般为 1500~2200 m，北部为 3000~4000 m。靠近西南边陲地区，地势逐渐平缓，河谷开阔，海拔一般只有 800~1000 m，部分地区降至 500 m 以下，为云南热带亚热带地区。

云南的地貌有五大特点[237]。第一个特点是高原呈波涛状，大面积的土地高下参差，纵横起伏，但在一定范围内又有起伏和缓的高原面，高原面起于滇南 1200~3100 m，向滇西北逐渐上升至中甸、德钦、贡山一带，呈波状起伏，广布谷地、盆地、丘陵和低山。根据新构造运动和岩性差异，将云南高原划分为滇东喀斯特高原、滇中红色高原、滇西横断山三级三大块状地貌类型。第二个特点是山谷交替，在滇西北尤为突出，形成著名的滇西纵谷区，怒江、澜沧江和金沙江在此形成了独特的“三江并流”自然地理景观。第三个特点是全省的地势从西北向东南呈三大阶梯递降。德钦和中甸地区为最高一级阶梯，滇中高原为第二级阶梯，南部、东南部和西南部为第三级阶梯，平均每千米递降 6 m。第四个特点是断陷盆地错落，这些盆地又被称为“坝子”，地势较平坦且土壤层较厚，有的成群分布，有的则孤立地镶嵌在高原之中。第五个特点是河流纵横，水系十分复杂，全省有大小河流 600 多条，其中较大河流 180 条，大部分位于入海河流上游。它们分别属于六大水系：伊洛瓦底江水系、怒江水系、澜沧江水系、金沙江水系、元江水系和南盘江水系。六大水系中，除南盘江、元江发源于云南以外地区，其余均为云南过境河流，发源于青藏高原。

5.1.2 区域主要活动断裂

云南及周边区域的活动断裂主要有近南北向、北西向和北东向三组。它们的分布具有明显的区域性，总体上以斜贯云南中部的红河断裂为界，东部以南北向断裂为主，北东向次之；西部以北西向为主，局部与北东向呈交叉展布[239]。主要断裂带的特征及活动表现如下。

1. 鲜水河断裂带

鲜水河断裂带是现今位于川西地区一条重要的构造变形集中带与强震构造带，是巴颜喀拉地块和川滇地块的分界断裂带，地震活动非常剧烈。鲜水河断裂带自全新世以来以左旋走滑为主，全长约 350 km 和宽约 50 km 的鲜水河断裂带北起甘孜东谷附近，经炉霍、道孚、乾宁、康定延伸至泸定的磨西南部，根据几何不连续性主要可以分为西北段和南东段。

2. 安宁河-则木河-小江断裂带

安宁河-则木河-小江断裂带处于华南块体与川滇块体的交界处。安宁河断裂带形成时期约为元古代，是青藏高原东南缘重要的地震活动断层。安宁河断裂带北起石棉县田源，与鲜水河断裂带的南东段相接，向南经石棉、冕宁、西昌、攀枝花、会理，进入云南境内大姚一带。则木河断裂带是一条以左旋走滑为主兼有正断分量的活动断层，全长约 140 km，宽 7~8 km，整体走向为 NNW，它穿过安宁河、则木河和小江三个流域，沿槽状的则木河河谷延伸 120 km，北端的邛海盆地斜向与安宁河断裂带归并，南端在巧家盆地与小江断裂带相接[238]。小江断裂带是滇东“南北向构造带”的主体，是一条十分重要的强震构造带。小江断裂带近南北走向，分为北、中、南三段：北段自巧家顺金沙江、小江河谷而下，经蒙姑到东川小江村，呈单一断裂结构；中段自小江村附近开始分成东、西两支，西支由北向南过沧溪-嵩明-澄江，东支由北向南过东川-寻甸-宜良盆地，两支相距 12~16 km；南段自宜良、阳宗海往南，东、西两支断裂各分成数条呈帚状逐渐散开，并消失在红河断裂以北，与北西向的曲江断裂和红河断裂相交，构成特殊而复杂的楔形断块构造格局。新生代以来，作为“川滇菱形块体”与华南地块的边界断裂，小江断裂带以左旋走滑运动特征表现出强烈的新活动性。第四纪以来，断裂带活动十分强烈，地震频发，据历史记载，曾发生过多次 7 级以上强烈地震，最强为 1833 年嵩明 8 级地震[239]。

3. 红河断裂带

红河断裂带形成于前震旦纪晋宁运动时期，是云南最早的一条超岩石圈断裂带（板块缝合线），其被认为是川滇地块的西南边界，是陆块向东南向逃逸过程中重要的陆内变形带，对调节由印度-欧亚大陆地块碰撞引起的陆内变形和运动起重要作用。其北起洱源县福寿场，向南东经大理、弥渡，至直力后，基本上沿礼社江、元江和红河延伸，于河口附近延入越南，总体呈北西—南东走向，长达约 1000 km，国内长度约 530 km，是我国西南地区地质年代最重要的一级构造单元边界断裂带之一。红河断裂带将云南分为西南、东北两大区，自形成以来一直主导着云南的地质演化与发展。随着热年代学、构造热年代学、变形年代学的兴起、发展和应用，对于红河断裂带经历早期左旋和后期右旋走滑运动已基本形成共识。第四纪以来，不仅是断裂运动方向发生了变化，而且运动性质也从挤压变成拉张-剪切运动。有历史记录以来，整条断裂地震活动性表现出明显的时空不均匀性或分段特征，为北段强，中、南段弱。自公元 886 年以来，断裂带北段作为滇西北裂陷区西缘控制型断裂带，多次发生 Ms≥6.0 级地震，中段和南段历史上几乎无中强地震记载。在多震的云南，如此规模巨大的断裂带，如此少的地震发生，是极其罕见的现象[240-241]。目前，对红河断裂中、南段未来大地震活动仍存争议，其作为边界断裂的边界作用在弱化，还是近 2000 年来一直处于闭锁状态，是一个尚未定论的科学问题[178, 242]。

4. 丽江–小金河断裂带

丽江–小金河断裂带是川滇菱形块体内北东向活动断裂带，全长约 260 km。是在龙门山–锦屏山–玉龙雪山中新生代推覆构造带西南段基础上形成的一条活动断裂带，断裂带在川滇菱形块体地壳运动中起重要作用，从全新世以来一直较为活跃。第四纪以来，断裂带有明显的左旋走滑运动特征。

5. 程海断裂带

程海断裂带北起永胜金官，向南经程海、宾川，在弥渡红岩坡西交于红河断裂带，构成盐源–丽江陆源坳陷东界。其总体近南北走向，全长约 200 km，主要控制永胜、中羊坪、平川、祥云和云南驿等地的盆地发育，为四级新构造边界，具有区域性深大断裂的性质。以金沙江为界，程海–宾川断裂带大致分为两段，北段有 2~3 条正断层构成大型地堑，左旋拉张活动明显；南段向东凸出成弧形，呈左旋走滑为主的张扭性质。

6. 曲江断裂带

曲江断裂带位于川滇菱形块体的东南端，总体是一条呈北西向展布的活动断裂，沿曲江河谷展布，北西始于甸中以西，向南东经峨山、高大至庙碑山以东与小江断裂带西支相交，全长约 110 km。断裂带内发育有冲沟、断层湖、陡坎、闸门脊等各类构造地貌，自第四纪以来，断裂活动十分强烈，其总体表现为一条以右旋走滑为主兼逆冲的压扭性断裂[243-244]。

7. 石屏–建水断裂带

石屏–建水断裂带是云南东南部位于红河断裂带与曲江断裂带之间的规模较大的活动性断裂带。该断裂东起建水，西经石屏到化念一段，长约 115 千米，沿化念、石屏、建水一线呈北 50°~70°西方向展布[245]。其形成于古生代，燕山运动时，曾有过强烈活动。新生代以来，石屏–建水断裂带的新活动表现复杂，不仅表现出沿断裂带形成一系列断陷盆地的张性正断性质，而且还兼具引起水系沿断裂呈现有规律拐弯的右旋水平运动。

8. 怒江断裂带

怒江断裂带是一条规模较大的深大断裂带，大致沿怒江河谷呈南北向延伸，北起贡山丙中洛，向南沿高黎贡山东麓怒江河谷两岸延伸，直至龙陵县罕乖以南，与近东西向的畹町断裂相交，在云南境内全长约 350 km。该断裂带内的东西两支主干断裂以及一些规模相对较大的次级断裂，自第四纪以来，均有不同程度的新活动表现。断裂带具有强烈的逆冲-推覆特征，新生代转为以右旋走滑为主的断裂[246]。

9. 澜沧江断裂带

澜沧江断裂带作为二级新构造边界以及中国区域内的重要岩石圈断裂之一，构造复杂，后期改造强烈。其总体呈北西向弧形弯曲，北自西藏盐井，经梅里雪山进入云南，沿河谷西岸碧罗雪山和崇山东坡发育，到功果桥以南在两岸左右摇摆，再经小湾、漫湾、城子至景洪拐向西南，过大勐龙、勐宋入缅甸，在云南境内长约 800 km。断裂带现今表现为明显的韧性剪切带的性质，说明该断裂存在深部地质构造背景，具有超壳断裂的特点。

5.2　云南及周边区域的微块体划分

水平速度场实验数据选取文献[143]中分布在云南及周边区域的测站(图 5-1)。从图 5-1 中可知，川滇菱形块体内部的水平运动差异显著，速度矢量呈现中间大两侧小、由北向南逐渐减弱的运动趋势，其原因是印度板块挤压使得青藏高原向东向侧移，受华南块体阻挡后由东向南西向折返。

块体运动是我国新构造和现代构造变形的主要表现形式。为了更好地研究云南及周边区域地壳运动变形特征，需要对地质块体进行划分。多位学者从活动块体构造、断裂带的活动性及 GNSS 速度场分布等方面，对云南及周边区域的活动块体进行分块研究。

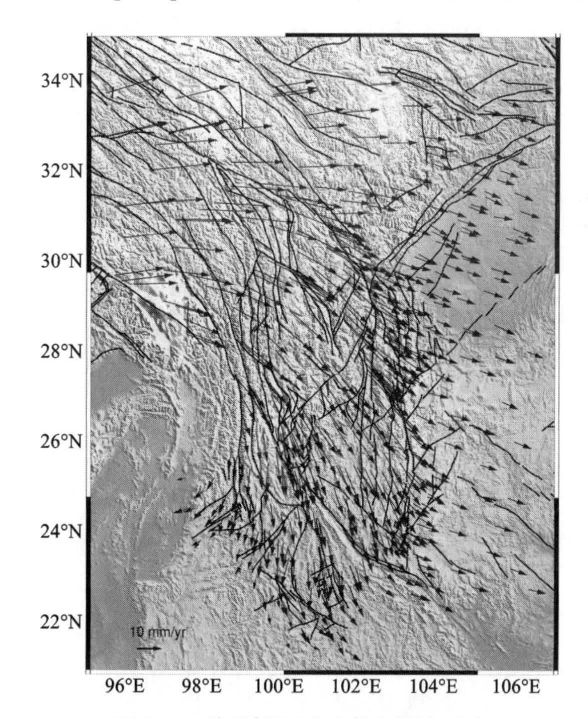

图 5-1　欧亚框架下云南及周边区域 1999—2016 年 GNSS 速度场

(注：GNSS 速度场数据来源于文献[143])

徐锡伟等[186]主要从云南及周边区域内部大小不一的断裂分布及过去出现的地表破裂型地震的空间分布两个方面，将该区域的川滇块体分为尺度比较大的 4 个子块体。乔学军等[159]将云南及周边区域的川滇块体分为尺度比较小的 9 个子块体，并使用 1998—2002 年短时间跨度的 GNSS 速度场资料研究划分 9 个子块体的运动特征和主要活动断裂特性。皇甫岗等[247]在滇中、滇东、印支及滇缅泰四个块体基础上，将云南区域划分为腾冲块体、保山块体、兰坪-思茅弧后盆地、盐源-丽江陆缘坳陷、滇中坳陷、康滇古隆起、滇东坳褶带等 7 个二级构造单元。郭晓虎等[248]参考王阎昭等[156]在川滇地区划分块体的基础，以 1998—2004 年的 GNSS 速度场为约束，将川滇地区划分为尺度更小的 24 个次级块体，并使用线性弹性块体模型反演得到各块体的运动参数及各主要边界断裂的现今活动速率。Wang 等[249]将青藏高原及周边区域划分为 30 个微块体，并通过块体模型反演得到各个块体的运动参数。

上述研究成果主要围绕川滇菱形块体及尺度较大的次级活动地块及边界带活动和变形特征展开研究，由于早期的 GNSS 观测数据不足及测站分布不均匀，对云南及周边区域更为细致的次级块体划分及形变特征研究尚不充分。虽然 Wang and Shen[143]对青藏高原及周边区域划分的微块体数量有 30 个，但是在云南及周边区域的块体划分尺度较大；郭晓虎等[248]将川滇地区划分为尺度更小的 24 个次级块体，但是采用的 GNSS 速度场数据是 1998—2004 年的，且测站分布不够密集。因此，本研究收集云南及周边区域更为密集的 GNSS 速度场数据，参考王阎昭等[156]和郭晓虎等[248]在云南及周边区域的块体划分方案，将云南及周边区域划分为 23 个微块体，划分的结果如图 5-2 所示。块体名称：小江(XJ)、汉菲(HF)、景洪(JH)、澜沧(LC)、普渡(PD)、无量(WL)、红河(HH)、瑞丽

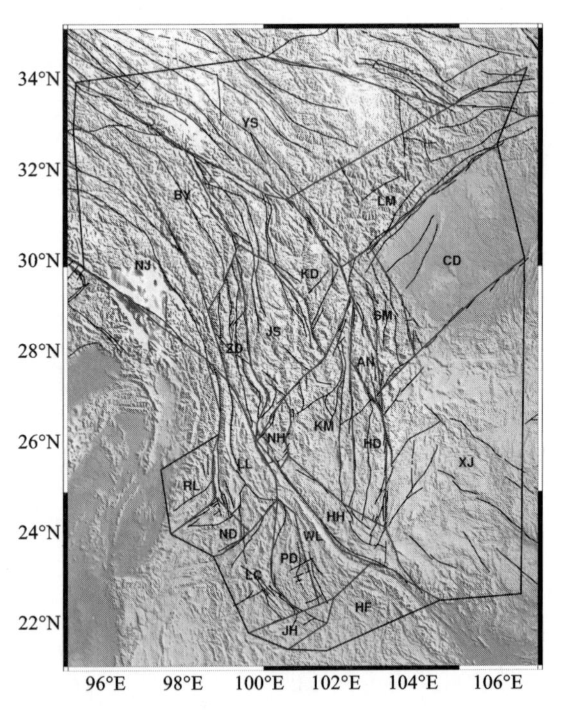

图 5-2 云南及周边区域块体划分

(RL)、南定(ND)、龙陵(LL)、南华(NH)、昆明(KM)、安宁(AN)、石棉(SM)、成都(CD)、龙门(LM)、玉树(YS)、白玉(BY)、怒江(NJ)、中甸(ZD)、金沙(JS)、康定(KD)、会东(HD)，蓝色线代表满足块体闭合的连接线，黑色线表示断裂分布，红色线表示微块体边界(即所谓断裂带)。

5.3　云南及周边区域的微块体模型建立

对于板块构造方面的理论研究，早期的学者一致的观点是板块内部一般是不发生或者发生轻微变形的刚性块体，变形只发生在板块之间连接的边界上[250]。但是经过众多学者的不断研究后发现[251-253]，板块变形与早期学者的观点存在差异性，变形不但会发生在板块之间连接的边界上，在板块内部也会出现变形，近几十年内出现在大陆内稳定块体上的地震能够直接说明这种情况，大陆块体内弹性应变能积累是造成这些地震的主要原因。

在几十年时间尺度内，在板块内部发生的变形通常被认为是弹性变形，因此，在研究短时间尺度内的板块变形时，可以把板块当作弹性介质来处理[254-256]。鉴于板块内部的变形主要是弹性变形，且块体内部应变可能是非均匀的，因此，选择一个合适的块体模型研究块体运动特征非常重要，本研究分别建立不考虑块体内部变形的刚体运动模型(RRM)、块体整体旋转与均匀应变模型(REHSM)和整体旋转与线性应变模型(REHLM)来对比研究 23 个微块体的运动特征。

5.3.1　刚体运动模型

假如把地壳上的块体看作刚性块体，则依据刚体运动学中的欧拉固定点定理，刚性块体会有一个固定点的任意位移，等效于绕通过固定点某轴的一次性转动。刚性块体在球面上的运动形式可用公式(5-1)描述：

$$\begin{bmatrix} v_e \\ v_n \end{bmatrix} = r\begin{bmatrix} -\sin\varphi\cos\lambda & -\sin\varphi\sin\lambda & \cos\varphi \\ \sin\lambda & -\cos\lambda & 0 \end{bmatrix}\begin{bmatrix} \omega_x \\ \omega_y \\ \omega_z \end{bmatrix} \tag{5-1}$$

式中：λ、φ 分别为经度，纬度；v_e、v_n 为板块上任意 GNSS 测站点(λ, φ)的东西向和南北向速度；r 为地球的半径；ω_x、ω_y、ω_z 为板块的旋转参数分量。

根据间接平差原理，可组成观测方程：

$$L + \Delta = BX \tag{5-2}$$

式中：X 为刚体运动模型的 3 个旋转参数；L 为 GNSS 测站的东西和南北向速度观测值；Δ 为观测误差向量。

设向量 $\boldsymbol{X}$ 的估值为 $\hat{X}$，则有误差方程：

$$V = \boldsymbol{B}\hat{X} - L \tag{5-3}$$

式中：V 为观测误差；$\boldsymbol{B}$ 为系数矩阵。

上述误差方程通过最小二乘法求解得到：

$$\hat{X} = (\boldsymbol{B}^{\mathrm{T}}\boldsymbol{P}\boldsymbol{B})^{-1}(\boldsymbol{B}^{\mathrm{T}}\boldsymbol{P}\boldsymbol{L}) \tag{5-4}$$

式中：$\boldsymbol{P}$ 为速度观测值 $\boldsymbol{L}$ 的权阵。

则参数 $\hat{X}$ 的中误差估值为：

$$\hat{\sigma}_X = \sqrt{D_{\hat{X}\hat{X}}} = \sqrt{\hat{\sigma}_0^2 \boldsymbol{Q}_{\hat{X}\hat{X}}} = \sqrt{\hat{\sigma}_0^2 (B^{\mathrm{T}}PB)^{-1}} \tag{5-5}$$

式中：$\boldsymbol{Q}_{\hat{X}\hat{X}}$ 为刚体运动模型中三参数的协因素阵；$D_{\hat{X}\hat{X}}$ 为参数 $\hat{X}$ 的方差；$\hat{\sigma}_0 = \sqrt{\dfrac{V^{\mathrm{T}}PV}{2n-3}}$，为单位权中误差。

式(5-6)和式(5-7)为欧拉矢量三参数转换公式。其中，ω、Λ、Φ 分别为旋转角速率和欧拉极的经度和纬度；ω_x、ω_y、ω_z 为欧拉矢量三参数。

$$\begin{cases} \omega_x = \omega \cdot \cos\varphi \cdot \cos\lambda \\ \omega_y = \omega \cdot \cos\varphi \cdot \sin\lambda \\ \omega_z = \omega \cdot \sin\varphi \end{cases} \tag{5-6}$$

$$\begin{cases} \omega = \sqrt{\omega_x^2 + \omega_y^2 + \omega_z^2} \\ \Lambda = \arctan\left(\dfrac{\omega_y}{\omega_x}\right) \\ \Phi = \arcsin\left(\dfrac{\omega_z}{\omega}\right) \end{cases} \tag{5-7}$$

利用式(5-7)，分别对刚体运动模型中的三参数求偏导，如式(5-8)：

$$\boldsymbol{K} = \begin{bmatrix} \dfrac{\partial\omega}{\partial\omega_x} & \dfrac{\partial\omega}{\partial\omega_y} & \dfrac{\partial\omega}{\partial\omega_z} \\ \dfrac{\partial\Lambda}{\partial\omega_x} & \dfrac{\partial\Lambda}{\partial\omega_y} & \dfrac{\partial\Lambda}{\partial\omega_z} \\ \dfrac{\partial\Phi}{\partial\omega_x} & \dfrac{\partial\Phi}{\partial\omega_y} & \dfrac{\partial\Phi}{\partial\omega_z} \end{bmatrix} = \begin{bmatrix} \dfrac{\omega_x}{\omega} & \dfrac{\omega_y}{\omega} & \dfrac{\omega_z}{\omega} \\ \dfrac{-\omega_y}{\omega_x^2 + \omega_y^2} & \dfrac{-\omega_x}{\omega_x^2 + \omega_y^2} & 0 \\ \dfrac{-\omega_x\omega_z}{\omega^2\sqrt{\omega_x^2 + \omega_y^2}} & \dfrac{-\omega_y\omega_z}{\omega^2\sqrt{\omega_x^2 + \omega_y^2}} & \dfrac{\sqrt{\omega_x^2 + \omega_y^2}}{\omega^2} \end{bmatrix} \tag{5-8}$$

根据协方差传播定律，通过式(5-9)求出与欧拉极的经度和纬度的中误差：

$$\sigma_{ZZ} = \sqrt{KD_{\hat{X}\hat{X}}\boldsymbol{K}^{\mathrm{T}}} \tag{5-9}$$

5.3.2　块体整体旋转与均匀应变模型

地壳块体在长期外力的作用下，岩石圈板块不只是纯刚性体，更类似于弹性体或者黏弹性体，所以在周围块体的作用下，一个块体整体将发生旋转，并且它的内部和块体之间的边界也会出现形变。块体的地壳运动主要包括块体整体的旋转和由块体形变产生的运动。在研究地壳大范围应变场时，应该使用球面正交曲线坐标系，以块体中心为坐标原点(λ_0, φ_0)，纬线为 x 轴，经线为 y 轴，块体上任意一点沿纬线到 y 轴的平行圈弧长为其 x 坐标，沿经线到 x 轴的子午圈弧长为其 y 坐标，可表示为：

$$\begin{cases} x = r\cos\varphi(\lambda - \lambda_0) \\ y = r(\varphi - \varphi_0) \end{cases} \tag{5-10}$$

变形后，沿经向、纬向的位移 u，v 的全微分方程可以表示为：

$$\begin{cases} \mathrm{d}u = \dfrac{\partial u}{\partial x}\mathrm{d}x + \dfrac{\partial u}{\partial y}\mathrm{d}y = \dfrac{\partial u}{\partial x}\mathrm{d}x + \dfrac{1}{2}\left(\dfrac{\partial u}{\partial y} + \dfrac{\partial v}{\partial x}\right)\mathrm{d}y - \dfrac{1}{2}\left(\dfrac{\partial v}{\partial x} - \dfrac{\partial u}{\partial y}\right)\mathrm{d}y \\ \mathrm{d}v = \dfrac{\partial v}{\partial x}\mathrm{d}x + \dfrac{\partial v}{\partial y}\mathrm{d}y = \dfrac{\partial v}{\partial y}\mathrm{d}y + \dfrac{1}{2}\left(\dfrac{\partial u}{\partial y} + \dfrac{\partial v}{\partial x}\right)\mathrm{d}y + \dfrac{1}{2}\left(\dfrac{\partial v}{\partial x} - \dfrac{\partial u}{\partial y}\right)\mathrm{d}y \end{cases} \tag{5-11}$$

块体由于应变而产生的旋转角度化，可以表示为：

$$\begin{bmatrix} \mathrm{d}u \\ \mathrm{d}v \end{bmatrix} = \begin{bmatrix} \varepsilon_{\mathrm{e}} & \varepsilon_{\mathrm{en}} \\ \varepsilon_{\mathrm{en}} & \varepsilon_n \end{bmatrix} \begin{bmatrix} \mathrm{d}x \\ \mathrm{d}y \end{bmatrix} + \omega_{\mathrm{s}} \begin{bmatrix} -\mathrm{d}y \\ \mathrm{d}x \end{bmatrix} \tag{5-12}$$

式中：$\varepsilon_{\mathrm{e}} = \dfrac{\partial u}{\partial x}$，$\varepsilon_n = \dfrac{\partial v}{\partial y}$，$\varepsilon_{\mathrm{en}} = \dfrac{1}{2}\left(\dfrac{\partial u}{\partial y} + \dfrac{\partial v}{\partial x}\right)$，$\omega_{\mathrm{s}} = \dfrac{1}{2}\left(\dfrac{\partial v}{\partial x} - \dfrac{\partial u}{\partial y}\right)\mathrm{d}x$。$\varepsilon_{\mathrm{e}}$、$\varepsilon_n$、$\varepsilon_{\mathrm{en}}$ 和 ω_{s} 分别为块体东西向的线应变、南北方向的线应变、东西向和南北向之间的剪应变。

式(5-12)右边的第 2 项是由于板块内部应变产生的以板块几何中心(λ_0, φ_0)为旋转极的整体旋转量。通过欧拉旋转定理，这一项也可表示为：

$$\begin{bmatrix} \mathrm{d}u \\ \mathrm{d}v \end{bmatrix} = r \begin{bmatrix} -\sin\varphi\cos\lambda & -\sin\varphi\sin\lambda & \cos\varphi \\ \sin\lambda & -\cos\lambda & 0 \end{bmatrix} \begin{bmatrix} \omega_{\mathrm{sx}} \\ \omega_{\mathrm{sy}} \\ \omega_{\mathrm{sz}} \end{bmatrix} \tag{5-13}$$

式中：r 为地球半径；$\omega_{\mathrm{sx}} = \omega_{\mathrm{s}}\cos\varphi_0\cos\lambda_0$，$\omega_{\mathrm{sy}} = \omega_{\mathrm{s}}\cos\varphi_0\sin\lambda_0$，$\omega_{\mathrm{sz}} = \omega_{\mathrm{s}}\sin\varphi_0$。

将式(5-13)展开得到：

$$\begin{cases} \mathrm{d}u_{\omega_{\mathrm{s}}} = -r\omega_{\mathrm{s}}\sin\varphi\cos\varphi_0\cos(\lambda - \lambda_0) + r\omega_{\mathrm{s}}\cos\varphi\sin\varphi_0 \\ \mathrm{d}v_{\omega_{\mathrm{s}}} = r\omega_{\mathrm{s}}\cos\varphi_0\sin(\lambda - \lambda_0) \end{cases} \tag{5-14}$$

当 $\lambda \to \lambda_0$，$\varphi \to \varphi_0$ 时，则式(5-14)可表示为：

$$\begin{cases} \mathrm{d}u_{\omega_s} = -\omega_s \mathrm{d}y \\ \mathrm{d}v_{\omega_s} = \omega_s \mathrm{d}x \end{cases} \tag{5-15}$$

可见，在块体的内部，由应变引起的块体几何中心附近质点位移的微分可用式(5-1)表示。

在式(5-12)中，假设 ε_e、ε_n、ε_{en} 和 ω_s 都是已知的常数，分别对两边积分可得到：

$$\begin{bmatrix} u \\ v \end{bmatrix}_s = \begin{bmatrix} \varepsilon_e & \varepsilon_{en} \\ \varepsilon_{en} & \varepsilon_n \end{bmatrix} \begin{bmatrix} x \\ y \end{bmatrix} + \omega_s \begin{bmatrix} -y \\ x \end{bmatrix} \tag{5-16}$$

如果 u、v 是单位时间内的位移量，则 u 为东西运动速率 v_e，为南北向运动速率 v_n，则式(5-16)可改写成：

$$\begin{bmatrix} v_e \\ v_n \end{bmatrix} = \begin{bmatrix} \varepsilon_e & \varepsilon_{en} \\ \varepsilon_{en} & \varepsilon_n \end{bmatrix} \begin{bmatrix} x \\ y \end{bmatrix} + \omega_s \begin{bmatrix} -y \\ x \end{bmatrix} \tag{5-17}$$

式(5-17)中右边第 2 项是旋转量的积分。

块体的整体旋转可用式(5-1)来描述。块体内部的应变可以用两部分表示：一是块体的纯应变，由式(5-17)右边的第 1 项描述；二是因形变产生的旋转，由式(5-17)右边第 2 项描述。将式(5-1)和式(5-17)相加，就得到式(5-18)，即为李延兴等[254]提出的块体整体旋转与均匀应变模型(REHSM)。它不仅考虑了块体在外力的作用下的整体的旋转，还考虑了块体内部的应变以及由应变产生的旋转运动。

$$\begin{bmatrix} v_e \\ v_n \end{bmatrix} = r \begin{bmatrix} -\cos\lambda\sin\varphi & -\sin\lambda\sin\varphi & \cos\varphi \\ \sin\lambda & -\cos\lambda & 0 \end{bmatrix} \begin{bmatrix} \omega_x \\ \omega_y \\ \omega_z \end{bmatrix} + \begin{bmatrix} \varepsilon_e & \varepsilon_{en} \\ \varepsilon_{en} & \varepsilon_n \end{bmatrix} \begin{bmatrix} x \\ y \end{bmatrix} \tag{5-18}$$

5.3.3 块体整体旋转与线性应变模型

由于地壳块体内部常常有多条错综复杂的断裂带，块体受到外力作用时，形变不可能是均匀的。李延兴等[255]在 REHSM 模型基础上提出了块体整体旋转与线性应变模型。该模型将块体的应变看成是线性，描述地壳块体的运动与应变。

将式(5-18)中的 ε_e、ε_n 和 ε_{en} 应变张量看成是位置的线性函数，即

$$\begin{cases} \varepsilon_e = A_0 + A_1 x + A_2 y \\ \varepsilon_{en} = B_0 + B_1 x + B_2 y \\ \varepsilon_n = C_0 + C_1 x + C_2 y \end{cases} \tag{5-19}$$

式中：A_0、A_1、A_2、B_0、B_1、B_2、C_0、C_1、C_2 为块体的应变率参数。

则块体上点的 v_e 和 v_n 可由 ε_e、ε_n 和 ε_{en} 的积分得到：

$$\begin{cases} v_{ew} = \int_0^x \varepsilon_e \mathrm{d}x + \int_0^y \varepsilon_{en} \mathrm{d}y = A_0 x + \frac{1}{2}A_1 x^2 + A_2 xy + B_0 y + B_1 xy + \frac{1}{2}B_2 y^2 \\ v_{ns} = \int_0^x \varepsilon_{en} \mathrm{d}x + \int_0^y \varepsilon_n \mathrm{d}y = B_0 x + \frac{1}{2}B_1 x^2 + B_2 xy + C_0 y + C_1 xy + \frac{1}{2}C_2 y^2 \end{cases} \tag{5-20}$$

综合考虑板块的整体旋转和线性应变得到板块运动方程：

$$\begin{bmatrix} v_e \\ v_n \end{bmatrix} = r \begin{bmatrix} -\sin\varphi\cos\lambda & -\sin\varphi\sin\lambda & \cos\varphi \\ \sin\lambda & -\cos\lambda & 0 \end{bmatrix} \begin{bmatrix} w_x \\ w_y \\ w_z \end{bmatrix} + \begin{bmatrix} A_0 & B_0 \\ B_0 & C_0 \end{bmatrix} \begin{bmatrix} x \\ y \end{bmatrix} + \frac{1}{2} \begin{bmatrix} A_1 & B_2 \\ B_1 & C_2 \end{bmatrix} \begin{bmatrix} x^2 \\ y^2 \end{bmatrix} + \begin{bmatrix} A_2 & B_1 \\ B_2 & C_1 \end{bmatrix} xy \tag{5-21}$$

5.3.4　基于 REHLM 模型的 GNSS 速度场筛选

在使用块体模型对云南及周边区域 23 个微块体进行运动特征分析时，需要将块体内部的奇异点进行剔除，在参考李延兴等[171]研究的基础上，本研究设计剔除奇异点的思路主要如下：

①分别求出 23 个微块体东西向和南北向速率的标准偏差，然后取平均值；所有块体上 GNSS 测站的标准偏差平均值为 2.05 mm/a。

②将标准偏差的平均值作为限差，使用 REHLM 模型拟合 526 个 GNSS 速度场，将拟合后的残差与限差进行比较，如果某个 GNSS 点的残差速度大于限差，将此点删除。

③在完成②步骤以后，使用 REHLM 模型对剩余的 GNSS 点进行拟合，再将拟合的残差速度与限差进行比较，将不符合要求的点再次删除。重复上述步骤，直至所有的 GNSS 点满足要求。

按上述思路剔除 23 个奇异点后，最后云南及周边区域剩下 503 个符合要求的 GNSS 测站，并在这些 GNSS 测站的基础上，分别对 23 个微块体建立 RRM、REHSM、REHLM 模型。

5.3.5　模型结果与分析

在使用 RRM、REHSM、REHLM 模型描述块体的运动和内部形变时，需要从模型的无偏性和有效性角度对块体模型进行辨别[257]，判断哪个模型更适合。式(5-22)和式(5-23)分别为模型的无偏性和有效性，无偏性和有效性值越小越能说明模型好。

$$T_{\Delta v} = \sqrt{\Delta \bar{v}_e^2 + \Delta \bar{v}_n^2} \tag{5-22}$$

式中：$\Delta \bar{v}_e$、$\Delta \bar{v}_n$ 分别为块体模型拟合东西向和南北向速率残差的均值；$T_{\Delta v}$ 为模型拟合残差均值，反映了模型的无偏性，值越接近于 0，则说明模型的无偏程度越低，模型就越好。

$$T_{\sigma^2_{\Delta v}} = \frac{\sum_{i=1}^{n} \left[(\Delta v_{e,i} - \Delta \bar{v}_e)^2 + (\Delta v_{n,i} - \Delta \bar{v}_n)^2 \right]}{f} \tag{5-23}$$

式中：$T_{\sigma^2_{\Delta v}}$ 为模型残差的方差；$\Delta v_{e,i}$ 和 $\Delta v_{n,i}$ 分别为 Δv_e 和 Δv_n 的第 i 个分量值；f 为自由度。

图 5-3、图 5-4、图 5-5 分别为 RRM、REHSM 和 REHLM 模型的拟合块体速率和残差图，从图中可知，REHLM 模型拟合的速率与观测值最为接近，其次是 REHSM 模型。为了定量评价 3 个块体模型拟合的效果，分别使用 E、N 向的残差均值，RMSE 和模型的无偏性和有效性指标进行综合评价，结果如表 5-1 所示。从表中可知，REHLM 模型的所有指标值最小，其次是 REHSM 模型，说明云南及周边区域的 23 个微块体的运动更适合用 REHLM 模型来描述，因此，描述这些块体模型时，块体内部的形变是不可忽略的。

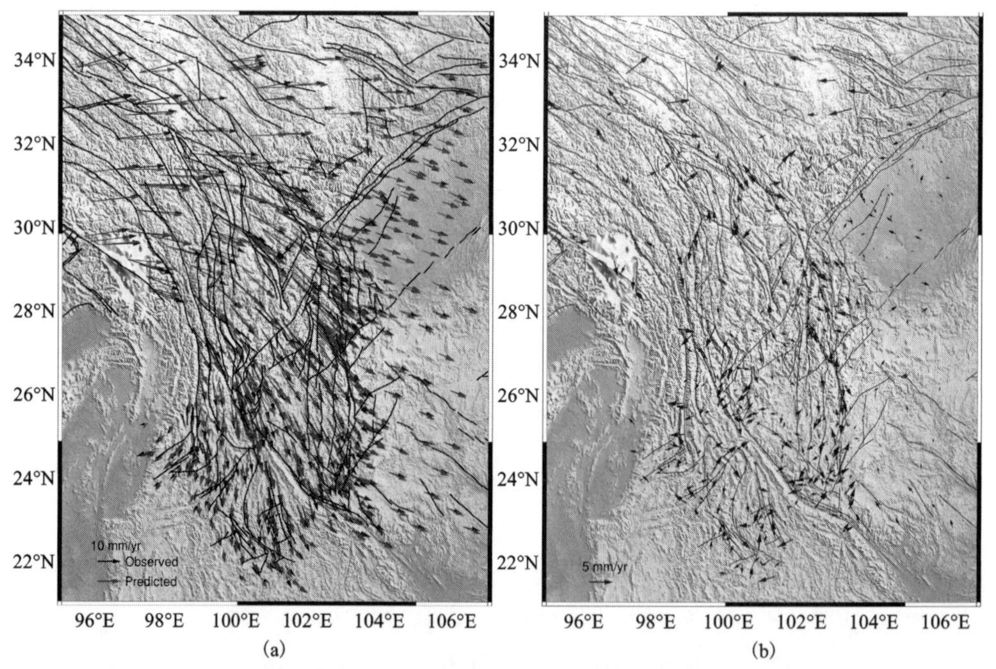

图 5-3　RRM 模型拟合速度与实测速度对比(a)及拟合速度与实测速度差值(b)

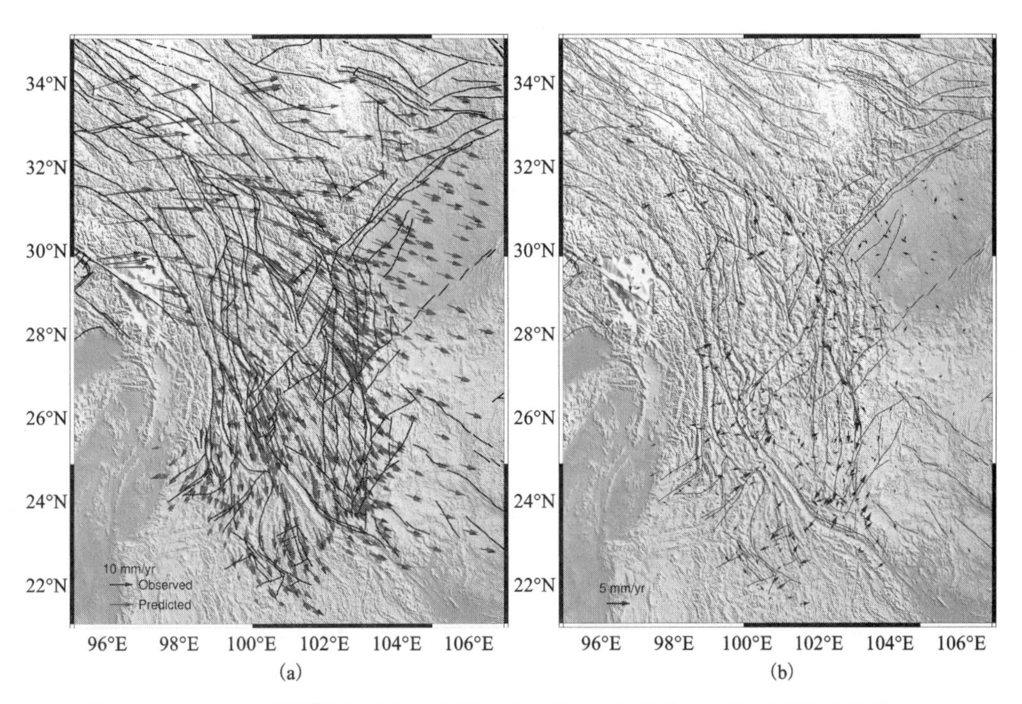

图 5-4　REHSM 模型拟合速度与实测速度对比(a)及拟合速度与实测速度差值(b)

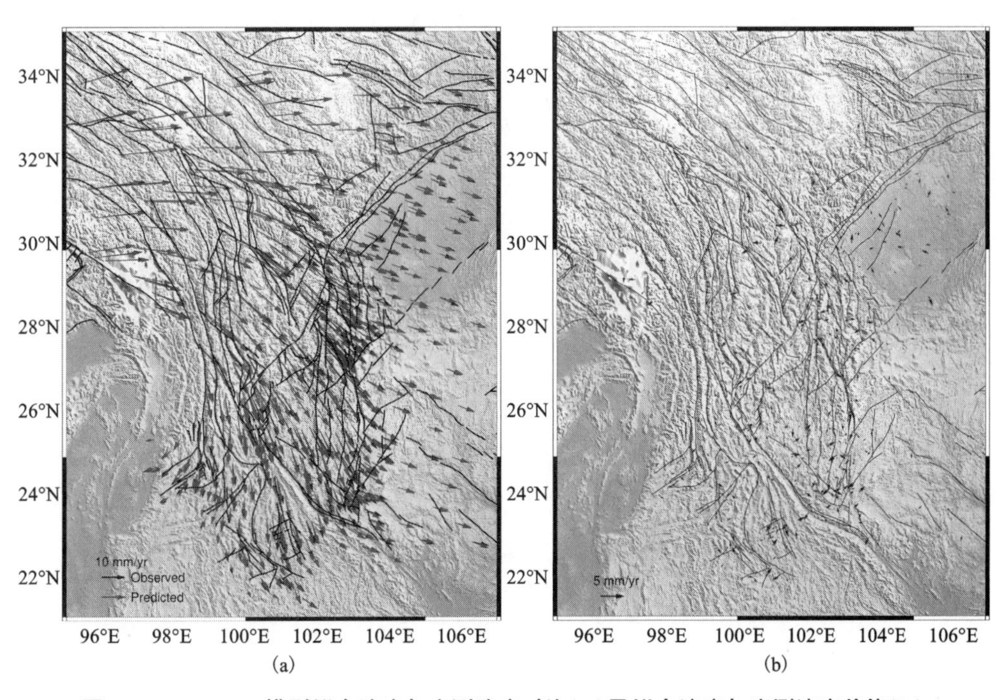

图 5-5　REHLM 模型拟合速度与实测速度对比(a)及拟合速度与实测速度差值(b)

表 5-1　RRM、REHSM、REHLM 模型精度评定

块体	模型	E 向残差均值/($\times10^{-5}$ mm·a^{-1})	N 向残差均值/($\times10^{-5}$ mm·a^{-1})	E 向 RMSE/(mm·a^{-1})	N 向 RMSE/(mm·a^{-1})	$T_{\Delta v}$/($\times10^{-9}$ mm·a^{-1})	$T_{\sigma^2_{\Delta v}}$/($\times10^{-9}$ mm·a^{-1})	GNSS 点位数量
小江(XJ)	RRM	693.93	-72.44	0.80	1.35	6977.00	1275.61	47
	REHSM	-2.46	6.77	0.59	0.97	72.04	686.95	
	REHLM	-0.01	-0.01	0.51	0.72	0.12	446.93	
汉菲(HF)	RRM	459.76	-729.91	2.47	3.16	8626.35	2934.05	9
	REHSM	3.01	-6.90	1.77	2.15	75.26	1687.95	
	REHLM	0.00	0.00	1.07	1.45	0.02	266.47	
景洪(JH)	RRM	43.00	-202.03	1.88	3.21	2065.55	1577.37	9
	REHSM	0.16	0.75	1.39	2.21	7.63	988.28	
	REHLM	0.00	0.00	1.24	1.58	0.01	1438.80	
澜沧(LC)	RRM	-220.89	-274.77	1.54	2.44	3525.50	2473.47	18
	REHSM	0.18	-1.79	0.87	1.57	18.03	784.25	
	REHLM	0.00	0.00	0.75	1.22	0.02	636.11	
普渡(PD)	RRM	40.99	-72.41	1.73	2.82	832.08	2077.56	13
	REHSM	1.78	1.07	1.24	1.89	20.79	1220.39	
	REHLM	0.00	0.00	0.92	1.42	0.01	788.63	
无量(WL)	RRM	271.84	35.49	1.36	1.97	2741.48	1663.92	20
	REHSM	4.47	6.28	1.06	1.57	77.10	1324.85	
	REHLM	0.01	-0.01	0.91	1.17	0.15	906.13	
红河(HH)	RRM	291.44	86.03	1.67	1.62	3038.77	2436.94	33
	REHSM	2.81	23.67	1.13	1.45	238.33	1677.95	
	REHLM	-0.01	0.01	0.90	0.95	0.14	878.88	
瑞丽(RL)	RRM	-178.98	-180.40	2.76	2.66	2541.25	1136.28	11
	REHSM	-0.72	1.87	1.79	2.14	20.08	382.00	
	REHLM	0.00	0.00	1.42	1.53	0.01	380.15	
南定(ND)	RRM	-99.42	-205.51	2.36	2.28	2282.99	1064.85	14
	REHSM	0.07	0.40	1.50	1.72	4.05	412.07	
	REHLM	0.00	0.00	1.23	1.25	0.00	441.24	

续表5-1

块体	模型	E 向残差均值/($\times10^{-5}$ mm·a^{-1})	N 向残差均值/($\times10^{-5}$ mm·a^{-1})	E 向 RMSE/(mm·a^{-1})	N 向 RMSE/(mm·a^{-1})	$T_{\Delta v}$ /($\times10^{-9}$ mm·a^{-1})	$T_{\sigma^2_{\Delta v}}$ /($\times10^{-9}$ mm·a^{-1})	GNSS 点位数量
龙陵(LL)	RRM	139.60	-199.94	2.11	1.90	2438.57	2630.49	25
	REHSM	19.98	14.69	1.73	1.32	248.04	1871.37	
	REHLM	0.00	0.01	0.77	0.89	0.07	380.10	
南华(NH)	RRM	100.15	-80.64	3.02	3.01	1285.79	1284.06	10
	REHSM	-0.31	0.74	2.37	2.04	8.00	801.95	
	REHLM	0.00	0.00	1.34	1.37	0.01	678.50	
昆明(KM)	RRM	328.34	-135.30	1.12	1.31	3551.21	1364.98	42
	REHSM	-8.19	6.22	0.98	0.90	102.86	902.26	
	REHLM	0.01	0.00	0.68	0.66	0.09	486.73	
安宁(AN)	RRM	184.09	87.52	1.77	2.19	2038.39	1956.26	17
	REHSM	-0.49	-0.11	1.37	1.19	5.08	555.56	
	REHLM	0.00	0.00	1.12	1.00	0.01	591.16	
石棉(SM)	RRM	304.74	304.93	1.66	1.58	4311.01	1840.16	26
	REHSM	-3.78	-2.46	1.22	0.98	45.14	810.53	
	REHLM	0.00	0.00	0.93	0.82	0.05	550.49	
成都(CD)	RRM	105.69	3.02	0.65	0.68	1057.38	457.04	48
	REHSM	-0.86	-0.11	0.63	0.65	8.62	438.86	
	REHLM	0.01	0.02	0.59	0.62	0.21	417.31	
龙门(LM)	RRM	-615.54	1812.37	1.72	1.08	19140.4	1835.36	27
	REHSM	0.80	-22.85	0.92	0.95	228.69	627.91	
	REHLM	0.00	0.18	0.77	0.81	1.83	411.66	
玉树(YS)	RRM	-604.77	4746.34	3.44	2.25	47847.1	7349.83	19
	REHSM	0.80	2.22	1.19	1.36	23.57	874.07	
	REHLM	-0.01	0.22	1.03	0.97	2.23	512.23	
白玉(BY)	RRM	-2003.11	-1509.67	3.60	3.60	25082.9	6849.21	12
	REHSM	-23.89	-51.44	2.14	1.67	567.22	2078.59	
	REHLM	-0.04	-0.03	1.27	1.16	0.52	418.27	

续表5-1

块体	模型	E 向残差均值/(×10⁻⁵ mm·a⁻¹)	N 向残差均值/(×10⁻⁵ mm·a⁻¹)	E 向 RMSE/(mm·a⁻¹)	N 向 RMSE/(mm·a⁻¹)	$T_{\Delta v}$ /(×10⁻⁹ mm·a⁻¹)	$T_{\sigma^2_{\Delta v}}$ /(×10⁻⁹ mm·a⁻¹)	GNSS 点位数量
怒江(NJ)	RRM	-669.38	159.23	2.00	1.85	6880.53	2706.99	21
	REHSM	-23.29	-40.90	1.42	1.20	470.68	1122.34	
	REHLM	-0.01	-0.26	1.12	0.83	2.60	610.65	
中甸(ZD)	RRM	39.92	70.03	2.75	2.33	806.11	409.44	9
	REHSM	-2.62	-1.75	1.81	1.83	31.53	390.41	
	REHLM	0.00	0.00	1.59	1.27	0.05	281.46	
金沙(JS)	RRM	239.40	-93.61	1.45	2.09	2570.55	2682.28	24
	REHSM	-4.00	3.52	1.21	1.18	53.30	1038.55	
	REHLM	0.00	-0.01	1.03	0.84	0.09	653.76	
康定(KD)	RRM	-118.79	162.53	1.53	1.65	2013.14	1933.65	24
	REHSM	-0.77	11.83	1.24	1.31	118.52	1257.12	
	REHLM	0.01	-0.07	1.13	0.97	0.66	943.77	
会东(HD)	RRM	332.97	-4.04	1.28	2.34	3329.96	3329.45	25
	REHSM	5.12	4.72	1.16	1.57	69.66	1711.26	
	REHLM	0.02	-0.04	1.05	0.97	0.39	876.41	

表 5-2 为 3 个块体模型得到的块体欧拉旋转量、欧拉极、水平速度和方向等运动参数。从表中可知，3 个块体模型解算得到的欧拉运动参数都不相同，其中，RRM 模型得到的结果整体与 REHSM 和 REHLM 模型差异较大；除了 HF 块体之外，REHSM 和 REHLM 模型得到的块体旋转率结果基本一致。

表 5-2　RRM、REHSM、REHLM 模型的块体运动参数

块体	模型	ω/(°·Ma⁻¹)	Λ/(°)	Φ/(°)	水平速度/(mm·a⁻¹)	运动方向/(°)
小江(XJ)	RRM	0.12±0.04	130.25±15.34	54.95±9.25	7.84	116.04
	REHSM	0.48±0.02	112.00±1.26	38.02±0.63		
	REHLM	0.64±0.02	109.28±0.89	35.96±0.41		

续表5-2

块体	模型	ω/(°·Ma^{-1})	Λ/(°)	Φ/(°)	水平速度/(mm·a^{-1})	运动方向/(°)
汉菲(HF)	RRM	0.15±0.28	120.42±42.82	41.63±33.67	7.06	123.92
	REHSM	1.01±0.10	109.78±7.40	31.53±0.90		
	REHLM	2.57±0.17	103.73±0.32	25.10±0.12		
景洪(JH)	RRM	0.67±0.46	−82.83±2.47	−19.32±1.85	5.63	143.09
	REHSM	3.00±0.03	120.08±83.57	32.92±0.09		
	REHLM	3.11±0.11	−87.14±25.71	−16.32±0.21		
澜沧(LC)	RRM	0.22±0.26	114.88±18.63	22.93±1.53	5.79	178.12
	REHSM	2.15±0.05	−86.36±2.10	−22.92±0.02		
	REHLM	2.48±0.06	−85.16±1.34	−22.95±0.02		
普渡(PD)	RRM	1.05±0.43	105.29±1.83	23.59±0.25	8.31	172.75
	REHSM	2.36±0.07	113.86±17.45	24.11±0.02		
	REHLM	2.91±0.14	108.33±6.28	23.24±0.02		
无量(WL)	RRM	0.42±0.13	114.42±4.42	26.77±0.76	9.83	164.66
	REHSM	1.11±0.04	136.09±55.59	28.31±0.02		
	REHLM	1.66±0.27	−88.13±11.61	−22.31±0.32		
红河(HH)	RRM	1.17±0.14	106.15±0.50	26.08±0.24	8.98	152.46
	REHSM	2.17±0.02	127.41±38.53	33.08±0.08		
	REHLM	2.21±0.02	127.96±28.95	29.91±0.03		
瑞丽(RL)	RRM	1.86±0.31	−83.15±0.23	−26.04±0.19	5.35	221.82
	REHSM	2.46±0.14	−83.16±0.14	−26.05±0.06		
	REHLM	2.68±0.18	−83.12±0.21	−26.02±0.10		
南定(ND)	RRM	1.10±0.28	−84.02±0.73	−25.12±0.25	5.70	199.67
	REHSM	1.95±0.06	−86.71±2.12	−25.91±0.05		
	REHLM	2.25±0.07	−86.72±3.40	−25.95±0.04		
龙陵(LL)	RRM	1.05±0.17	−85.98±0.85	−25.05±0.21	9.86	171.66
	REHSM	1.87±0.15	−85.05±0.77	−25.21±0.08		
	REHLM	1.95±0.07	−85.70±0.51	−25.69±0.04		

续表5-2

块体	模型	ω/(°·Ma^{-1})	Λ/(°)	Φ/(°)	水平速度/(mm·a^{-1})	运动方向/(°)
南华(NH)	RRM	1.31±0.38	-84.70±1.43	-24.39±0.59	12.52	158.50
	REHSM	1.99±0.06	-100.86±28.60	-16.78±0.36		
	REHLM	2.12±0.20	-88.70±7.55	-21.76±0.46		
昆明(KM)	RRM	0.97±0.08	-84.97±0.52	-22.32±0.37	13.98	145.55
	REHSM	0.86±0.06	-90.17±1.97	-18.49±0.58		
	REHLM	0.98±0.07	-88.00±1.31	-19.77±0.51		
安宁(AN)	RRM	0.13±0.19	-111.85±93.95	21.84±124.37	12.22	127.25
	REHSM	4.08±0.19	104.45±0.29	30.39±0.10		
	REHLM	4.64±0.28	104.46±0.41	30.40±0.13		
石棉(SM)	RRM	0.12±0.12	-95.31±22.56	11.38±51.92	9.39	116.10
	REHSM	2.16±0.09	105.41±0.50	33.42±0.17		
	REHLM	2.05±0.08	105.18±0.42	33.24±0.17		
成都(CD)	RRM	0.08±0.02	-162.81±87.90	72.71±5.75	7.64	109.71
	REHSM	0.20±0.02	132.60±23.67	63.93±3.58		
	REHLM	0.23±0.02	127.18±18.68	61.71±2.95		
龙门(LM)	RRM	0.39±0.08	108.68±1.29	44.15±2.38	9.56	106.84
	REHSM	1.05±0.02	-82.65±2.20	-11.17±0.41		
	REHLM	1.01±0.01	-85.94±4.63	-0.90±0.40		
玉树(YS)	RRM	0.15±0.08	-77.01±3.97	34.62±69.94	15.56	88.01
	REHSM	1.70±0.01	81.40±86.89	84.82±0.23		
	REHLM	1.45±0.002	-61.51±28.96	73.55±0.29		
白玉(BY)	RRM	1.36±0.22	-82.96±0.34	-23.92±1.21	19.46	96.46
	REHSM	2.05±0.12	-83.59±0.64	-18.47±0.77		
	REHLM	2.18±0.04	-84.33±1.30	-5.55±0.53		
怒江(NJ)	RRM	1.84±0.12	-83.55±0.11	-24.97±0.35	19.01	92.83
	REHSM	1.75±0.10	-83.63±0.10	-23.46±0.39		
	REHLM	1.69±0.08	-83.86±0.14	-23.08±0.34		

续表5-2

块体	模型	ω/(°·Ma^{-1})	Λ/(°)	Φ/(°)	水平速度/(mm·a^{-1})	运动方向/(°)
中甸(ZD)	RRM	2.42±0.13	-83.30±0.15	-25.93±0.11	14.31	144.64
	REHSM	2.55±0.30	-83.42±0.41	-25.85±0.23		
	REHLM	2.99±0.35	-83.18±0.47	-25.85±0.23		
金沙(JS)	RRM	1.74±0.13	-83.84±0.31	-25.07±0.27	16.42	138.13
	REHSM	1.55±0.11	-85.85±0.77	-23.29±0.38		
	REHLM	1.57±0.09	-87.97±1.38	-21.45±0.44		
康定(KD)	RRM	1.68±0.13	-82.09±0.23	-25.54±0.39	18.01	117.99
	REHSM	1.59±0.11	-84.22±0.93	-21.58±0.61		
	REHLM	1.82±0.07	-87.17±2.33	-17.35±0.53		
会东(HD)	RRM	0.74±0.17	-84.72±1.67	-20.78±1.23	12.08	145.07
	REHSM	2.74±0.17	107.12±1.23	28.46±0.16		
	REHLM	3.21±0.14	106.91±0.72	27.89±0.09		

5.4　云南及周边区域现今主要断裂带运动特征

为了获得云南及周边区域内主要断裂带的活动情况，本研究采用 GNSS 剖面法求各活动断层速率。选取云南及周边区域 23 条主要断裂带(如图 5-6 所示)，对断裂带左右两侧 200 km 内的 GNSS 点位分别投影到断裂带的平行和垂直方向上。基于弹性半空间的螺旋位错模型[式(5-24)]拟合这些点的速度[258]，即可得到主要断裂带的活动速率，结果如表 5-3 所示，表中走滑分量值为正，说明断裂带为左旋走滑特征，反之为右旋走滑特征；拉张分量值为正，说明断裂带具有拉张特征，反之为挤压特征。

$$v = \frac{\varepsilon}{\pi}\arctan\left(\frac{X}{D}\right) \tag{5-24}$$

式中：v 为点的速度；ε 为长期走滑速率；D 为断层的闭锁深度；X 为 GNSS 测站到断裂带的垂直距离。

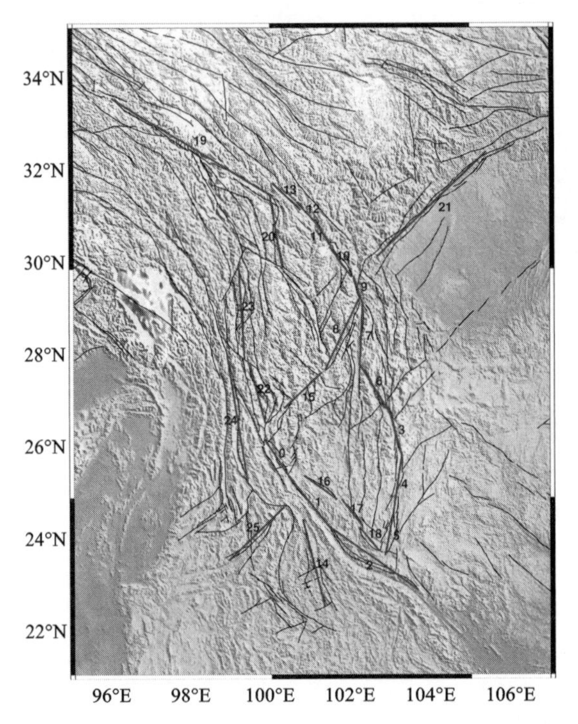

图 5-6 云南及周边区域主要活动断裂带的剖面选取情况

表 5-3 云南及周边区域主要断裂带运动速率

断裂带名称	走滑分量 /(mm·a^{-1})	挤压/拉张分量 /(mm·a^{-1})	对应图 5-6 中断裂带序号	剖面内 GNSS 点数量
红河断裂北段	-5.77±0.62	3.08±0.19	0	30
红河断裂中段	-6.47±0.56	1.55±0.2	1	48
红河断裂南段	-2.93±0.38	1.21±0.14	2	80
小江断裂北段	10.09±0.73	2.52±0.19	3	22
小江断裂中段	8.87±0.49	0.01±0.17	4	41
小江断裂南段	10.71±0.64	2.26±0.23	5	31
则木河断裂	7.32±0.65	2.3±0.16	6	37
安宁河断裂	9.55±0.77	-2.72±0.22	7	38
鲜水河断裂磨西段	10.93±0.81	-1.2±0.31	9	18

续表5-3

断裂带名称	走滑分量 /(mm·a^{-1})	挤压/拉张分量 /(mm·a^{-1})	对应图 5-6 中断裂带序号	剖面内 GNSS 点数量
鲜水河断裂康定段	9.44±1.30	2.33±0.42	10	11
鲜水河断裂乾宁段	9.77±1.04	0.2±0.36	11	17
鲜水河断裂道孚段	8.28±0.96	1.42±0.48	12	19
鲜水河断裂炉霍段	9.40±1.08	1.69±0.27	13	11
无量山断裂	−2.88±0.49	2.37±0.18	14	70
丽江-小金河北段	3.19±1.16	−4.17±0.23	8	54
丽江-小金河南段	−1.42±1.15	−2.12±0.19	15	21
楚雄-建水断裂北段	−7.07±0.76	0.29±0.24	16	25
楚雄-建水断裂中段	−2.97±0.69	2.66±0.23	17	31
楚雄-建水断裂南段	0.93±0.55	4.25±0.22	18	41
甘孜-玉树断裂	4.91±1.02	0.81±0.18	19	23
白玉断裂	1.98±2.33	−2.81±0.27	20	27
龙门山断裂	−2.07±0.69	−0.75±0.12	21	58
金沙江断裂南段	−4.87±0.81	1.18±0.17	22	24
金沙江断裂北段	−5.66±1.62	−0.73±0.15	23	21
澜沧江断裂北段	−5.52±2.76	2.82±0.19	24	57
南汀河断裂	1.90±0.46	1.38±0.17	25	53

从表 5-3 中可知，云南及周边区域的主要断裂带走滑速率为-7.07~10.93 mm/a，挤压或拉张速率为-4.17~4.25 mm/a。以下对反演的主要断裂带结果进行说明。

1. 红河断裂带

该条活动性较强的断裂带是华南与青藏高原板块边界断裂，本研究将红河断裂带分为北段、中段、南段，通过 GNSS 剖面法反演得到各分段滑动速率分别为(−5.77±0.62)mm/a、(−6.47±0.56)mm/a、(−2.93±0.38)mm/a；拉张速率分别为(3.08±0.19)mm/a、(1.55±0.2)mm/a、(1.21±0.14)mm/a，红河断裂带各分段的结果存在一定差异性，北、中段的活动性要强于南段。本研究结果与其他学者的研究成果相比，北段和中段滑动速率要大 3~4 mm/a[156, 180, 182, 202]。与乔学军等[159]和丁开华等[196]分别给出的红河断裂带的滑动速率(6.9±0.14)mm/a 和

(7.3±0.9)mm/a 结果一致。实际上，关于红河块体周边断裂带的滑动速率，还一直存在争议，其原因也有待后续研究进一步分析。

2. 小江断裂带

本研究反演小江断裂北段、中段、南段的左旋走滑速率分别为(10.09±0.73)mm/a、(8.87±0.49)mm/a、(10.71±0.64)mm/a；拉张速率分别为(2.52±0.19)mm/a、(0.01±0.17)mm/a、(2.26±0.23)mm/a。多位学者得出的小江断裂带的运动速率为 7～13 mm/a[141, 156, 182, 196, 202]，与本研究反演得到的 8.87～10.71 mm/a 结果差异不大。

3. 安宁河和则木河断裂带

本研究反演得到的安宁河断裂的左旋走滑速率为(9.55±0.77)mm/a，比其他几位学者得出的 4～6.5 mm/a 要大不少[182, 186]，导致这种差异性较大的原因是在对安宁河断裂带进行 GNSS 剖面分析时，将其他一些断层附件的 GNSS 测站的速度场也考虑进来了。本研究反演得到的则木河断裂的走滑速率为(7.32±0.65)mm/a。

4. 鲜水河断裂带

本研究将该条断裂带分为磨西段、康定段、乾宁段、道孚段及炉霍段，反演得到的左旋走滑速率分别为(10.93±0.81)mm/a、(9.44±1.30)mm/a、(9.77±1.04)mm/a、(8.28±0.96)mm/a、(9.40±1.08)mm/a。Shen 等[182]通过 GNSS 剖面法得出鲜水河断裂带滑动速率为 8～10 mm/a；王阎昭等[156]将鲜水河断裂分为四段，通过连接断层元模型反演得到的结果为 8.9～17.1 mm/a；孙建中等[259]由地震矩张量反演得到的断裂带剪切形变速率为 10.9 mm/a；乔学军等[162]通过欧拉矢量法计算出鲜水河断裂带的滑动速率为(10.4±0.2)mm/a，本研究得到的结果与上述基本一致。李铁明等[260]利用多种地壳形变观测资料计算的鲜水河断裂带的磨西段、康定段、乾宁段、道孚段及炉霍段走滑速率分别为 4.41 mm/a、6.14 mm/a、7.67 mm/a、8.57 mm/a、9.13 mm/a。除了磨西段、康定段的走滑速率与本研究结果有差异之外，其他段的结果差异性不大。

5. 丽江–小金河断裂带

本研究将该条断裂带分为南、北两段，北段反演的左旋走滑速率为(3.19±1.16)mm/a，拉张速率为(−4.17±0.23)mm/a；南段反演右旋走滑速率为(1.42±1.15)mm/a，挤压速率为(2.12±0.19)mm/a。Shen 等[182]得出的结果为 3 mm/a。徐锡伟等[186]得出的走滑速率为(3.8±0.7)mm/a，挤压速率为(0.6±0.1) mm/a。王阎昭等[156]给出的走滑速率为(5.4±1.2)mm/a，挤压速率为(2.3±1.8) mm/a。向宏发等[181]通过盆地复位和同沉积盆地的位错分析以及年龄测试资料得出的滑动速率为 2.5～5.0 mm/a。刘晓霞等[261]得出的滑动速率为 3～4 mm/a。

6. 楚雄-建水断裂带

本研究所反演的楚雄-建水断裂带的北段、中段具有右旋走滑性质，南段具有左旋走滑性质，反演的走滑速率分别为(7.07±0.76)mm/a、(2.97±0.69)mm/a、(0.93±0.55)mm/a，从北段到南段断裂带活动性依次减小。此结果与李长军等[202]反演的楚雄-建水断裂带北段和南段左旋走滑速率(4.4±0.8)mm/a和(2.2±0.2)mm/a以及王阎昭等[156]给出的楚雄-建水断裂带左旋走滑速率(4.2±1.3)mm/a结果具有一定差异性。

7. 甘孜-玉树断裂和白玉断裂

本研究反演得到的白玉断裂速率为(1.98±2.33)mm/a，甘孜-玉树断裂的左旋走滑速率为(4.91±1.02)mm/a，本研究反演得到的甘孜-玉树断裂速率与王阎昭等[156]给出的(3.1±2.8)mm/a基本一致。其中南东段走滑速率与(12±2)mm/a[262]、(14±3)mm/a[186]、(13±1.7)mm/a[156]结果相差很大。

8. 金沙江断裂

本研究将金沙江断裂分为北段和南段，反演得到的右旋走滑速率分别为(5.66±1.621)mm/a和(4.87±0.81)mm/a，这与丁开华等[196]给出的(3.7±1.2)mm/a和苏有锦等[263]的5~7 mm/a结果基本一致。

9. 其他主要断裂带

龙门山断裂位于巴颜喀拉块体与华南板块的交界处，本研究反演得到的龙门山断裂带的左旋走滑速率为(2.07±0.69)mm/a，挤压速率为(-0.75±0.12)mm/a。本研究反演得到的速率与王阎昭等[156]的走滑和挤压速率(0.5±1.1)mm/a、(-1.1±1.1)mm/a差异性不大；与丁开华等[196]给出的(1.9±2.5)mm/a的左旋走滑速率和(-0.9±2.6)mm/a的挤压速率结果基本一致。无量山断裂带为云南普洱地区的重要断裂带，本研究反演得出的无量山断裂右旋走滑速率为(2.88±0.49)mm/a，与王阎昭等[156]给出的(4.3±1.1) mm/a的结果基本一致。

5.5　云南及周边区域现今微块体运动特征

由REHLM模型得到云南及周边区域23个微块体旋转率和运动速率分别如图5-7和图5-8所示，由于受到鲜水河断裂、安宁河断裂、则木河断裂、小江断裂、红河断裂、丽江-小金河断裂的调节控制作用，云南及周边区域的块体旋转率和水平运动速率及方向均存在差异。23个微块体欧拉旋转都为顺时针，23个微块体旋转率变化范围为0.23°/Ma~4.64°/Ma，其中，旋转运动最大和最小的块体分别为安宁(AN)和成都(CD)块体。安宁(AN)、会东(HD)、景洪(JH)、中甸

(ZD)、普渡(PD)、瑞丽(RL)、汉菲(HF)、澜沧(LC)、南定(ND)、红河(HH)、白玉(BY)、南华(NH)和石棉(SM)等块体旋转运动比较大，均大于 2°/Ma，其他块体的旋转运动较小。23 个微块体水平运动速率变化范围为 5.35~19.46 mm/a，总体运动特征呈现出北强南弱，其中，怒江(NJ)、白玉(BY)、玉树(YS)块体基本呈现出水平向东的运动，且水平运动速率较大；瑞丽(RL)和南定(ND)块体基本呈现出水平向西南的运动，且水平运动速率较小；其他的微块体基本呈现出水平向东南的运动。

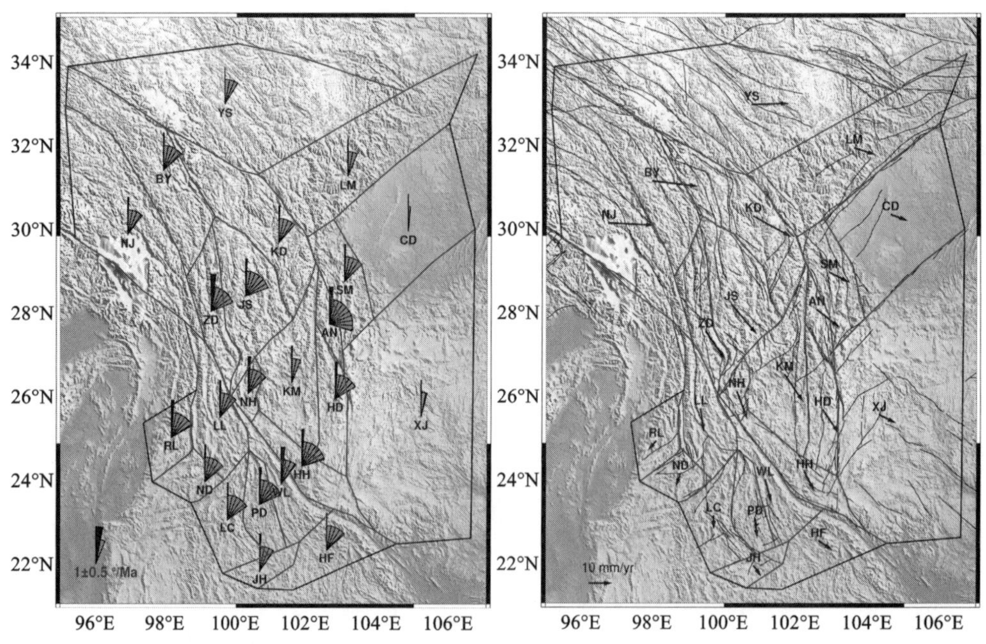

图 5-7　云南及周边区域 23 个微块体旋转率　**图 5-8　云南及周边区域 23 个微块体运动速率**

5.6　基于球面最小二乘配置法的云南及周边区域应变场特征

虽然通过 GNSS 水平运动速度场能够直接定性地展示块体的地壳变形特征，但是应变场能够更好地对地壳变形进行定量描述，主应变率、最大剪切应变率等参数可以更好地体现地壳变形的不同性质和强度，且不依赖于参考基准。国内外学者对 GNSS 应变场计算方法进行了大量研究，主要的方法包括只考虑几何关系的数学方法，如整体方法[264-265]和局部方法[266-268]；既考虑几何关系又考虑物理关系的物理方法，如位错方法[177-178]；和基于有限元的数值模拟方法[269-270]。采用不同的方法对相同数据进行应变场计算，最后得到的结果也会不一样[271]。为了对比不同数学方法计算应变场的可靠性和有效性，Wu 等[272]分别使用多种整体的数学方法对实例和仿真的 GNSS 速度场进行实验，并给出了其边缘效应、可靠性、适用性、抗差性评价，最后结果认为最小二乘配置法在计算应变场时效果更好。因此，本研究利用最小二乘配置球面应变场方法对云南及周边区域的应变场特征进行分析。

5.6.1　最小二乘配置法构建应变场的理论方法

最小二乘配置法是由大地测量的观测数据同时确定随机参数和非随机参数估值的一种方法。该方法的一般函数模型为：

$$L = AX + \bar{B}Y + \Delta \tag{5-25}$$

式中：L 为观测值；A、B 为函数模型的系数；X 为非随机参数；$\boldsymbol{Y}=[\boldsymbol{S}\quad \boldsymbol{S}']^{\mathrm{T}}$，为随机参数，$S$ 为已知点信号，能直接和实际观测值建立函数模型的信号，S'为未知点信号；Δ 为观测数据的中误差。

实际上 GNSS 仪器观测的数据中误差和随机参数的信号向量不相关，则随机模型有：

$$\begin{cases} \boldsymbol{D}_{\Delta} = \boldsymbol{Q}_{\Delta\Delta} = \boldsymbol{P}_{\Delta}^{-1} \\ \boldsymbol{D}_{Y} = \begin{bmatrix} \boldsymbol{D}_{SS} & \boldsymbol{D}_{SS'} \\ \boldsymbol{D}_{S'S} & \boldsymbol{D}_{S'S'} \end{bmatrix} \\ \boldsymbol{D}_{L} = \bar{\boldsymbol{B}}\boldsymbol{D}_{Y}\bar{\boldsymbol{B}}^{\mathrm{T}} + \boldsymbol{D}_{\Delta} = \bar{\boldsymbol{B}}\boldsymbol{P}_{Y}^{-1}\bar{\boldsymbol{B}}^{\mathrm{T}} + \boldsymbol{P}_{\Delta}^{-1} = \boldsymbol{P}_{L}^{-1} \end{cases} \tag{5-26}$$

式中：$\boldsymbol{D}_{\Delta}$、$\boldsymbol{P}_{\Delta}$ 和 $\boldsymbol{Q}_{\Delta\Delta}$ 分别为观测数据中误差 $\boldsymbol{\Delta}$ 的方差阵、权阵和协因数阵；$\boldsymbol{D}_{Y}$、$\boldsymbol{P}_{Y}$ 分别为随机参数 $\boldsymbol{Y}$ 的方差阵、权阵；$\boldsymbol{D}_{SS}$、$\boldsymbol{D}_{SS'}$，$\boldsymbol{D}_{S'S}$ 为已知点信号和未知点信号的协方差矩阵。

最小二乘配置法的误差方程为：

$$\begin{cases} V = A\hat{x} + \bar{B}\hat{y} - l \\ l = L - AX^{0} - \bar{B}Y^{0} \end{cases} \tag{5-27}$$

式中：$\hat{x}$、$\hat{y}$、X^{0}、Y^{0} 分别为 X、Y 的改正数估计值和近似值。V 为误差估值，按照广义最小二乘可得：

$$\boldsymbol{V}^{\mathrm{T}}\boldsymbol{P}_{\Delta}\boldsymbol{V} + \hat{y}^{\mathrm{T}}\boldsymbol{P}_{Y}\hat{y} = \min \tag{5-28}$$

根据拉格朗日乘数法求条件极值，构造函数：

$$\varphi = \boldsymbol{V}^{\mathrm{T}}\boldsymbol{P}_{\Delta}\boldsymbol{V} + \hat{y}\boldsymbol{P}_{Y}\hat{y} + 2\boldsymbol{K}^{\mathrm{T}}(A\hat{X} + \bar{B}\hat{y} - l - V) = \min \tag{5-29}$$

分别对 V、$\hat{y}$、$\hat{x}$ 求偏导可得：

$$\begin{cases} \dfrac{\partial \varphi}{\partial V} = 2\boldsymbol{V}^{\mathrm{T}}\boldsymbol{P}_{\Delta} - 2\boldsymbol{K}^{\mathrm{T}} = 0 \\ \dfrac{\partial \varphi}{\partial \hat{y}} = 2\hat{\boldsymbol{y}}^{\mathrm{T}}\boldsymbol{P}_{Y} + 2\boldsymbol{K}^{\mathrm{T}}\overline{B} = 0 \\ \dfrac{\partial \varphi}{\partial \hat{x}} = 2\boldsymbol{K}^{\mathrm{T}}A = 0 \end{cases} \tag{5-30}$$

将式(5-30)简化为：

$$\begin{cases} V = \boldsymbol{P}_{\Delta}^{-1}\boldsymbol{K} \\ \hat{y} = -\boldsymbol{P}_{Y}^{-1}\overline{\boldsymbol{B}}^{\mathrm{T}}\boldsymbol{K} \\ \boldsymbol{A}^{\mathrm{T}}\boldsymbol{K} = 0 \end{cases} \tag{5-31}$$

将式(5-31)代入式(5-27)得：

$$A\hat{x} - (\boldsymbol{P}_{\Delta}^{-1} + \overline{\boldsymbol{B}}\boldsymbol{P}_{Y}^{-1}\overline{\boldsymbol{B}}^{\mathrm{T}})\boldsymbol{K} - l = 0 \tag{5-32}$$

将式(5-32)左边乘以 $\boldsymbol{A}^{\mathrm{T}}\boldsymbol{P}_{L}$ 并结合式(5-27)后，化简得：

$$\begin{cases} \boldsymbol{K} = -\boldsymbol{P}_{L}(l - \boldsymbol{A}\hat{x}) \\ \hat{x} = (\boldsymbol{A}^{\mathrm{T}}\boldsymbol{P}_{L}\boldsymbol{A})^{-1}\boldsymbol{A}^{\mathrm{T}}\boldsymbol{P}_{L}l \end{cases} \tag{5-33}$$

将式(5-33)代入式(5-27)误差方程中可得到随机参数 Y 的估值和误差估值 V：

$$\begin{cases} \hat{y} = \boldsymbol{P}_{Y}^{-1}\overline{\boldsymbol{B}}^{\mathrm{T}}\boldsymbol{P}_{L}(l - \boldsymbol{A}\hat{x}) \\ V = -\boldsymbol{P}_{\Delta}^{-1}\boldsymbol{P}_{L}(l - \boldsymbol{A}\hat{x}) \end{cases} \tag{5-34}$$

进一步将随机参数 Y 中已知点和未知点信号的估值展开可得：

$$\begin{cases} \hat{S} = D_{SS}\boldsymbol{B}^{\mathrm{T}}\boldsymbol{P}_{L}(l - \boldsymbol{A}\hat{x}) \\ \hat{S}' = D_{S'S}\boldsymbol{B}^{\mathrm{T}}\boldsymbol{P}_{L}(l - \boldsymbol{A}\hat{x}) \end{cases} \tag{5-35}$$

单位权中误差为：

$$\sigma_{0}^{2} = \frac{\boldsymbol{V}^{\mathrm{T}}\boldsymbol{P}_{\Delta}\boldsymbol{V} + \hat{\boldsymbol{S}}^{\mathrm{T}}\boldsymbol{P}_{S}\hat{\boldsymbol{S}}}{n - t} \tag{5-36}$$

GNSS 数据解算得到的速度场可表示为地壳运动的整体趋势部分和区域构造的随机部分。最小二乘配置法获取地壳应变场的思路是获取研究区域的 GNSS 速度场，再通过 GNSS 速度场与应变场之间的球面微分关系求取地壳应变场[273]。建立的最小二乘配置的形变速度场模型为：

$$\underset{q\times 1}{V_{0}} = \underset{q\times 3}{\boldsymbol{A}}\,\underset{3\times 1}{\Omega} + \underset{q\times m}{\boldsymbol{U}}\,\underset{m\times 1}{V_{S}} + \underset{q\times 1}{\Delta} \tag{5-37}$$

式中：V_{0} 为东西、南北向观测的速度；Ω 为刚体运动模型中的欧拉矢量；$\boldsymbol{A}$ 为 Ω 的系数矩阵；V_{S} 为观测速度去除整体运动趋势之后的速度；$\boldsymbol{U}$ 为 V_{S} 的系数矩阵；

Δ 为观测中误差。

则 Ω、V_S 及方差 $C_{\hat{\Omega}\hat{\Omega}}$、$C_{\hat{S}\hat{S}}$ 可由下式表示：

$$\begin{cases} \hat{\Omega} = (\boldsymbol{A}^{\mathrm{T}}\overline{C}^{-1}\boldsymbol{A})^{-1}\boldsymbol{A}^{\mathrm{T}}\overline{C}^{-1}V_0 \\ \hat{V}_S = \boldsymbol{C}_{\mathrm{UO}}\overline{C}^{-1}(V_0 - \boldsymbol{A}\hat{\Omega}) \\ C_{\hat{\Omega}\hat{\Omega}} = (\boldsymbol{A}^{\mathrm{T}}\overline{C}^{-1}\boldsymbol{A})^{-1} \\ C_{\hat{S}\hat{S}} = C_{SS} - \boldsymbol{C}_{\mathrm{UO}}\overline{C}^{-1}(I - AC_{\hat{\Omega}\hat{\Omega}}\boldsymbol{A}^{\mathrm{T}}\overline{C}^{-1})\boldsymbol{C}_{\mathrm{OU}} \\ \overline{C} = (\boldsymbol{C}_{\mathrm{OO}} + C_{nn}) \\ \boldsymbol{C}_{\mathrm{OU}} = \boldsymbol{C}_{\mathrm{UO}}^{\mathrm{T}} \end{cases} \tag{5-38}$$

式中：$\boldsymbol{C}_{nn}$ 为观测中误差的自协方差矩阵；$\boldsymbol{C}_{\mathrm{OO}}$ 为已知观测点速度的协方差矩阵；$\boldsymbol{C}_{\mathrm{UO}}$ 为推估点和已知点信号之间的协方差矩阵；$\boldsymbol{C}_{\mathrm{OO}}$ 和 $\boldsymbol{C}_{\mathrm{UO}}$ 由式(5-39)的高斯协方差函数和球面上两点的距离计算得到。

$$C(d) = C(0)e^{-k^2d^2} \tag{5-39}$$

式中：d 为球面上推估点与已知点的距离；$C(0)$ 为观测点的方差；k 为模型常数。

应变场是基于区域各部相对位移求解的，因此，可通过最小二乘配置解中的 $\hat{V}_S$ 来求解研究区域应变场分布。假设研究区域有 m 个测点，任意一点处相对位移形变场为 $\boldsymbol{V}_S = [u_\lambda, v_\varphi]^{\mathrm{T}}$，即东西、南北方向的速度分量。信号参数的最优估计量为：

$$\hat{V}_S = C_{\mathrm{uo}}L \tag{5-40}$$

式中：$L = (C_{\mathrm{OO}} + C_{nn})^{-1}(V_{\mathrm{GPS}} - G\hat{\Omega})$

若不考虑 u_λ、v_φ 之间的相关性，则任意一推估点与 m 个观测点的信号向量协方差阵 C_{uo} 可以表示为：

$$\boldsymbol{C}_{\mathrm{uo}} = \begin{bmatrix} C(u, u_1) & 0 & C(u, u_2) & 0 & \cdots & C(u, u_m) & 0 \\ 0 & C(v, v_1) & 0 & C(v, v_2) & \cdots & 0 & C(v, v_m) \end{bmatrix} \tag{5-41}$$

若以(5-41)式的高斯函数表示推估点与信号点之间的协方差关系，则可表示为：

$$\begin{cases} C(u, u_i) = C_{\lambda\lambda}(0)e^{-kd_i^2} \\ C(v, v_i) = C_{\varphi\varphi}(0)e^{-kd_i^2} \end{cases} \tag{5-42}$$

将式(5-41)和式(5-42)带入式(5-40)，可得：

$$\begin{cases} u_\lambda = \sum_{i=1}^{m} C_{\lambda\lambda}(0) e^{-kd_i^2} L_{2i-1} \\ u_\varphi = \sum_{i=1}^{m} C_{\varphi\varphi}(0) e^{-kd_i^2} L_{2i-1} \end{cases} \tag{5-43}$$

如果要解算出式(5-43)中 u_λ、u_φ 对 λ、φ 求偏导后$\left\{\frac{\partial u_\varphi}{\partial\lambda}, \frac{\partial u_\lambda}{\partial\lambda}, \frac{\partial u_\varphi}{\partial\varphi}, \frac{\partial u_\lambda}{\partial\varphi}\right\}$，则需要求解偏导数$\left\{\frac{\partial d}{\partial\lambda}, \frac{\partial d}{\partial\varphi}\right\}$。球面上任意两点间的距离公式可表示为：

$$d_i = R\cos[\sin\varphi\sin\varphi_i + \cos\varphi\cos\varphi_i\sin(\lambda - \lambda_i)] \tag{5-44}$$

则 d 对 λ、φ 求偏导$\left\{\frac{\partial d}{\partial\lambda}, \frac{\partial d}{\partial\varphi}\right\}$的公式可表示如下：

$$\begin{cases} \frac{\partial d_i}{\partial\lambda} = \frac{R\cos\varphi\cos\varphi_i\sin(\lambda - \lambda_i)}{\sqrt{1 - [\sin\varphi\sin\varphi_i + \cos\varphi\cos\varphi_i\cos(\lambda - \lambda_i)]^2}} \\ \frac{\partial d_i}{\partial\varphi} = -\frac{R[\cos\varphi\sin\varphi_i - \sin\varphi\cos\varphi_i\cos(\lambda - \lambda_i)]}{\sqrt{1 - [\sin\varphi\sin\varphi_i + \cos\varphi\cos\varphi_i\cos(\lambda - \lambda_i)]^2}} \end{cases} \tag{5-45}$$

最后求出的$\left\{\frac{\partial u_\varphi}{\partial\lambda}, \frac{\partial u_\lambda}{\partial\lambda}, \frac{\partial u_\varphi}{\partial\varphi}, \frac{\partial u_\lambda}{\partial\varphi}\right\}$公式如下：

$$\begin{cases} \frac{\partial_{u_\lambda}}{\partial_\lambda} = \sum_{i=1}^{m} \frac{-2k^2 d_i R\cos\varphi\cos\varphi_i\sin(\lambda - \lambda_i) C_{\lambda\lambda}(0) \cdot L_{2i-1}}{e^{k^2 d_i^2}\sqrt{1 - [\sin\varphi\sin\varphi_i + \cos\varphi\cos\varphi_i\cos(\lambda - \lambda_i)]^2}} \\ \frac{\partial_{u_\lambda}}{\partial_\varphi} = \sum_{i=1}^{m} \frac{2k^2 d_i R[\cos\varphi\sin\varphi_i - \sin\varphi\sin\varphi_i\cos(\lambda - \lambda_i)] C_{\lambda\lambda}(0) \cdot L_{2i-1}}{e^{k^2 d_i^2}\sqrt{1 - [\sin\varphi\sin\varphi_i + \cos\varphi\cos\varphi_i\cos(\lambda - \lambda_i)]^2}} \\ \frac{\partial_{u_\varphi}}{\partial_\lambda} = \sum_{i=1}^{m} \frac{-2k^2 d_i R\cos\varphi\cos\varphi_i\sin(\lambda - \lambda_i) C_{\varphi\varphi}(0) \cdot L_{2i}}{e^{k^2 d_i^2}\sqrt{1 - [\sin\varphi\sin\varphi_i + \cos\varphi\cos\varphi_i\cos(\lambda - \lambda_i)]^2}} \\ \frac{\partial_{u_\varphi}}{\partial_\varphi} = \sum_{i=1}^{m} \frac{2k^2 d_i R[\cos\varphi\sin\varphi_i - \sin\varphi\sin\varphi_i\cos(\lambda - \lambda_i)] C_{\varphi\varphi}(0) \cdot L_{2i}}{e^{k^2 d_i^2}\sqrt{1 - [\sin\varphi\sin\varphi_i + \cos\varphi\cos\varphi_i\cos(\lambda - \lambda_i)]^2}} \end{cases} \tag{5-46}$$

基于弹性力学几何方程，根据球面位移与应变的微分表达式如式(5-47)，由于只研究球面应变计算，可以不考虑 u_h 和 h：

$$\begin{cases} \varepsilon_{\lambda} = \dfrac{1}{(R+h)\cos\varphi}\dfrac{\partial u_{\lambda}}{\partial\lambda} + \dfrac{u_{\varphi}}{(R+h)}\tan\varphi + \dfrac{u_{\mathrm{h}}}{(R+h)} \\ \varepsilon_{\varphi} = \dfrac{1}{(R+h)}\dfrac{\partial u_{\varphi}}{\partial\varphi} + \dfrac{u_{\mathrm{h}}}{(R+h)} \\ \varepsilon_{\lambda\varphi} = \dfrac{1}{2}\left[\dfrac{1}{(R+h)\cos\varphi}\dfrac{\partial u_{\varphi}}{\partial\lambda} - \dfrac{u_{\lambda}}{(R+h)}\tan\varphi + \dfrac{1}{(R+h)}\dfrac{\partial u_{\lambda}}{\partial\varphi}\right] \end{cases} \tag{5-47}$$

式中：h 为大地高；R 为平均曲率半径。

根据式(5-47)求出的 ε_{λ}、ε_{φ}、$\varepsilon_{\lambda_{\varphi}}$，进一步可根据式(5-48)求出最大最小主应变 ε_1、ε_2，最大剪切应变率 $r_{\max}$，面膨胀率 $\varepsilon_{\mathrm{area}}$。

$$\begin{cases} \varepsilon_{1,2} = \dfrac{1}{2}(\varepsilon_{\lambda} + \varepsilon_{\varphi}) \pm \dfrac{1}{2}\sqrt{4\varepsilon_{\lambda\varphi}^{2} + (\varepsilon_{\lambda} - \varepsilon_{\varphi})^{2}}, \\ r_{\max} = \dfrac{1}{2}(\varepsilon_{1} - \varepsilon_{2}), \\ \varepsilon_{\mathrm{area}} = \varepsilon_{\lambda} + \varepsilon_{\varphi} \end{cases} \tag{5-48}$$

5.6.2　应变结果分析

把高斯函数协方差函数 $C(d)=C(0)e^{-k^2d^2}$ 作为最小二乘配置中的协方差函数对东西和南北向的速度进行拟合，拟合后的东西向和南北向的 k 和 $C(0)$ 参数值分别为 0.0054、17.70 mm/a^2 和 0.0047、23.05 mm/a^2，东西和南北向拟合速度的均方根误差分别为 0.85 mm/a、0.82 mm/a。然后基于球面的最小二乘配置应变场模型在 0.3°×0.3°的均匀格网节点上计算云南及周边区域现今 GNSS 应变分布，其中，图 5-9 为最大、最小主应变率，图 5-10 最大剪切应变率结果。

从图 5-9 中可知，显著的挤压应变率主要沿着鲜水河-安宁河-则木河-小江断裂带，并伴随着拉伸应变。鲜水河断裂在 E-W 方向的挤压应变率最大，并伴有近 N-S 方向的拉伸应变；安宁河-则木河-小江断裂在 NWW-SSE 方向上也具有较高的挤压应变率，并伴随着 NNE-SSW 方向上的拉伸应变。在丽江-小金河断裂和红河断裂交会区域也表现出较高的主应变率值，主要表现为近东西向的拉伸应变。

从图 5-10 中可知，最大剪应变率高值主要分布在川滇菱块东边界的鲜水河-安宁河-则木河-小江断裂带上，特别是北东边界的鲜水河断裂带值最高，量值约为 6×10^{-8}/a，剪切应变较高值还分布在川滇菱形块体的红河断裂带与丽江-小金河断裂带交汇区域、西南和西北部分区域。从鲜水河断裂开始，由北向南呈递减状态。区域剪切变形的分布特征与区域主要断裂带的背景运动及变形特征密切相关(例如左旋走滑运动为主的鲜水河-安宁河-则木河-小江断裂带处于最大剪应变率的高值区）。

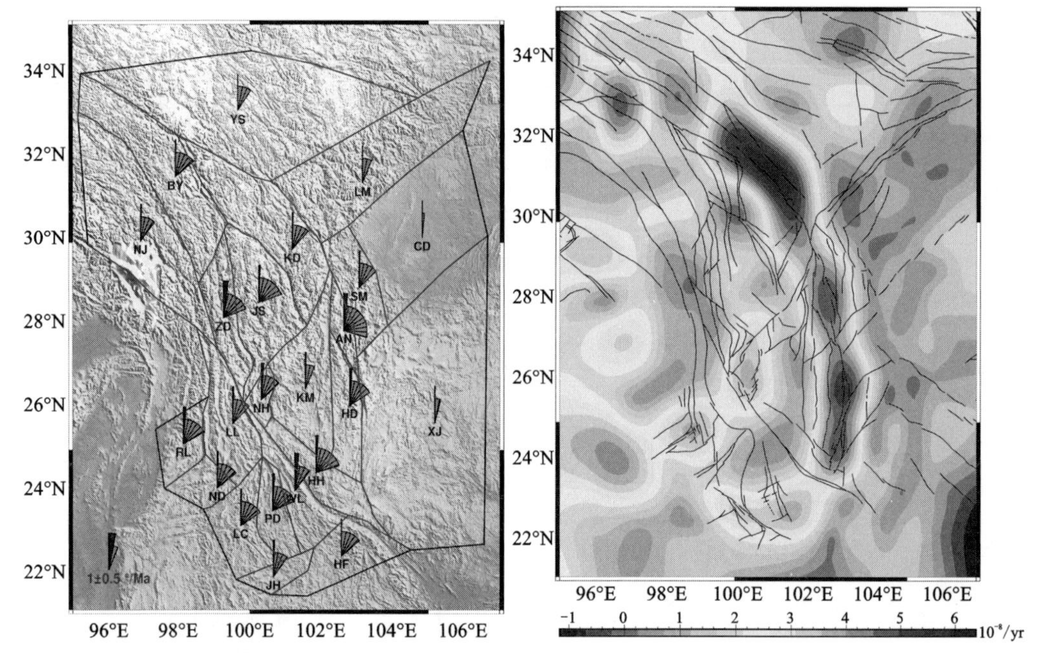

图 5-9　云南及周边区域主应变率结果

图 5-10　云南及周边区域最大剪切应变率结果

5.7　本章小结

本章结合大陆活动块体及其周边断裂带的构造背景，并充分考虑活动断裂和实际的 GNSS 点位分布，将云南及周边区域划分为 23 个微块体，然后分别使用 RRM、REHSM、REHLM 分别求出 23 个微块体的运动参数并从模型的无偏性和有效性上进行对比，得出 REHLM 模型整体上更能描述云南及周边区域 23 个微块体运动。接着分别使用 REMLM 块体模型、GNSS 剖面法和球面下的最小二乘配置模型探讨块体运动、断裂带活动特性及块体应变特征。

第 6 章

云南区域地壳形变震前异常特征研究

本章首先构建云南区域 1°×1°格网应变时序，从局部角度探讨云南区域不同块体格网应变时序的长趋势背景特征。其次，基于云南区域中长期整体应变背景场，探讨应变积累背景异常特征，研究强震危险地点的异常判据。再者，基于基线时间序列，分析识别区域内中强地震前的一些异常现象。最后，基于局部格网应变时间序列，深入挖掘中强地震前应变时序中的各种异常信息，包括：①格网面应变时序异常次数统计特征研究，探讨面应变异常过程与区域地震孕育活动的关系。②基于整体经验模态分解的希尔伯特-黄变换分析方法(hilbert-huang transform-ensemble empirical mode decomposition，HHT-EEMD)分析应变时序时间-频率-能量的联合分布特征，尝试挖掘应变时频信号中所携带的孕震信息，为未来云南区域强震的判定提供一定参考。

6.1 云南区域 GNSS 观测资料概况

云南区域是地震的重点监视区，地震监测一直备受重视，“九五”及“十一五”期间，依托“陆态网络”项目在云南区域及周边先后建立了三十几个 GNSS 连续观测站及数百个 GNSS 流动观测站。近年来，随着“云南省政府十项重点工程”“川滇地震预报实验场”及“北斗地基增强”等项目的相继实施，加上“陆态网络”项目原建设的站点，本章的研究一共收集到云南区域及周边目前可用于地震监测的 GNSS 连续观测站点 65 个，时间跨度为 2011—2022 年；流动观测站点达 211 个，时间跨度为 2015—2018 年。详细的点位空间分布如图 6-1 所示。

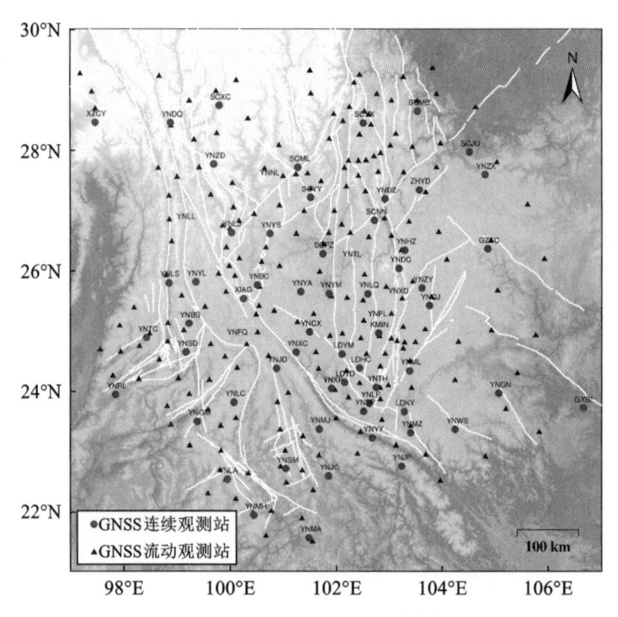

图 6-1　云南区域及周边 GNSS 观测站点分布图

6.2　云南区域地震活动性

云南区域的地震活动具有频度高、强度大、震源浅及破坏性大等特点。20 世纪以来，云南共发生 5 级以上地震 400 多次，其中 7 级以上地震 14 次，地震活动在时空上表现出一定的丛集分布特征。区域中强地震主要集中在构成地震地理分布集合体的某些地带或地区，即地震带或地震区。其中，比较著名的地震带（区）有安宁河-则木河地震带、小江地震带、通海-石屏地震带、南华-楚雄地震带、马边-大关地震带、腾冲-龙陵地震区、澜沧-耿马地震带、思茅-普洱地震区及中甸-大理地震带。

云南区域地震活动兼具板内和板缘特征，地震类型较为丰富，具有明显的地震类型区划特征。云南全区地震断层以走滑为主，地震序列以主余震型为主，这与区域内主要活动断裂的动力学、运动学及几何学特征相吻合，不同区域还存在受区域构造、介质及应力场控制的特殊地震类型[274]。图 6-2(a)是依据 GCMT (global centroid moment tensor project)统计的 2011 年 1 月 1 日以来云南区域发生的 Ms≥4.5 级地震的空间分布及其快速震源机制解，图 6-2(b)为对应地震的震级随时间的变化关系图（*M-T* 图），图 6-2(c)为对应的地震事件累积数量随时间的变化关系图。

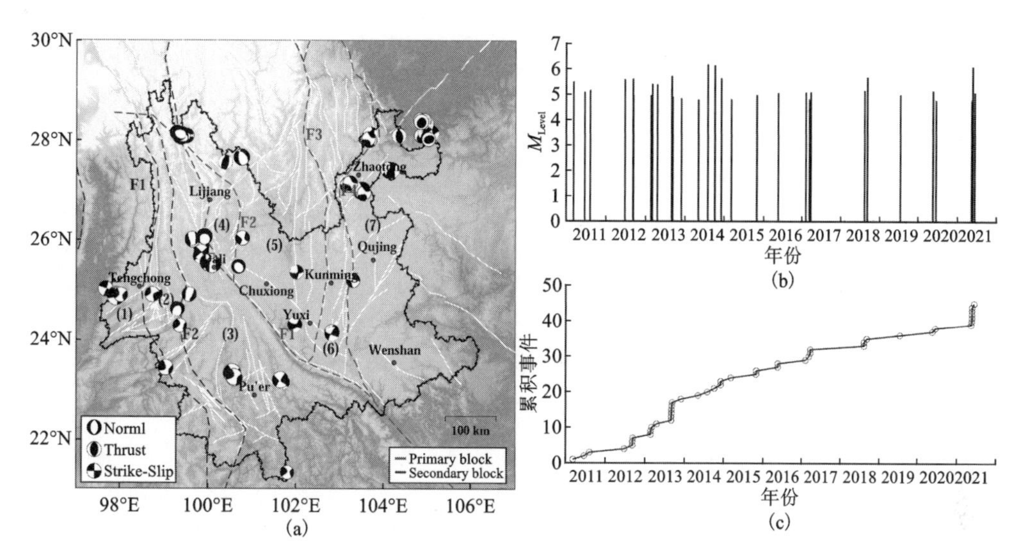

图 6-2　云南区域地震空间分布及震源机制解(2011—2022，Ms≥4.5)

从图 6-2 中可知，近年来云南区域地震活动仍然较为强烈，时间分布上，2011—2022 年云南区域共发生 Ms≥4.5 级以上地震 45 次，即每年约 4.5 次中强震事件。而在空间分布上，云南区域地震活动存在分布不规则特性，主要发生在小江断裂带、通海-石屏地震带、思茅-普洱地震区、腾冲-龙陵地震区及中甸-大理地震带等地。

表 6-1 为云南区域 2011—2022 年 Ms≥5.0 级地震事件的震源机制解、所属断层等统计信息。云南区域断层活动特性错综复杂，其中具有走滑破裂性质的地震约占比 82.14%(23/28)，具有正断或逆冲破裂性质的地震约占比 25.00%(7/28)。造成云南区域走滑型地震明显多于正断或逆冲型地震现象的原因可能是印度板块向东碰撞欧亚板块运动受阻，传导至青藏板块后，青藏板块向东移动挤压四川盆地，受阻后地壳剪切应力方向随着地质的运动而快速改变，进而造成云南区域剪切应力占据支配地位。云南区域地壳活动在剪切应力支配作用下，区域内便多发生不同等级的以走滑为主，兼有正断性质的断裂破裂事件。

表 6-1　云南区域 Ms≥5.0 级地震统计表(2011—2022 年)

地震名称	时间	震级 Ms	震中经度	震中纬度	震源机制解	所属断层
盈江	2011-03-10	5.8	97.9°E	24.7°N	直立、左旋走滑	大盈江断裂
腾冲	2011-06-20	5.2	98.6°E	25.1°N	右旋走滑	

续表6-1

地震名称	时间	震级Ms	震中经度	震中纬度	震源机制解	所属断层
腾冲	2011-08-09	5.2	98.7°E	25°N	右旋走滑	
宁蒗	2012-06-24	5.7	100.4°E	27.44°N	右旋走滑	永宁断裂
彝良	2012-09-07	5.7	103.59°E	27.3°N	右旋走滑为主，兼有逆冲性质	石门断裂
洱源	2013-03-03	5.5	99.7°E	25.9°N	右旋走滑兼正断性质	维西-乔后断裂
洱源	2013-04-17	5.0	99.7°E	25.9°N	右旋走滑兼正断性质	维西-乔后断裂
德钦	2013-08-28	5.1	99.4°E	28.2°N	正断	德钦-中甸-大具断裂带中段
德钦	2013-08-31	5.9	99.4°E	28.2°N	正断	德钦-中甸-大具断裂带中段
永善	2014-04-05	5.3	103.6°E	28.1°N	逆冲	
盈江	2014-05-24	5.6	97.8°E	25°N	左旋走滑	昔马-盘龙山断裂
盈江	2014-05-30	6.1	97.8°E	25°N	右旋走滑	苏典断裂
鲁甸	2014-08-03	6.5	103.3°E	27.1°N	共轭断层先后破裂	包谷垴-小河断裂
永善	2014-08-17	5.0	103.5°E	28.1°N	走滑	北东向莲峰断裂和南北向马边-大关断裂带交会区
景谷	2014-10-07	6.6	100.5°E	23.4°N	右旋走滑	隐伏断层
景谷	2014-12-06	5.8	100.5°E	23.3°N	右旋走滑	隐伏断层
沧源	2015-03-01	5.5	98.9°E	23.5°N	左旋走滑	南汀河断裂带(西支)
昌宁	2015-10-30	5.1	99.5°E	25.11°N	正断	
云龙	2016-05-18	5.0	99.53°E	26.1°N	走滑	
漾濞	2017-03-27	5.1	99.78°E	25.88°N	右旋走滑	维西-乔后断裂中南段
通海	2018-08-13	5.0	102.71°E	24.19°N	走滑	明星-二街断裂
通海	2018-08-14	5.0	102.71°E	24.19°N	走滑	明星-二街断裂
墨江	2018-09-08	5.9	101.53°E	23.28°N	右旋走滑	阿墨江断裂带西支
巧家	2020-05-18	5.0	103.16°E	27.18°N	右旋走滑	
漾濞	2021-05-21	6.4	99.87°E	25.67°N	走滑	
双柏	2021-06-10	5.1	101.91°E	24.34°N	右旋走滑	楚雄-化念断裂
盈江	2021-06-12	5.0	97.89°E	24.96°N	走滑	勐弄-大石坡断裂
宁蒗	2022-01-02	5.5	100.65°E	27.79°N	走滑	

6.3　云南区域格网化 GNSS 应变时序特征

GNSS 应变率场能整体反映区域地壳应力状态，而格网应变时序则能从局部角度结合时间维度信息描述历史运动特征。因此，本节将从局部的角度出发，将地表应变特征与时间序列进行组合，构建云南区域格网应变时序信息，探讨不同块体应变时序背景特征。

6.3.1　格网化 GNSS 应变时序求解

基于云南区域及周边 65 个 GNSS 连续观测站 2011—2022 年的坐标时间序列求解得到区域 GNSS 位移场。再将研究区域(97°E～107°E，21°N～29°N)进行 1°×1°格网化(按照从 S 至 N，W 至 E 的顺序进行编号)，如图 6-3 所示，通过 Kriging 插值得到不同格网的位移数据，并按照平面应变计算公式计算不同格网的应变分量，进而获得云南区域 80 个格网的应变参数时序。求解公式如下：

在二维空间中，假设某个测点的位移为(u, v)，其应变状态分量为ε_x、ε_y、γ_{xy}，那么与它无限接近的一点(u', v')的位移分量可表示为：

$$\begin{cases} u' = u + \varepsilon_x d_x + \varepsilon_{xy} d_y - \omega d_y \\ v' = v + \varepsilon_y \mathrm{d}y + \varepsilon_{xy} d_{\mathrm{d}} + \omega d_x \end{cases} \tag{6-1}$$

两边同时除以两点间距离，可得：

$$\begin{cases} \dfrac{\Delta u}{d} = \varepsilon_x \cos a + \varepsilon_{xy} \sin a - \omega \sin a \\ \dfrac{\Delta v}{d} = \varepsilon_y \sin a + \varepsilon_{xy} \cos a + \omega \cos a \end{cases} \tag{6-2}$$

其中：

$$\varepsilon_{xy} = \frac{1}{2}\gamma_{xy} \tag{6-3}$$

a 为两格网点间的坐标方位角，通过联立与其他各个相邻网点的方程组，即可通过最小二乘方法求解得到应变状态分量 ε_x、ε_y、γ_{xy}，进而用公式(6-4)和式(6-5)，求得最大剪应变 $R_{\max}$ 及面应变 Δ：

$$R_{\max} = ((\varepsilon_x - \varepsilon_y)^2 + \gamma_{xy}^2)^{\frac{1}{2}} \tag{6-4}$$

$$\Delta = \frac{1}{2}(\varepsilon_x + \varepsilon_y) \tag{6-5}$$

6.3.2 不同块体应变时序背景特征

云南区域的大地构造可按红河断裂和小江断裂等主要断裂带划分为腾冲块体、保山块体、滇中坳陷、盐源-丽江陆缘坳陷、兰坪-思茅弧后盆地、康滇古隆起及滇东块体 7 个构造单元[275]，如图 6-3 所示。下面将结合格网应变时序对这 7 个构造单元进行综合分析。

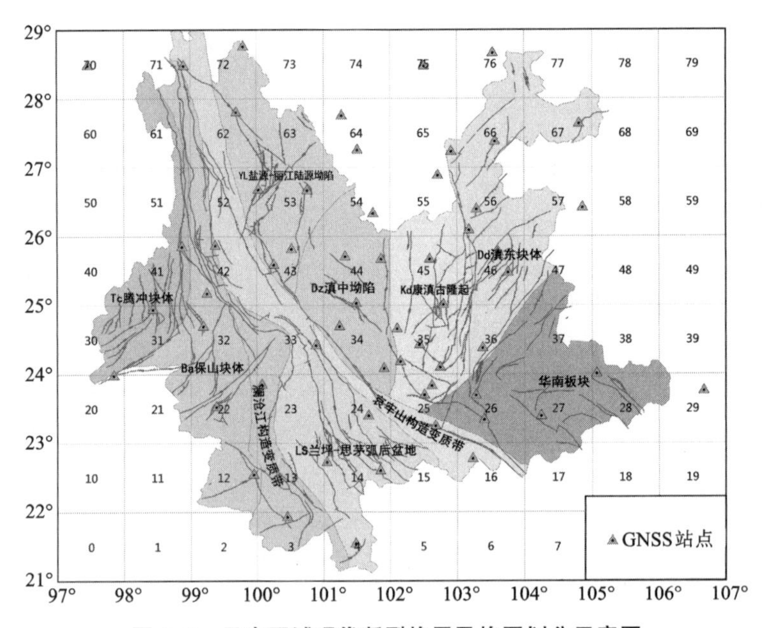

图 6-3　云南区域现代断裂格局及格网划分示意图

1. 腾冲块体(Tc)

腾冲块体位于冈瓦纳(印度)和欧亚(扬子)大陆的碰撞带，地处冈底斯-念青唐古拉褶皱系中的泸水-腾冲褶皱带中，新构造时期腾冲块体剧烈抬升，是东特提斯构造带的重要组成部分，总体上表现为东部断裂密集，南北向呈明显的线型构造特征。由图 6-3 可知，腾冲块体分别对应 30、31 和 41 号格网，其应变时序见图 6-4。图 6-4 左边为最大剪应变时序，由图可见，腾冲块体存在长期且匀速的剪切活动，波动较小，30、31 和 41 号格网最大剪应变时序所对应的剪切速率分别为 $3.16\times10^{-8}/a$、$3.99\times10^{-8}/a$ 及 $3.98\times10^{-8}/a$，说明腾冲块体内的剪切活动东部大于西部。图 6-4 右边为面应变时序，由图可见，相比腾冲块体南部 30 和 31 号格网，腾冲块体北部 41 号格网存在一定的趋势性压缩，但各区域整体上表现较为同步，大致存在两年周期的拉张与压缩交替现象，说明腾冲块体活动特性以动态调整为主。

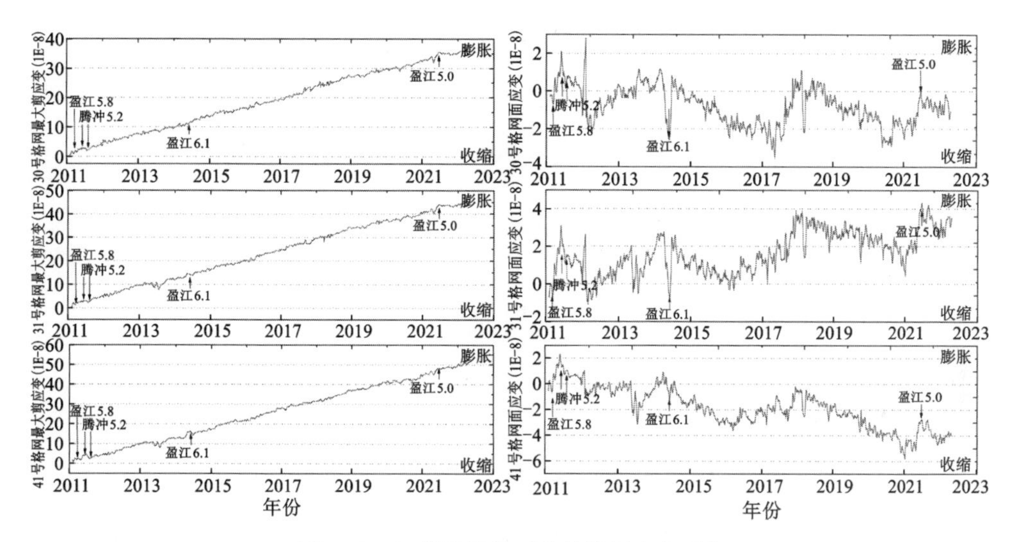

图 6-4　Tc 腾冲块体对应的格网应变时序

2. 保山块体(Bs)

受块体中主干断裂澜沧江断裂的影响，保山块体区内断裂构造线主要呈近 EW、SE、NE 和 NW 向展布，比较重要的有瓦窑河-云县断裂、南汀河断裂和近 NS 向的柯街断裂等。由图 6-3 可知，保山块体主要对应 12、22 和 32 号格网，其应变时序见图 6-5。图 6-5 左边为最大剪应变时序，由图可见，保山块体同样存在长期且匀速的剪切活动，12、22 和 32 号格网最大剪应变时序所对应的剪切速率分别为 $3.24\times10^{-8}/a$、$3.99\times10^{-8}/a$ 及 $4.47\times10^{-8}/a$，说明腾冲块体内剪切活动由北至南逐渐减小。图 6-5 右边为面应变时序，由图可见，保山块体自 2016 年开始出现趋势性拉张，速率平均为 $0.5\times10^{-8}/a$ 左右，该现象可能与 2015 年 10 月 30 日昌宁 5.1 级地震的震后应力场调整有关。另外，腾冲块体的 30 和 31 号格网，以及保山块体的 22 和 32 号格网对 2011 年 6 月 20 日腾冲 5.2 级地震和 2014 年 5 月 30 日盈江 6.1 级地震存在同步响应现象，造成这种同步响应的原因可能是腾冲块体和保山块体同属滇缅泰板块，边界效应不明显，或两块体交界区域公共站点应变分量贡献较大。

3. 滇中坳陷(Dz)

滇中坳陷位于红河断裂以北，程海断裂与元谋绿汁江断裂之间，属康滇菱形块体。由图 6-3 可知，滇中坳陷主要对应 34 和 44 号格网，其应变时序见图 6-6。

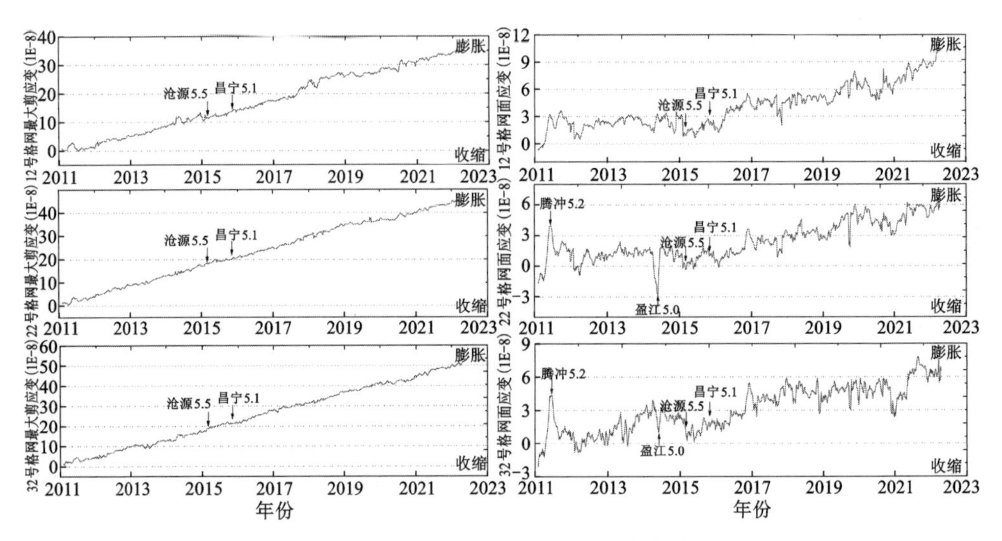

图 6-5　Bs 保山块体对应的格网应变时序

图 6-6 左边为最大剪应变时序，由图可见，滇中坳陷亦存在长期且匀速的剪切活动，34 和 44 号格网最大剪应变时序所对应的剪切速率分别为 3.14×10^{-8}/a 和 3.58×10^{-8}/a，块体内北部剪切活动略大于南部。图 6-6 右边为面应变时序，由图可见，滇中坳陷整体呈现拉张的背景特征，44 号格网和 34 号格网面应变时序所对应的拉张速率分别为 1.02×10^{-8}/a 和 0.56×10^{-8}/a，说明滇中坳陷北部靠近四川交界区域的拉张活动大于南部靠近红河断裂带的区域。

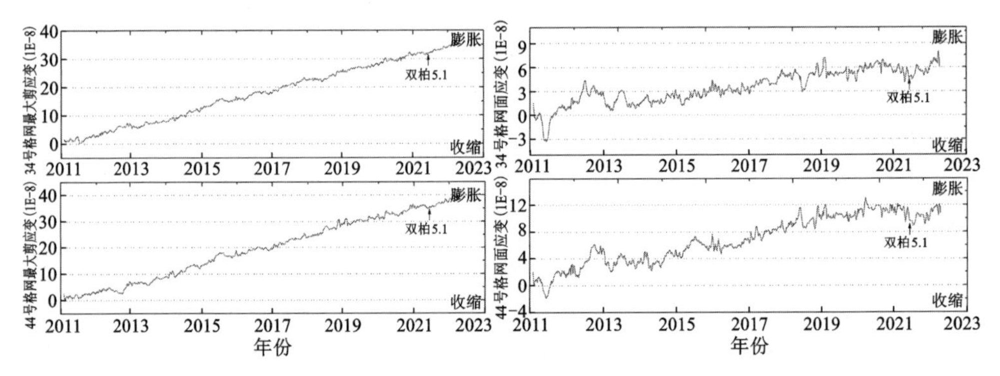

图 6-6　DZ 滇中坳陷对应的格网应变时序

4. 盐源–丽江陆缘坳陷(YL)

盐源–丽江陆缘坳陷位于小金河–三江口–龙蟠–剑川断裂带和金河–程海断裂

带之间，处于青藏特提斯构造域与扬子大陆板块构造域之间。由图 6-3 可知，盐源-丽江陆缘坳陷主要对应 43、53、63 和 72 号格网，其应变时序见图 6-7。图 6-7 左边为最大剪应变时序，由图可见，盐源-丽江陆缘坳陷亦存在长期且匀速的剪切活动，43、53、63 和 72 号格网的最大剪应变时序所对应的剪切速率分别为 3.51×10^{-8}/a、3.58×10^{-8}/a、2.67×10^{-8}/a 和 2.02×10^{-8}/a，说明盐源-丽江陆缘坳陷块体内北部剪切活动小于南部。图 6-7 右边为面应变时序，由图可见，块体以张性活动为主，43、53、63 和 72 号格网的拉张速率分别为 1.02×10^{-8}/a、1.79×10^{-8}/a、1.84×10^{-8}/a 和 2.04×10^{-8}/a，其拉张速率从南向北逐渐增大。其中，靠近 43 号格网区域发生了两次洱源以及两次漾濞 Ms5.0 级以上地震，面应变时序在震前稍有波动，但量级较小，其与地震之间是否有关联，还有待进一步探讨。整体来说，从应变时序来看，该块体变化较为稳定。

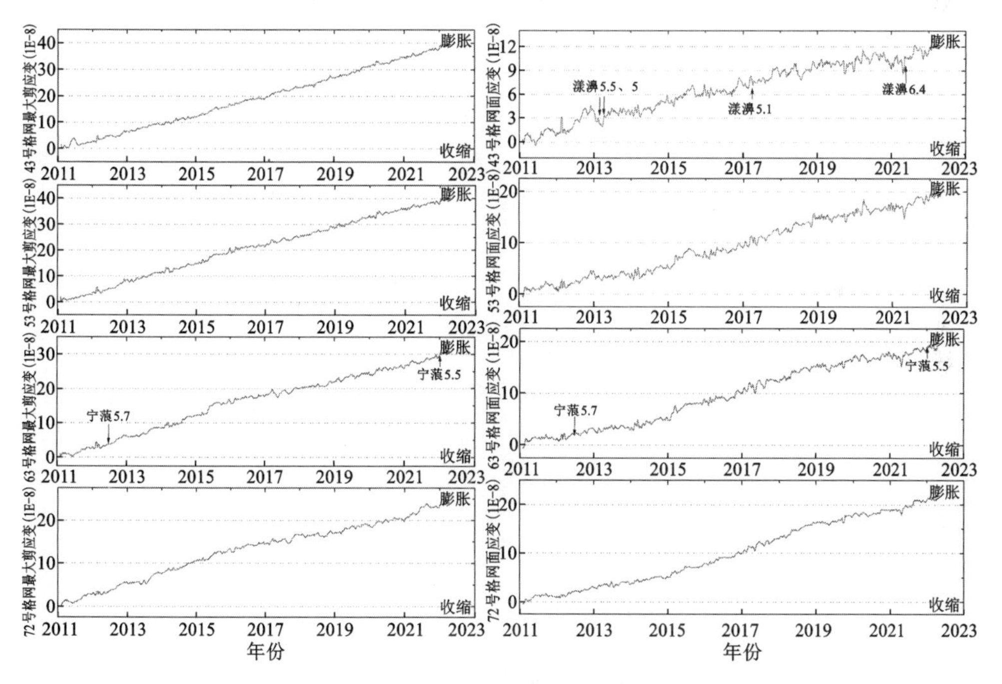

图 6-7　YL 盐源-丽江陆缘坳陷对应的格网应变时序

5. 兰坪-思茅弧后盆地(LS)

兰坪-思茅弧后盆地位于澜沧江造山带和哀牢山造山带之间，属于中新生代规模较大的沉积盆地，处于欧亚板块的过渡地带，北段为兰坪盆地，南段为思茅盆地。区内发育有大规模的推覆造山带，伴有红河断裂、哀牢山断裂、九甲-安定断裂、阿墨江断裂、澜沧江断裂，蕨坝山-阿扎古-大箐断裂带、阿郎断裂带及砉河-诗礼断裂带等。兰坪-思茅弧后盆地为云南地区较活跃的块体，主要对应 14、23、24、42 和 52 号格网，其应变时序见图 6-8。图 6-8 左边为最大剪应变时序，由图可见，兰坪-思茅弧后盆地亦存在长期且匀速的剪切活动，14、23、24、42 和 52 号格网的最大剪应变时序所对应的剪切速率分别为 3.18×10^{-8}/a、3.51×10^{-8}/a、3.27×10^{-8}/a、4.48×10^{-8}/a 和 3.96×10^{-8}/a，兰坪盆地剪切活动整体大于思茅盆地。图 6-8 右边为面应变时序，由图可见，14、23 和 24 号格网对应南段思茅盆地，面应变时序长期处于水平波动状态，没有明显的张压特性，而在 2018 年通海 5.0 级以及墨江 5.9 级地震前出现半年左右的过度收缩现象，地震在其收缩过程中及反向的一段时间内发生，说明该区域有短期的应变快速积累及释放。42 号和 52 号格网对应北段的兰坪盆地，该区域呈现拉张的背景特征，拉张速率分别为 0.81×10^{-8}/a 和 1.43×10^{-8}/a，在 2021 年漾濞 6.4 级地震后出现了快速拉张，该现象可能与震后应力场调整有关。

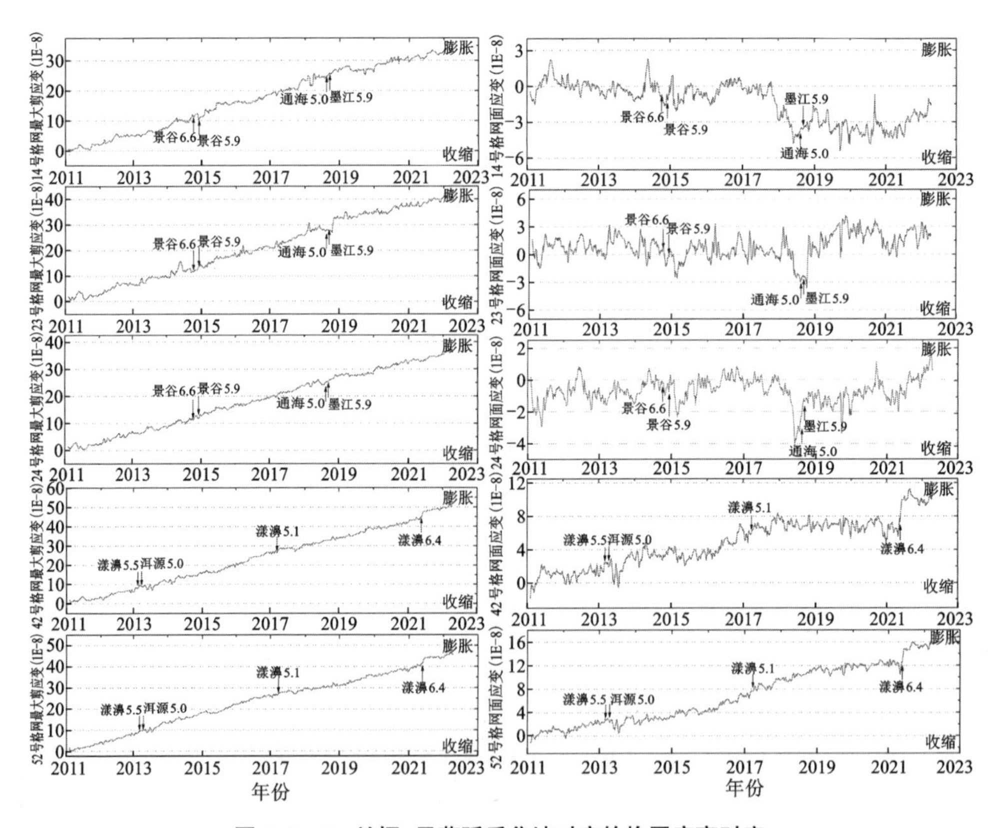

图 6-8　Ls 兰坪-思茅弧后盆地对应的格网应变时序

6. 康滇古隆起(Kd)

康滇古隆起西以元谋绿汁江断裂为界，东至小江断裂，位于康滇菱形块体东部，呈SN向长条状，山脉及河流均与构造线同向，主要断裂含NS向的普渡河断裂和汤郎-易门断裂。康滇古隆起主要对应35和45号格网，其应变时序见图6-9。图6-9左边为最大剪应变时序，由图可见，康滇古隆起亦存在长期且匀速的剪切活动，35和45号格网的最大剪应变时序对应的剪切速率分别为$4.79\times10^{-8}/a$和$4.25\times10^{-8}/a$，剪切活动整体较大，且南部大于北部。图6-9右边为面应变时序，由图可见，块体整体呈现拉张的背景趋势，35和45号格网的拉张速率分别为$1.11\times10^{-8}/a$和$1.08\times10^{-8}/a$。其中，45号格在2014年出现挤压波动现象，可能与2014年滇东北地区一系列5.0级以上地震的震后应力场调整有关。而在2018年8月前夕，35和45号格网的面应变均出现突然加速膨胀的现象，而位于35号格网内的通海在2018年8月13日、2018年8月14日连续发生了2次5.0级地震，再次说明长时间的面应变时序所反映的区域构造形变与地震活动具有一定的相关性。

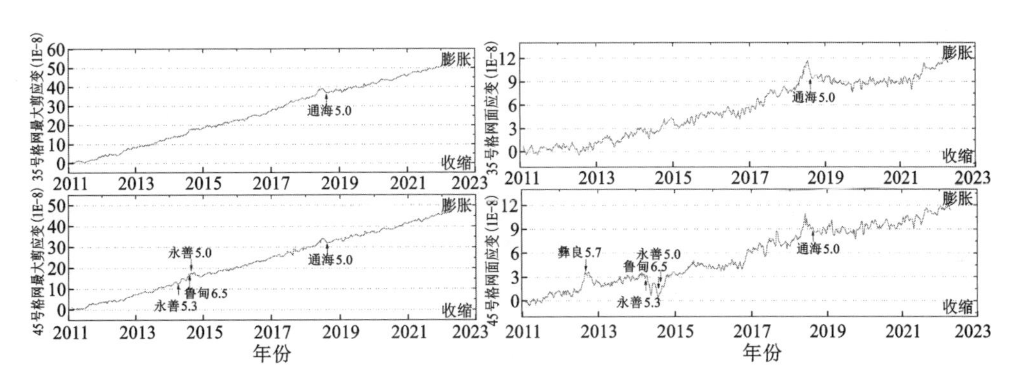

图6-9　Kd康滇古隆起对应的格网应变时序

7. 滇东块体(Dd)

滇东地块是扬子地台的一部分，其主要断裂为小江断裂，是该块体与川滇菱形块体的边界。大环境上，其北部受青藏高原物质东南流入的影响，逐渐成为地震活跃地带。滇东块体对应46、56、66和67号格网，其应变时序见图6-10。图6-10左边为最大剪应变时序，由图可见，滇东块体同样存在长期且匀速的剪切活动，46、56、66和67号格网的最大剪应变时序所对应的剪切速率分别为$3.11\times10^{-8}/a$、$3.25\times10^{-8}/a$、$2.90\times10^{-8}/a$和$1.24\times10^{-8}/a$，其南部剪切活动明显大于北部滇东北区域。图6-10右边为面应变时序，由图可见，块体北部和南部运动有差异，南部46和56号格网表现为拉张的运动趋势，拉张速率分别为

$0.55\times10^{-8}/a$ 和 $1.24\times10^{-8}/a$，其中 56 号格网较 46 号格网显著。而滇东北区域的 66 和 67 号格网则表现为一定的压性运动。从整体面应变时序来看，在 2014 年滇东北区域发生一系列 5.0 级以上地震之前，块体整体呈逐渐压缩状态，预示着该区域有较强的应变积累，在 2014 年这组地震之后，面应变时序出现了快速拉张现象，该现象亦可能与震后应力场调整有关。

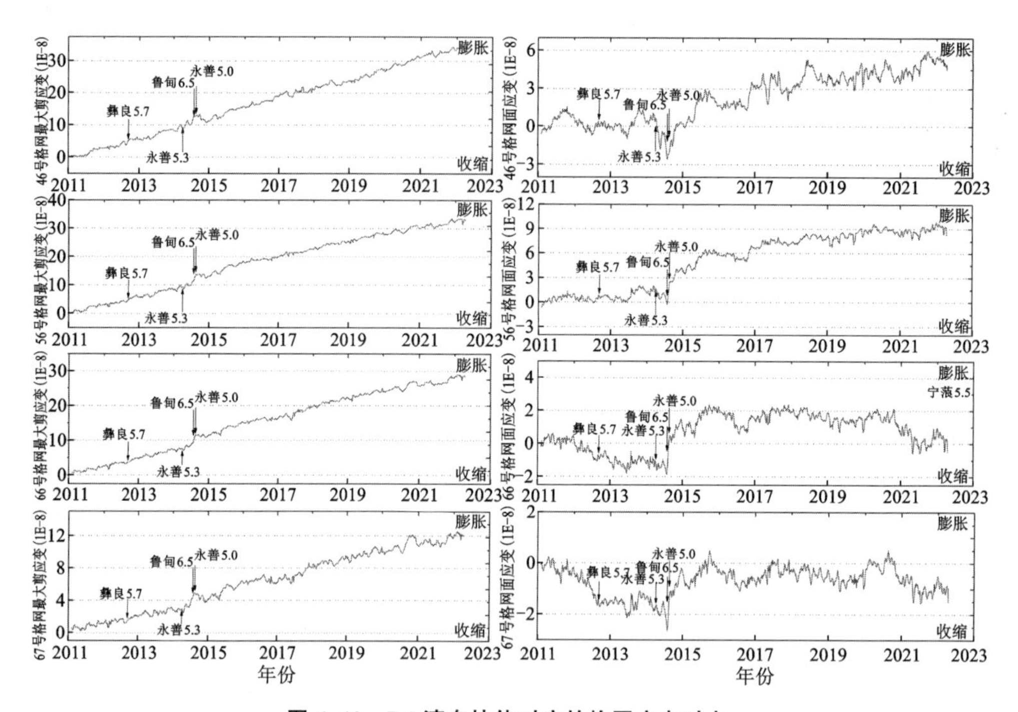

图 6-10 Dd 滇东块体对应的格网应变时序

综上所述，从不同块体对应的格网应变时序来看，不同块体表现出不同的运动趋势。从最大剪应变时序来看，云南区域整体呈长期且匀速的剪切活动，有较强剪切活动背景，平均剪切活动速率为 $3\times10^{-8}/a$ 左右，说明剪切形变在云南区域占主导作用，这也与云南区域多发育走滑性质断裂，以及多发生走滑型地震的现象相符。从面应变时序来看，保山块体、滇中坳陷、盐源-丽江陆缘坳陷、兰坪盆地、康滇古隆起以及滇东块体南部呈现拉张的背景特征，其中，盐源-丽江陆缘坳陷北部区域拉张活动最为显著。腾冲块体南部、思茅盆地及滇东块体东北部则呈长期水平波动状态，部分时段表现出趋势压缩现象。结合块体内历史地震信息来看，短期状态改变可能与区域及周边的地震有关，因此，结合地质构造背景，对区域应变情况进行长期跟踪具有重要意义。将应变时间序列和块体构造信息结合起来，能够从时间维度上更好、更细微地理解区域地壳运动的长期背景特征，为区域地震危险性判定提供一定参考。

6.4　整体应变背景场异常特征

6.4.1　应变率场异常特征

目前国内外对地震孕育的基本认识是：下地壳深部韧性层长期处于稳态相对运动未闭锁，上地壳脆性层受到相对运动的阻碍，导致应变积累，同震破裂释放弹性应变，使上地壳的相对运动与深部韧性层的相对运动趋于一致[80]。由此可见，研究地壳长期弹性应变积累状态是地震中长期危险地点判定的一个途径。

图 6-11 为基于云南区域 2019—2022 年 GNSS 连续观测站资料，利用多尺度球面小波法计算的应变率场，左图为面应变率及主应变率，右图为最大剪应变率。从面应变率及主应变率来看，川滇藏交界德钦乡城一带、滇西北永胜下关一带、小江断裂带左侧玉溪一带、滇东北川滇交界巧家以北一带以及小江断裂带南段与红河断裂带交会一带面应变率为正，最大值达到 $4.56\times10^{-8}/a$；川滇交界盐源一带、小滇西以东巍山昌宁一带、滇东北鲁甸会泽一带以及小江断裂带中段面应变率为负，最小值达到$-5.57\times10^{-8}/a$。从总体来看，面应变率呈现压缩和拉张

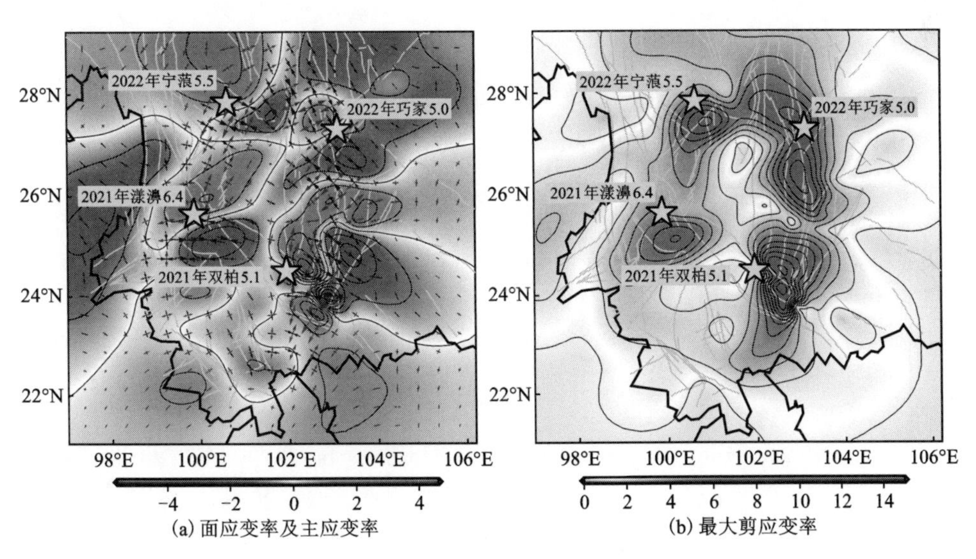

图 6-11　GNSS 连续观测站 2019—2022 年应变率及期间 Ms≥5.0 级地震分布

交替出现的特征，说明云南区域地质构造、地震孕育活动错综复杂。其中滇西北东条带、小江断裂带南部、滇东北与四川交界 3 个区域较为显著。而从 2020 年 5 月 18 日巧家 5.0 级地震、2021 年 5 月 21 日漾濞 6.4 级地震、2021 年 6 月 10 日双柏 5.1 级地震以及 2022 年 1 月 2 日宁蒗 5.5 级地震等期间发生的 Ms≥5.0 级以上历史地震资料来看，大多发生于面应变膨胀区与压缩区之间，即正逆断裂的交会处。

从最大剪应变率来看，有几个最大剪应变率的高值区域，主要是沿小江断裂带展布和沿滇西北东条带展布。其中，小江断裂带北部和南部、宁蒗永胜一带以及漾濞巍山昌宁一带较为突出，最大值达到 $11.45\times10^{-8}/a$。而这些区域均是云南历史地震较多、地震较频繁的地区，与云南区域内地震可能多数是由断层走滑运动而产生相符。从期间内发生的历史地震来看，云南区域 Ms≥5.0 级以上地震大多发生在最大剪应变的高值区域及边缘地区。

图 6-12 为基于云南区域 2015—2018 年 GNSS 流动观测站资料，利用多尺度球面小波法计算的应变率场，左图为面应变率及主应变率，右图为最大剪应变率。从面应变率和主应变率来看，与 GNSS 连续观测站 2019—2022 年结果类似，同样呈现张压交替现象，并且滇西北东条带、小江断裂带南部以及滇东北与四川交界处也较为显著。从最大剪应变率来看，仅部分区域存在差异，高值区域也主要沿小江断裂带、滇西北东条带以及滇西南思茅一带展布。面应变率及最大剪应变率在不同时期表现出空间分布的相似性，说明由于构造及相对运动的相对稳定

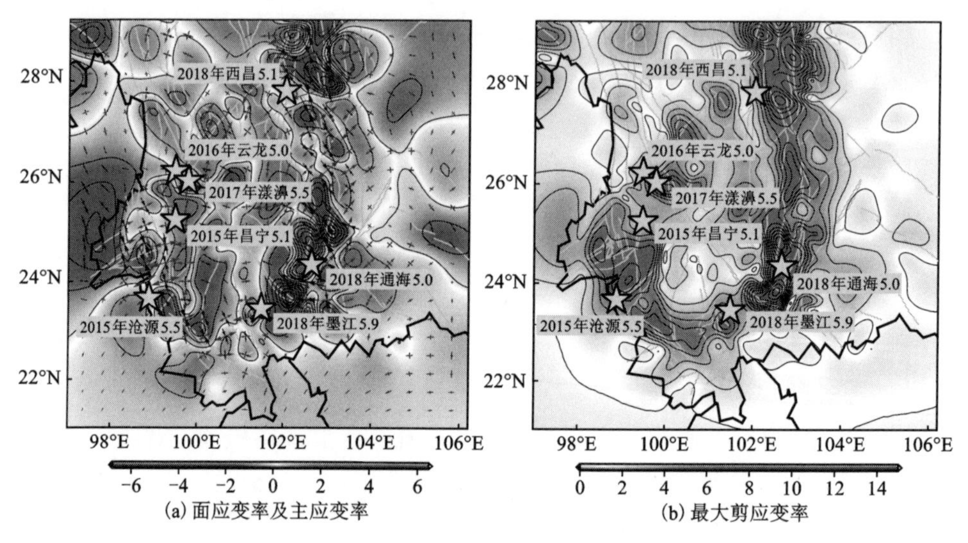

(a) 面应变率及主应变率　　(b) 最大剪应变率

图 6-12　GNSS 流动观测站 2015—2018 年应变率及期间 Ms≥5.0 级地震分布

性和继承性，应变能积累区域可能会长期处于高值异常状态，期间易破裂带容易触发一系列地震，但并不一定会将能量完全释放，其应变积累仍然在发展，即地震仍在孕育中。此外，统计期间云南区域发生的历史地震，发现也有同样的现象，即云南区域 Ms≥5.0 级以上地震易发生在面膨胀区与面压缩区之间，以及最大剪应变率的高值区域及边缘地区。另外，由于 GNSS 流动观测站较 GNSS 连续观测站分布更密集，因此，基于 GNSS 流动观测站 2015—2018 年的应变率结果能扫描到更多的细节信息，发现期间部分 Ms≥4.5 级以上地震也符合上述现象，如图 6-13 所示，其中绿色五角星表示 4.5≤Ms≤5.0 级以上地震，黄色五角星表示 Ms≥5.0 级以上地震。

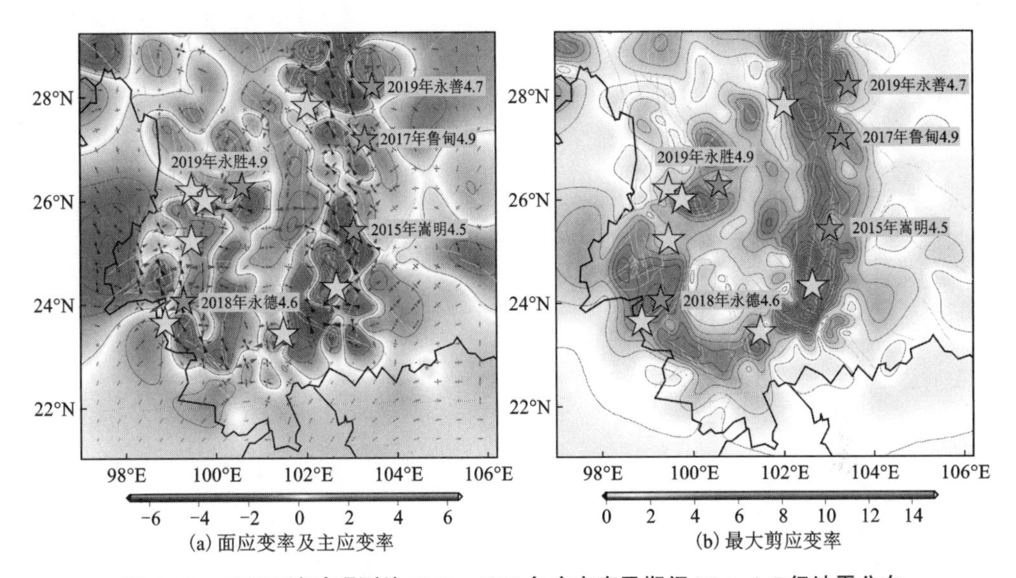

(a) 面应变率及主应变率　(b) 最大剪应变率

图 6-13 GNSS 流动观测站 2015—2018 年应变率及期间 Ms≥4.5 级地震分布

综上所述，强震的发生需要经历长期的应变积累且应变积累趋于极限状态，长期应变积累背景相一致的高应变率有利于强震的发生。从统计期间发生的历史地震来看，云南区域 Ms≥5.0 级以上地震大多发生于面膨胀区与面压缩区之间，以及高剪切应变率地区和应变率梯度的边界，该现象也与杨国华等[276]对于强震危险区的认识相符。因此，应变率异常区的判定对于中长期地震危险地点识别有一定指示意义。

6.4.2 应变率场异常风险区划定

从上述的应变率场异常特征可以看到，长期应变率异常区与区域历史地震事件有较好的对应关系。以面收缩区与面膨胀区之间，以及最大剪应变率高值区域及边缘地带来判定地震危险区的依据与现有地震具有较好的吻合性。但是确定危险区范围具有较强的主观因素，因此，如何进一步以数学模型替代人为的主观判断来显示异常特征危险区很有必要。通过数学模型进行应变率场异常特征风险区域划定，能够极大地减少人为主观判断的影响，更加清楚地显示应变率场异常区。因此，有必要探讨如何基于应变率场异常特征来建立风险区域划定模型，并据此分析地震发震风险区域。

1. 风险区域划定模型

针对上述问题，本研究提出了一种基于主应变率、面应变率以及最大剪应变率异常的数值计算模型，该模型思路如下。

（1）主应变率异常位置获取：以应变模型获取得到的主应变率作为输入数据，分别计算研究区域内所有最大主应变率 P_1 和最小主应变率 P_2 的标准差 P_{1std}、P_{2std}，然后分别将最大主应变率 P_1 和最小主应变率 P_2 绝对值大于 2 倍标准差（P_{1std}、P_{2std}）的提取出来，记为 P_{1std_abnorm}、P_{2std_abnorm}。

$$\begin{pmatrix} P_{1std} \equiv \mathrm{std}(P_1) \\ P_{2std} \equiv \mathrm{std}(P_2) \end{pmatrix} \rightarrow \begin{pmatrix} P_{1std\_abnorm} \in P_1 > 2P_{1std} \\ P_{2std\_abnorm} \in P_2 > 2P_{2std} \end{pmatrix} \tag{6-6}$$

（2）主应变率异常点位的面应变率计算：在 P_{1std_abnorm}、P_{2std_abnorm} 构成的数据合集 P_{std_abnorm} 基础上，将数据合集中第 i 个主应变率异常点位的最大主应变率 P_{1i} 和最小主应变率 P_{2i} 进行求和，得到第 i 个异常点位的面应变率 Δ_i。

$$\begin{pmatrix} P_{1std\_abnorm} \\ P_{2std\_abnorm} \end{pmatrix} \rightarrow (P_{std\_abnorm}) \rightarrow (\Delta_1, \Delta_2, \cdots, \Delta_i, \cdots, \Delta_n) \tag{6-7}$$

式中：n 为 P_{1std_abnorm}、P_{2std_abnorm} 构成的数据合集中主应变率异常点位的数量；Δ_n 为第 n 个主应变率异常点位的面应变率。

（3）根据应变数据分辨率选定计算距离 R，分别遍历统计 P_{std_abnorm} 合集，每个异常点位 i 的面应变率 Δ_i 与该点距离 R 范围内相邻点位面应变率差异最大时的点位序号为 j，得到主应变率异常点位 i 和其相邻面应变率最大差异时的点位序号 j 一一对应的数据集 A。数据集 A 中一个主应变率异常点位对应一个差异最大点位序号，不同的主应变率异常点位可能会对应相同的差异最大点位序号，因此，基于数据集 A 中 n 个一一对应的 i 和 j，按索引 j 进行分组得到数据子集 A_j。

（4）基于数据集 A_j 中 m 个一一对应的 i 和 j，按以下公式计算主应变率异常点位对应的平均纬度 Lat_{mean} 和平均经度 Lon_{mean}。

$$\begin{cases} \mathrm{Lat}_{mean} = \sum_{1}^{m} \left(\dfrac{\mathrm{Lat}_i + \mathrm{Lat}_j}{2} \right) / m \\ \mathrm{Lon}_{mean} = \sum_{1}^{m} \left(\dfrac{\mathrm{Lon}_i + \mathrm{Lon}_j}{2} \right) / m \end{cases} \tag{6-8}$$

(5) 以平均纬度 Lat_{mean} 和平均经度 Lon_{mean} 为中心，以计算距离 R 为直径，构建主应变率异常范围圆。

(6) 面应变率异常范围求取：首先绘制以 0 值为中心的面应变率等值线，然后以 0 值等值线为基础，通过对 0 值等值线进行缓冲区分析获取其计算距离 R 范围内的 0 值缓冲区，即面应变率 0 值附近正负交替变化区域。

(7) 剪应变率异常范围求取：首先求取研究区域内剪应变率 Shear 的统计直方图，找到直方图中出现次数最多的数值(即众数)，我们认为此数值为区域内剪应变率的背景均值 $Shear_{mean}$，然后计算剪应变率标准差 $Shear_{std}$，根据如下公式计算剪应变异常点 $Shear_{abnorm}$：

$$Shear_{abnorm} \in Shear > Shear_{mean} + 2 * Shear_{std} \tag{6-9}$$

(8) 最后，将面应变率异常结果[过程(6)]与主应变率异常范围[过程(5)]进行交集计算，再结合最大剪应变率异常区域[过程(7)]，得到地震发震量化风险区域。

2. 风险区域震例验证

基于上述模型，分别计算了 GNSS 连续观测站 2019—2022 年应变率场异常特征区域和 GNSS 流动观测站 2015—2018 年应变率场异常特征区域，并从 GlobalCMT 下载了该统计时间范围内的有关地震震源机制解，结果如图 6-14 和图 6-15 所示，图中，颜色条为剪应变率异常区，虚线圆形为面应变率异常与主应变率异常的交集范围。

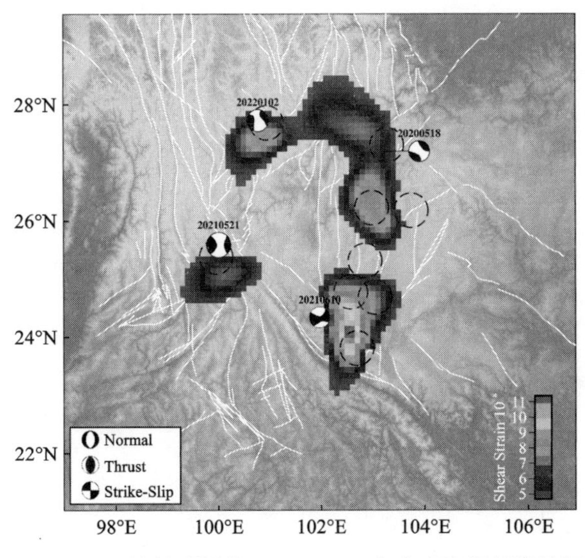

图 6-14　GNSS 连续观测站 2019—2022 年应变率场异常特征区域

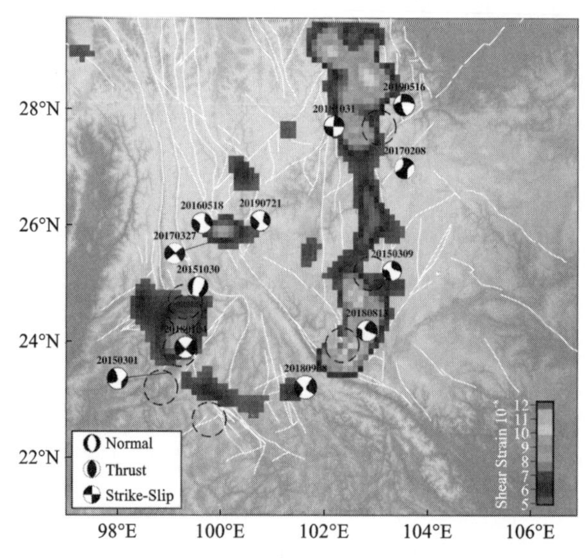

图 6-15　GNSS 流动观测站 2015—2018 年应变率场异常特征区域

从图 6-14 和图 6-15 中可以看出，本研究依据主应变率、面应变率和最大剪应变率异常区提出的风险区域划定模型更清楚地显示了发震风险区域。划定区域与期间内大多数地震具有较好的对应关系，同时，从地震震源机制解信息可以看出地震断裂发震性质与本研究提出的模型结果匹配较好，剪应变异常区域较大概率发生了具有走滑分量的地震，面应变异常区域也较大概率发生了具有正断或逆冲分量的地震。虽然该模型丰富了地震发震位置和发震震源机制的判定方法，但也存在部分异常区域未发生较大震级地震或未异常区域发生了地震的情况，这可能与模型内阈值参数设置有关(如 2017 年 2 月 8 日云南鲁甸 4.9 级地震)，因此模型参数优化问题后续值得进行更深入的研究。另外，对于如滇南小江断裂带南段附近等持续异常但暂未发生较强地震的区域，需要关注未来发生强震的可能性。

6.5　基线时序异常特征

相对于可以从宏观静态角度反映区域形变特征的应变率场，GNSS 基线时间序列则可以直接反映两个站点间距离随时间的变化情况，基线长度变长时，基线站点间处于拉张状态；相反，基线长度变短时，基线站点间处于压缩状态，从而从侧面反映站点间应力积累情况。故在地壳形变监测过程中，我们可以通过站点间基线长度的变化来动态捕捉震前地壳形变短临变化特征。本节将基于云南区域部分GNSS基线时间序列结果，以2018年通海5.0级、墨江5.9级以及2021年的双柏5.1级地震为例，分析震例地震前区域内GNSS基线时间序列动态变化过程和异常特征。

图6-16为2018年8月13日通海5.0级和2018年9月8日墨江5.9级地震前区域内GNSS显著异常基线分布图，该基线异常由耿马和新平两个站点引起，相关的基线时间序列如图6-17所示。从图6-17中可以看到，耿马东北侧的耿马-景东基线不存在明显的趋势性拉张，而耿马东南侧耿马-金平、耿马-思茅和耿马-墨江基线均存在趋势拉张背景；新平相关的基线在震前均不存在明显的拉张和收缩趋势。而在通海及墨江地震前三个月左右，与耿马和新平相关的基线时间序列均出现基线长度变化异常，与耿马站点相关基线均出现快速压缩后又反向恢复至原有运动趋势的现象，其中以耿马-思茅基线最为显著；新平站点出现震前西南向运动加速后又反向恢复至原位置的现象。通海5.0级及墨江5.9级地震均在基线长度异常抖动又恢复过程中发震，震前部分基线异常甚至达到厘米级。同时，通海5.0级及墨江5.9级地震的发生，导致了新平-昆明基线长度的趋势性改变，从原来的相对稳定状态转为了趋势性拉张状态。

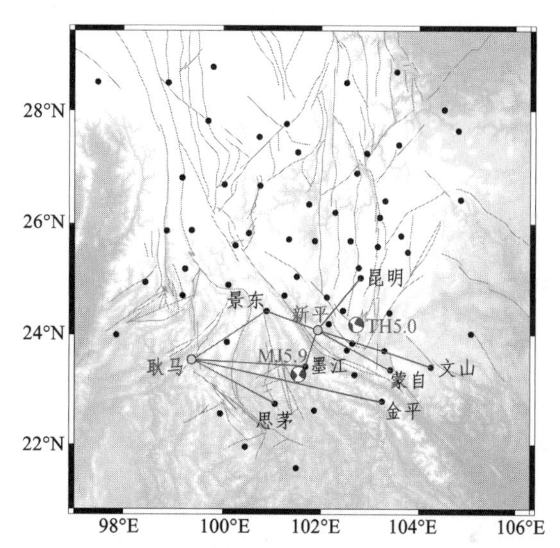

图6-16　2018年通海5.0级、墨江5.9级地震前区域内显著异常基线分布

图6-18为2021年6月10日双柏5.1级地震前区域内GNSS显著异常基线分布图，该异常是由昆明和龙朋两个站点所引起，其基线时序如图6-19所示。从图6-19中可以看到，与通海、墨江地震前相似，基线时序异常主要表现在双柏地震前三个月左右区间内，震前区域内与昆明、龙朋站点相关的基线出现了趋势异常，部分基线异常最大达到了8 mm左右，昆明站点东南向运动加速，龙朋站点北向运动加速，异常加速抖动又反向恢复的过程中发生了双柏5.1级地震。

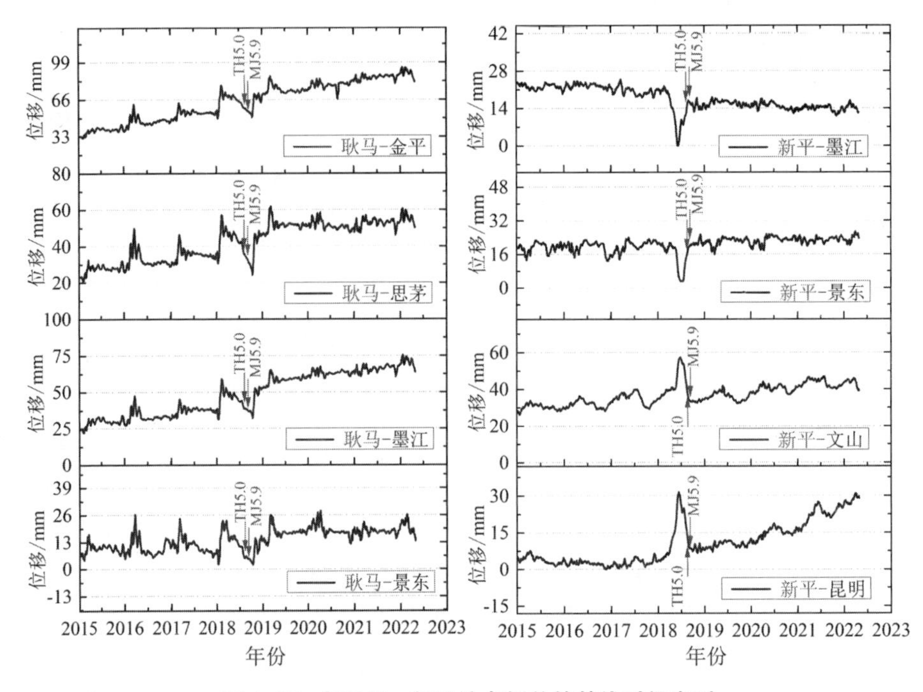

图 6-17　与耿马、新平站点相关的基线时间序列

综上所述，临近强震前，随着地壳介质非线性特征的出现，某些区域可能由于地壳拉张压缩应力的突然改变而捕捉到显著的突变性基线异常特征，并且伴随震后应力场调整，部分站点间基线可能出现运动趋势改变。另外，震前异常基线位置与震中位置并不完全耦合的现象，表明形变观测过程中的部分异常特征可能是由地壳深部应力应变波的迁移或传播所引起的，其并不与地下断层破裂位置重合。

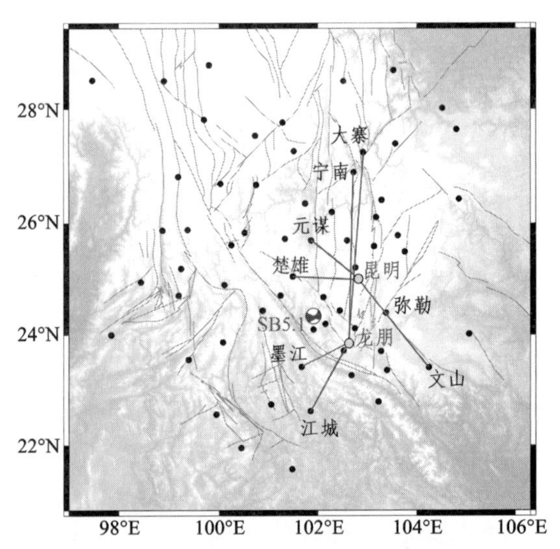

图 6-18　2021 年双柏 5.1 级地震前区域内显著异常基线分布

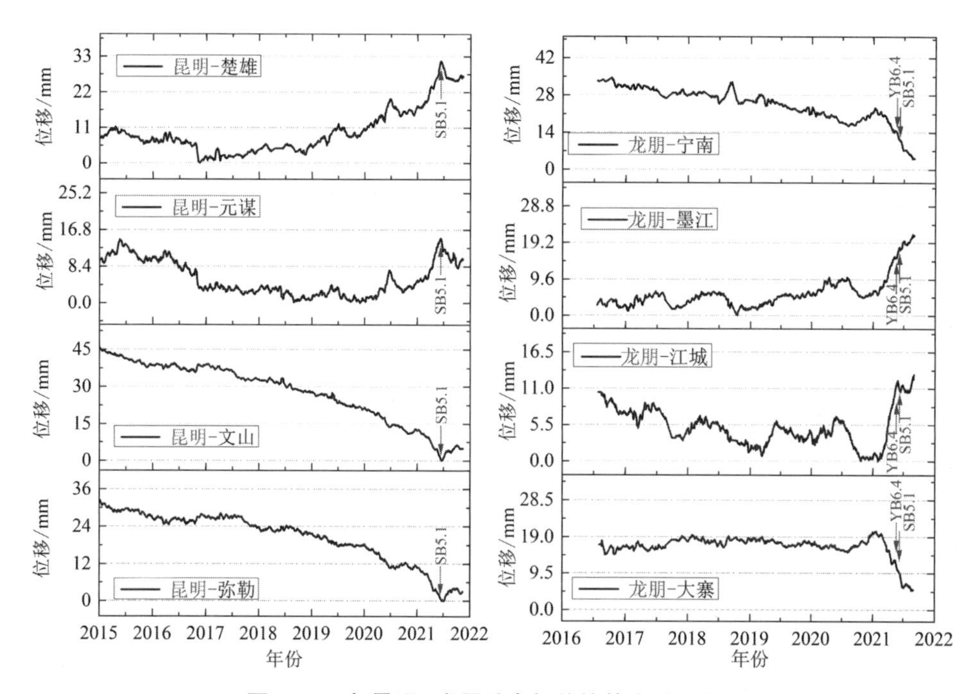

图 6-19　与昆明、龙朋站点相关的基线时间序列

6.6　局部格网应变时序异常特征

如果震前存在由区域应力场调整而导致的地壳形变背离长趋势过程，则此类形变过程是地震发生前重要的异常特征信号，而通过应变的变化，即无量纲的地壳变形程度来提取地壳形变局部形变异常的方式更为有效(邵德盛等，2017)。第 6.4 节的整体应变率场图像能从空间维度描述区域应变积累异常分布特征，而局部格网应变时序则能从时间维度进一步描述区域应变随时间的变化情况。

为了从整体上探究应变时序中是否存在与地震相关联的某些信息，文中统计了 2013—2019 年面应变时序和最大剪应变时序在不同格网的均值信息(如图 6-20 所示)，以云南区域内较典型的小江断裂带周边统计时间段内 Ms≥4.5 级地震为例[图 6-20(a)]，可以看到，小江断裂所在网格单元的平均最大剪应变相对于云南区域其他格网处于较高水平，表明小江断裂是云南主要的走滑活动断裂。同时，35 号格网面应变值相对较低，最大剪切应变却相对较高，而发生在此格网的地震震源机制解显示该地震的性质以走滑破裂为主。此外，56 号格网和 65 号格网所发生地震的震源机制解结果均与格网应变时序的平均面应变和剪应变均值异常相呼应，这不仅从另一个角度验证了网格划分法计算应变描述区域地质构造运动的可行性，而且也表明应变时序中确实可能存在与地震相关联的某些有价值的信息值得挖掘研究。

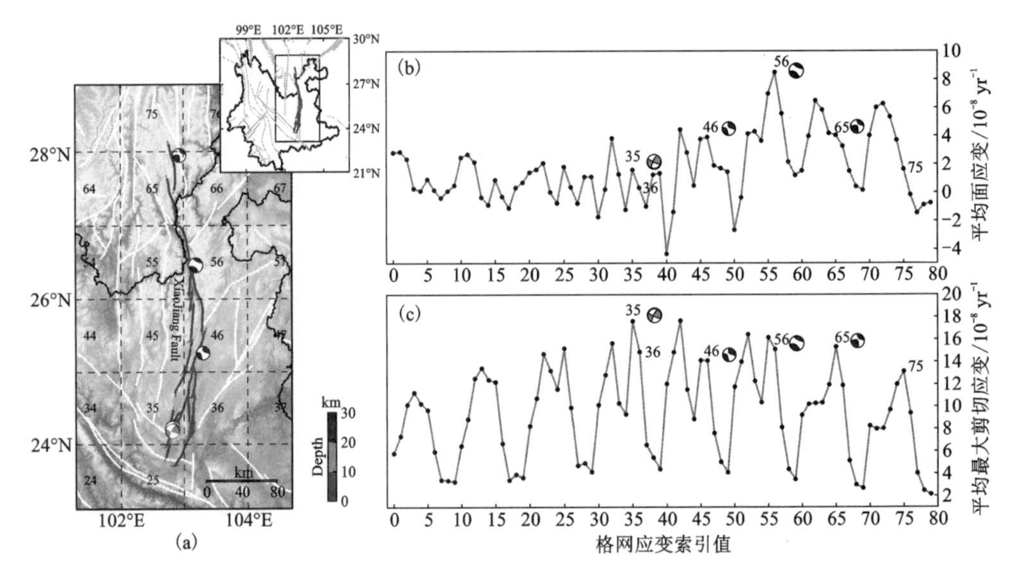

图 6-20　2013—2019 年格网应变时序均值及小江断裂带周边格网 Ms≥4.5 级历史地震震源机制

假设构造运动是相对稳定的，对于特定构造，应变的变化在一定区域内也是相对稳定的，地震的发生可能伴随区域应力场的调整，或者说是某些孕震因子导致的区域应力场调整触发了地震，因此，提取稳定变形下的非稳定应变信息，即捕捉应变时序短期异常变化是需要关注的方向。Hong 等[277]和邵德盛等[278]对云南区域格网面应变时序震前异常做了相关研究，并建立了面应变综合预测指标，就历史地震来看，预测指标与云南区域 Ms≥5.0 级以上地震事件有较好的对应关系。这也再次表明应变时序中存在某些与地震相关联的异常信息，因此，进一步深入挖掘应变时序中的异常特征信息对于理解地震孕育过程具有重要意义。

本节将在上述研究的基础上做两方面探讨。首先，通过格网应变时序异常次数统计数据，以德钦地震为例探讨面应变异常过程与区域地震孕育活动的关系。其次，选取适用于非线性非平稳信号处理的热门时频分析方法，即整体经验模态分解的希尔伯特-黄变换分析方法，探索云南区域中强地震前 GNSS 应变时序的时间-频率-能量分布特征，尝试挖掘应变时频信号中所携带的异常特征信息。

6.6.1 格网面应变时序异常次数统计特征

如果一个地块为刚性运动，则此地块应只发生旋转或位移，面应变则为零，即外部应力无法改变地块内部状态。但实际上，由于包围块体的断层在震间孕育并不断积累弹性应变，块体内部次级断层甚至隐伏断层也在累积应变，块体的面应变并不为零，无法以“完美”刚性块体存在。此时块体的运动状态将以面应变强弱的形式表现出来，对块体的历史状态建立线性回归模型，若块体的形变或状态发生异常，必定会与原有回归模型产生较大的残差[167]。下文将通过回归分析方法从统计的角度对面应变时序进行分析，以2倍标准差为界限将超出界限的网格判定为异常，并以应变网格异常次数作为依据，结合实际震例，探讨面应变异常过程与区域地震孕育活动的关系。

地震的孕育活动可能包含多个已知或未知的孕育因子，不同因子可能会在地质构造运动中共同作用，造成不同尺度的地壳运动，并以面应变等异常指标的形式通过数值变化表现出来，即面应变异常可能与地震存在一定的正相关性。文中主要以2013年8月28日德钦5.1级地震为例分析地震发生前区域面应变格网活动的过程，并通过对发震过程与面应变进行适度分析，尝试建立面应变异常与地震构造活动的宏观关系，探讨面应变异常过程与区域地震孕育活动的相关性。假设：①地震是一系列信号随机累积活动；②面应变为地表运动物质向周边辐射、聚集或运动的宏观表现，地震会将不同的活动特性以“面应变”信号的形式展现，面应变异常出现的次数可能含有地质构造活动信息以及异常情况。以格网序号作为分组条件，统计各个格网超过2倍标准差的异常应变时序点个数，但由于用到“求和”方式的累加运算，异常信号可能包含不同尺度的地震信息，若2个地震时间较近，则格网的异常信号可能是多个地震信息的叠加。因此，在震例分析过程中需要统计区域历史地震信息，排除已进行能量释放的地震干扰信号。同时，地下物质由于受重力约束只能是连续运动，即某个异常的网格可能对周边网格进行扰动，但不能跳过周边网格进行跨越式扰动。因此，在分析信号的同时，还需将地震格网周边格网的异常清零，获取面应变异常个数的累加信息。

对德钦地震进行格网面应变异常次数统计，德钦地震震中附近上一次地震为2013年4月20日芦山地震，故对2013年4月21日—2013年8月28日的次数进行统计，同时排除区域内5级以下地震，得到高概率区，即61、37、60、36号异常格网，统计结果见表6-2。

表 6-2　德钦地震格网面应变异常次数统计

异常格网序号	排除干扰后异常次数	面膨胀变化值/格网应变年速率百分比/%	格网中心距离震中大地线长/km
61	4	80.19%=(2.4−0.74)/2.07	117.8
60	3	53.14%=(0.99+0.11)/2.07	202.6
37	3	13.47%=(−0.3+1.15)/6.31	653.5
36	1	37.05%=(−0.7+2.46)/4.75	579.2

出现高异常次数的面应变异常格网 36 号与 37 号、60 号与 61 号均为邻近格网，说明这 2 个区域可能为地震发生的高概率区域。由异常格网曲线(图 6-21)可知，在地震发生前夕，虽然 36 与 37 号格网的面应变在 6 月、7 月存在超过 2 倍标准差现象，但次数比 60 号和 61 号格网次数少；同时，从统计期间面应变变化值占格网应变年速率的百分比来看，36 号和 37 号格网也远小于 61 号格网的 80.19%。结合区域地质构造情况(图 6-22)来看，格网异常预示的地震更有可能发生在 61 号格网附近。而 60 号与 61 号格网区域的主要断裂为香格里拉-得荣震区附近川滇块体西边界活动构造带中部的德钦-中甸-大具断裂，该断裂不同位置呈现出不同滑动性质，北段呈现出正断性质，而往南又表现出右旋滑动性质[279]。从图 6-21 中可知，地震发震前，60 号与 61 号格网均由面收缩快速转为面膨胀，极有可能造成 NW 向的德钦-中甸-大具断裂震前闭锁失衡，即断裂所在的 61 号格网面应变早期异常收缩后，在 1 个月内又迅速膨胀，但实际德钦-中甸-大具断裂

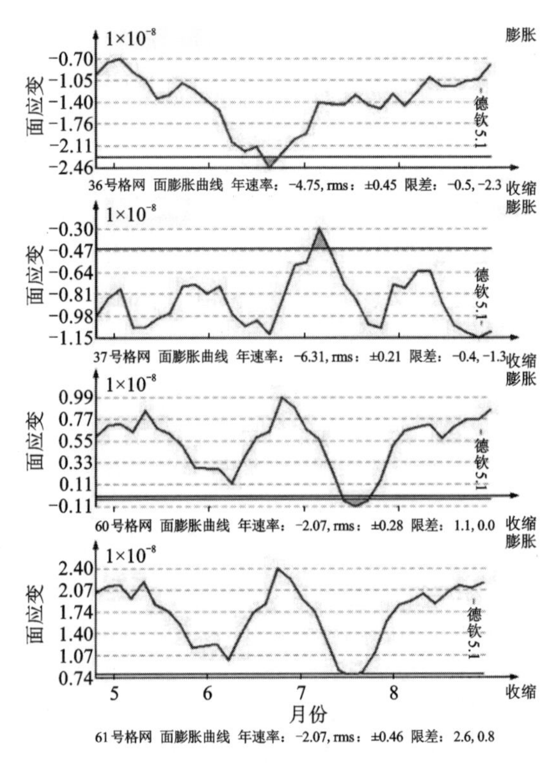

图 6-21　36、37、60 和 61 号格网面应变时序

闭锁部分并未有效平衡地壳形变能量导致的面应变状态快速改变，进而发生地震。

综上，本节采用的面膨胀异常分析方法首先计算面应变异常并统计格网的异常次数，再排除 5 级以下地震影响，并结合区域断裂地质信息对区域运动状态及断裂危险性进行分析。该方法能一定程度上“统计”区域构造活动信息，具有较优的实际应用价值。通过对德钦地震进行分析可知，该分析方法对地震危险地点的判定具有一定的指示作用。

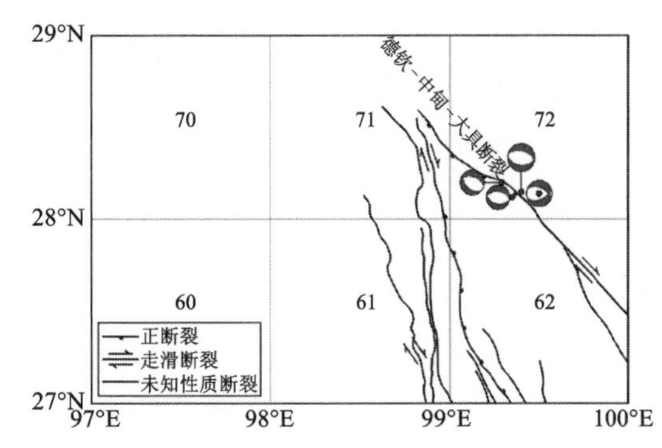

图 6-22　德钦地震构造解释图

6.6.2　格网应变时序 HHT-EEMD 时频异常特征

正如前文所述，GNSS 应变反映的变化过程可能与强震的孕育、发生之间存在一定联系，应变及其异常变化的研究对未来强震危险区的判识具有重要意义。因此，为了深入挖掘应变时序中所携带的信号特征，本节针对应变时序选取专门适用于非线性非平稳信号处理的 HHT-EEMD 方法来探索云南区域中强地震前 GNSS 应变时序中的时间-频率-能量联合分布特征，尝试挖掘应变时频信号中所携带的孕震信息，为未来云南区域强震的判定提供一定的参考。

1. HHT-EEMD 数学模型

希尔伯特-黄变换(hilbert-huang transform，HHT)最初由科学家 Huang 等[280]提出，主要包含 2 个步骤：经验模态分解(empirical mode decomposition，EMD)与 Hilbert 谱分析(hilbert spectral analysis，HSA)。首先，EMD 可以自适应地将原始信号分解为频率由高至低的固有模态分量(intrinsic mode functions，IMF)和一个残差趋势项，分解得到的 IMF 分量具有一定的物理意义；其次，对各 IMF 分量进行希尔伯特变换，获得其对应的瞬时振幅、瞬时频率，进而得到时频表面上的瞬时振幅，即 Hilbert 谱，上述过程称为 HHT。

同时需要指出的是，EMD 方法易产生模式混叠现象，进而造成边界效应，而利用随机噪声的整体经验模态分解(ensemble empirical mode decomposition，EEMD)方法可削弱这种现象[281-282]。因此，文中采用 EEMD 方法来将原始信号分解成 IMF。

EMD 的原理是首先搜索原始信号 $s(t)$ 所有的极大值点与极小值点，然后将所有极大值点和所有极小值点分别用一条曲线拟合得到 $s(t)$ 上、下包络线；若上、下包络线的均值记作 $m(t)$，用 $s(t)$ 减去 $m(t)$ 得到的新序列记作 $c_i(t)$，若 $c_i(t)$ 满足一定的条件时，定义 $c_i(t)$ 为 IMF 的一个分量，否则视 $c_i(t)$ 为新的 $s(t)$ 继续重复以上操作，直至 $c_i(t)$ 满足要求为止。由此可分解得到 n 个 IMF 分量和一个残差趋势项，即：

$$s(t) = \sum_{i=1}^{n} c_i(t) + r_n(t) \tag{6-10}$$

式中：$c_i(t)$ 为第 i 个 IMF 分量；$r_n(t)$ 为残余趋势项。

而 EEMD 算法在进行每一次 EMD 分解前，在原始信号 $s(t)$ 中加入一定量的高斯白噪声 $w_k(t)$，第 k 次待分解的信号表示为：

$$s_k(t) = s(t) + w_k(t) \tag{6-11}$$

由于高斯白噪声是零均值的正态随机序列，因此当分解达到一定次数时，即可消除加入白噪声所带来的影响，使分解后的 IMF 分量均来自 $s(t)$ 本身。

利用 EEMD 可以实现原始时间序列中噪声的分离，EEMD 是将组成原始信号的各尺度分量不断由高频到低频提取，即首先得到最高频的分量，然后是次高频的，最终得到一个频率接近为 0 的低频残余分量。在地震监测时间序列分析中，高频信息频率较高代表噪声、误差等短周期抖动；低频 IMF 分量相对高频分量较为平缓，主要代表区域地壳中长趋势运动特征。

经过整体经验模态分解后，再对各 IMF 分量进行 Hilbert 谱分析。对给定的连续曲线 $X(t)$，其 Hilbert 变换定义为：

$$Y(t) = \frac{1}{\pi} \mathrm{PV} \int_{-\infty}^{+\infty} \frac{X(\tau)}{t - \tau} \mathrm{d}\tau \tag{6-12}$$

式中：PV 为奇异积分的主值；τ 为平行移动窗口参数。通过 Hilbert 变换，解析信号定义为：

$$Z(t) = X(t) + iY(t) = a(t) e^{i\theta(t)} \tag{6-13}$$

$$a(t) = \sqrt{X^2(t) + Y^2(t)} \tag{6-14}$$

$$\theta(t) = \arctan\left[\frac{Y(t)}{X(t)}\right] \tag{6-15}$$

式中：$a(t)$ 为瞬时振幅；θ 为相位函数。瞬时频率 $\omega(t)$ 可表示为：

$$\omega(t) = \frac{\mathrm{d}\theta(t)}{\mathrm{d}t} \tag{6-16}$$

在得到 IMF 分量后，很容易将 Hilbert 变换应用于每个 IMF 分量，然后根据式(6-13)～式(6-16)计算瞬时频率。对每个 IMF 分量 $X(t)$ 执行 Hilbert 变换后，

$H(\omega, t)$可以用以下形式表示：

$$H(\omega, t) = \mathrm{Re}\left[\sum_{j=1}^{n} a_j(t) e^{i\int \omega_j(t)\mathrm{d}t}\right] \tag{6-17}$$

式中：Re[·]为“ · ”的实部；$a_j(t)$和$\omega_j(t)$分别为第j个 IMF 的瞬时振幅和频率。

振幅的这种频率-时间分布称为“Hilbert 振幅谱”[$H(\omega, t)$]，或者简单地称为“Hilbert 谱”。定义 Hilbert 谱后，进而可以将边际谱$H(\omega)$定义为：

$$H(\omega) = \int_{-\infty}^{+\infty} H(\omega, t)\mathrm{d}t \tag{6-18}$$

2. 处理及分析思路

对获取的 80 个格网应变参数时序结果进一步进行 HHT-EEMD 分析，分析思路如下：

①首先对每个应变参数时序进行 EEMD 分解，将应变时序分解为不同频率的 IMF 分量和残差趋势项；②EEMD 分解后，残差趋势项主要代表格网应变运动趋势，对部分典型格网及周边格网进行联合分析，判断格网与周边格网应力状态、张压特性等差异，进而从面上宏观了解区域应变积累态势；③通过显著性检验选取较为合适的 IMF 分量，以历史数据作为输入数据，并划定 2 倍标准差作为异常指标阈值，获得单 IMF 分量的异常临界曲线，超过即视为异常；④对选取的 IMF 分量作 Hilbert 变换，获得应变时序的时间-频率-振幅(能量)的联合分布特征(Hilbert 谱)，以及瞬时频率、瞬时振幅等局部特征(Hilbert 瞬时能量谱)；⑤联合云南区域的历史震例，结合 HHT 分析过程中的结果进行震例总结，从应力、构造活动等方面对格网内历史地震进行深入分析，尝试捕捉应变时频信号中所携带的一些潜在异常信息。处理及分析思路如图 6-23 所示。

3. 残差趋势项分析

如前所述，首先对 80 个格网应变时序进行 EEMD 分解，得到与之对应的 IMF 分量和残差趋势项，残差趋势项如图 6-24 所示。图中每个格网的 x 方向代表时间，y 方向代表格网应变时序对应进行 EEMD 分解后得到的长周期残差趋势项。从图 6-24 中可以发现，残差趋势项消除了高频 IMF 分

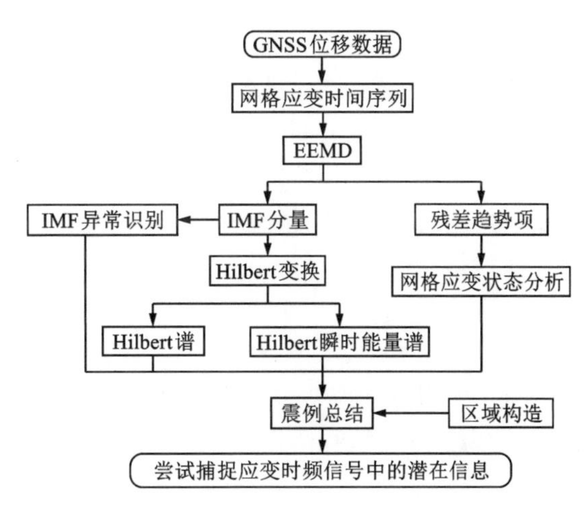

图 6-23　格网应变时序 HHT-EEMD 处理及分析思路

量噪声的影响，体现了原应变时序的总体运动趋势。对格网及周边格网进行残差趋势项联合分析，可以判断格网相对于周边格网应力状态、张压特性等特征随时间的相对变化趋势，进而对比发现并找出格网间的差异性运动，从宏观角度了解区域应变相对积累态势。不同格网应变-时间分析方法与传统的静态应变相比，具有丰富时间维度信息，突出应变变化细节的优势。

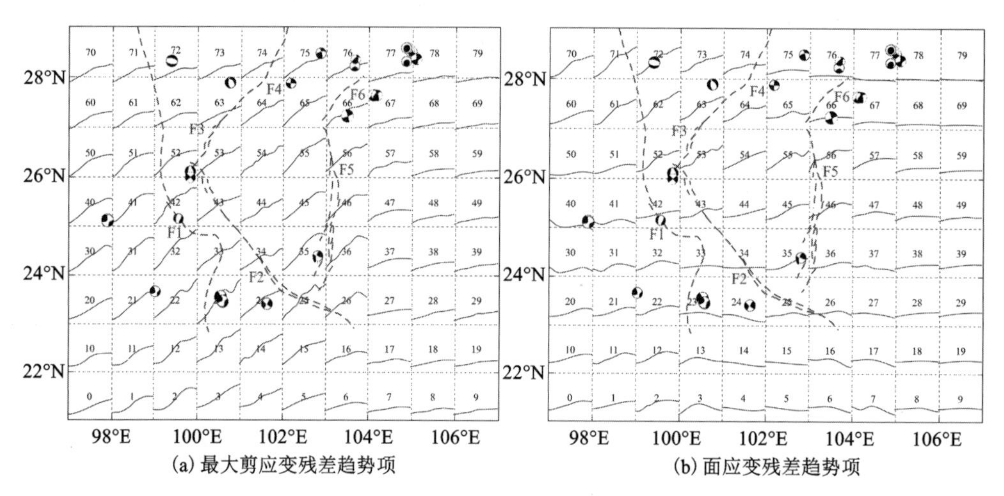

(a) 最大剪应变残差趋势项　　(b) 面应变残差趋势项

图 6-24　2013—2019 年网格应变时序经 EEMD 分解后的残差趋势项

从图 6-24 的最大剪应变残差趋势项可以发现，除靠近东部区域华南板块的格网以外，云南区域剪应变运动整体活跃，小江断裂带(F5)、莲峰断裂(F6)相关格网为整个云南区域的剪应变相对高值区，与区域内其他格网相比，该断裂带区域剪切运动更为突出，这与历史上这一断裂带周边频发走滑性质强震的现象相符。另外，澜沧江断裂(F1)北段呈显著面应变高值，而南段剪应变呈现出相对高值，说明这个区域的剪切运动较为活跃，这与澜沧江断裂带在新生代强烈活动，且以走滑逆冲运动为主相符。其可能是在太平洋板块向西推挤作用下的扬子华南板块与印度板块发生强烈碰撞挤压、向北运移，在北部强烈挤压，在南部强烈运移共同作用下的产物。同时，结合期间内发生的 Ms≥5.0 级的历史震例震源机制解信息(见表 6-1)来看，该区域的剪应变活动高值异常与统计年间区域内地震活动活跃较为相符。

从图 6-24 中的面应变残差趋势项可以看到，以红河断裂(F2)为界，北部面膨胀活动较为活跃，川滇菱形块体西北部拉张明显，由西向东逐渐由张转压，整个云南区域主要呈现张压交替的时空演化特征，这种现象表明红河断裂在云南区域的面膨胀构造运动中起重要作用。鹤庆-洱源断裂(F3)、小金河断裂(F4)附近，面应变伴随时间的推移而展现出局部相对高值的运动趋势，云南区域内地震活动以走滑断层破裂为主，而该区域统计期间却于 2013 年发生了正断型断层破裂的 5.9 级德钦地震，这种发震断层活动性质与区域格网运动相符的现象表明地震孕育活动与区域内剪应力和张压应力伴随时间发展的相对运动趋势高度相关。

4. 震例总结

前文虽然基于 EEMD 分解的应变时序残差趋势项从宏观角度分析了云南区域长趋势应变积累态势，但无法获取应变信号中所包含的瞬时活动特性，因此下文将进一步结合 HHT 分析方法，通过显著性检验选取出较为合适的 IMF 分量进行 Hilbert 变换，获得其时间-频率-振幅(能量)的联合分布特征(Hilbert 谱)，以及瞬时频率和瞬时振幅等局部特征(Hilbert 瞬时能量谱)，并结合区域构造信息对部分格网进行震例总结，尝试挖掘应变时序时频信号中所携带的孕震信息。

1)震例一：23 号格网对应地震

23 号格网内，分别发生了 2014 年 10 月 7 日景谷 6.6 级，以及 2014 年 12 月 7 日景谷 5.8、5.9 级地震，震中均位于云南省普洱市景谷傣族彝族自治县。另外，2018 年 9 月 8 日墨江 5.9 级地震震中在云南普洱市墨江县，位于 23 号格网右侧相邻的 24 号格网。从图 6-24 的应变残差趋势图中可以看到，该区域的面应变活动稍有压性但整体较为平缓，而剪应变活动较为剧烈，甚至较少有衰减现象，这说明该区域内的走滑断裂中长期处于活跃状态，其构造应力主要受剪应力支配。区域内剪应变变化活跃、面应变变化平缓的应变特性与景谷地震发震于右旋走滑的隐伏断层和墨江地震发震于右旋走滑的阿墨江断裂带西支断裂的现象相符，这从断裂活动特性与断层调查性质一致的角度验证了本研究中应变残差趋势分析的有效性。

图 6-25(a)和图 6-26(a)分别是 23 号格网最大剪应变时序和面应变时序进行 EEMD 分解后的 8 个 IMF 分量结果。可以看到，IMF 的各个分量按照从高频到低频的顺序依次排列，高频 IMF 频率较高代表噪声、误差等短周期抖动，残差趋势项代表区域地壳中长趋势背景运动特征，可见 EEMD 具有分频剖面的类似特征，可以利用信号与噪声在不同固有模态函数剖面上的差异来去噪，分离高频噪声和低频趋势，进而突出异常信号特征。

获得 IMF 分量之后，再对其进行显著性检验选出包含有效信息较多的 IMF 分量，如图 6-27 所示。IMF 分量于置信曲线上且越远离置信区间曲线，说明 IMF 中所携带的有用信息越多。从最大剪应变显著性检验图中可以看出，IMF5 和 IMF6 分量相对于其他分量距离回归曲线较远；而从面应变显著性检验图中可以看出，IMF5 分量相对于其他分量距离回归曲线较远。因此，本研究认为这些中低频的 IMF 分量中可能存在有用信息，进而下面将尝试从上述 IMF 分量中提取异常

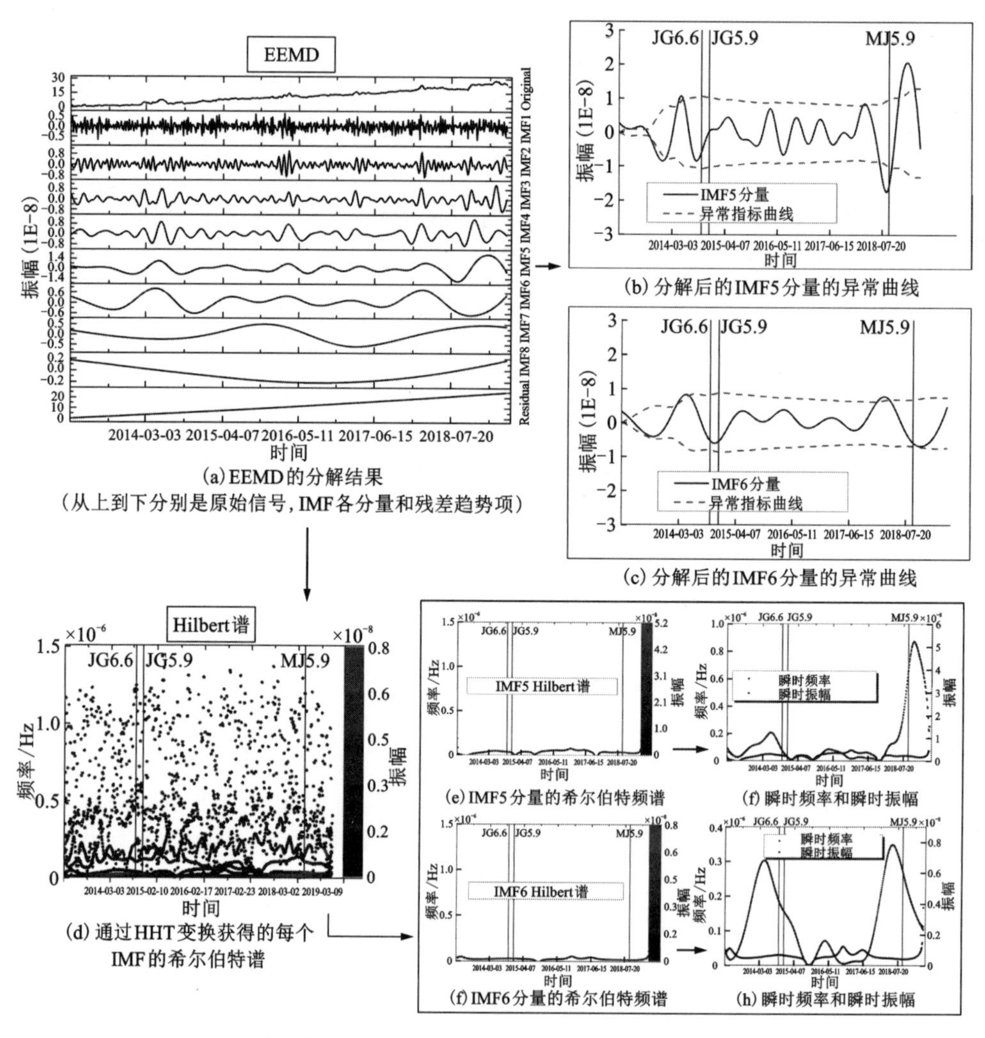

(a) EEMD的分解结果
（从上到下分别是原始信号，IMF各分量和残差趋势项）
(b) 分解后的IMF5分量的异常曲线
(c) 分解后的IMF6分量的异常曲线
(d) 通过HHT变换获得的每个IMF的希尔伯特谱
(e) IMF5分量的希尔伯特频谱
(f) 瞬时频率和瞬时振幅
(f) IMF6分量的希尔伯特频谱
(h) 瞬时频率和瞬时振幅

（黑色竖线及标注为格网对应地震；JG—景谷；MJ—墨江）。

图 6-25　23 号格网最大剪应变时序 HHT-EEMD 结果

信息。震例二的 IMF 分量选取方法同上，后续将不再赘述。

选定 IMF 分量后，首先对其进行异常曲线识别。由于地块并非“完美”刚性块体，受外部作用力后，块体的运动状态将以应力强弱的形式表现出来，如果通过块体的历史应变状态建立线性回归模型，则当块体本身的变形或状态异常时，必定会与原有的回归模型产生较大的偏差，统计后发现去趋势后的应变值服从正态分布，95%以上的数据均在 2 倍标准差之内[283]。因此，本研究以 2 倍标准差为

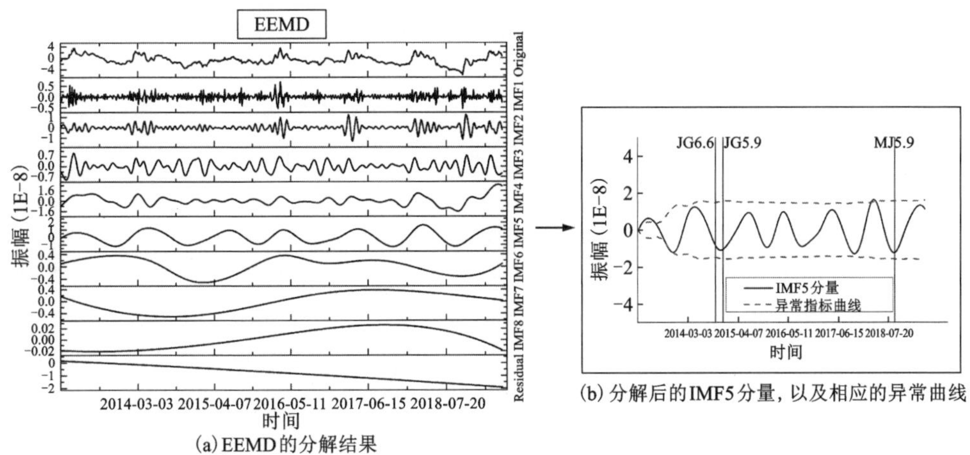

(a) EEMD的分解结果

（从上到下分别是原始信号，IMF各分量和残余趋势项）

(b) 分解后的IMF5分量，以及相应的异常曲线

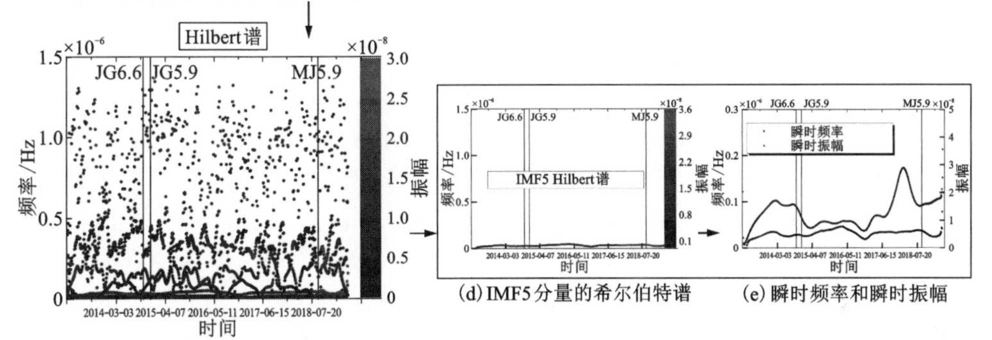

(c) 通过HHT变换获得的每个IMF的希尔伯特谱

(d) IMF5分量的希尔伯特谱

(e) 瞬时频率和瞬时振幅

（黑色竖线及标注为格网对应地震；JG—景谷；MJ—墨江）。

图 6-26　23 号格网面应变时序 HHT-EEMD 结果

最大剪应变IMF分量的显著性检验

面应变IMF分量的显著性检验

以对数形式表示的IMF分量能量/(log-E)

IMF的周期/(log-T)

90%置信区间

95%置信区间

最大剪应变IMF分量

(a)　　(b)

（红线和蓝线分别表示 90%和 95%的置信区间曲线；绿色圆点从左到右依次表示 IMF1 至 IMF8）。

图 6-27　23 号格网最大剪应变和面应变的 IMF 分量显著性假设检验

限设置异常指标线，超出 2 倍标准差则认为块体运动异常。而在计算 2 倍标准差的过程中，常规的统计方法不考虑数据的预测时间节点，是一种依赖时间的未来函数，本研究采用对时间逐渐累积、数据逐渐参与计算的方法，来进行异常指标线获取，即对于历史信息 T 日只用 $T-1$ 日前的数据参与计算，划定 2 倍标准差作为异常指标阈值，最终获得不依赖于 $T+1$ 日后的数据得到的异常指标曲线。选定的 IMF 分量及其异常指标曲线如图 6-25(b)（c)以及图 6-26(b)所示。

然后，对选定的 IMF 分量进行 Hilbert 变换，以获得瞬时频率、瞬时振幅等局部时频信息，图 6-25(d)和图 6-26(c)是最大剪应变时序和面应变时序分别对应的总 Hilbert 谱。图 6-25(e)~(h)和图 6-26(d)（e)是选定的 IMF 分量经 Hilbert 变换获取的瞬时振幅与瞬时频率。从整体来看，剔除了高频噪声和低频趋势后的中频应变 IMF 曲线，无论是面应变还是最大剪应变均在景谷两次地震和墨江地震前夕出现异常波动，均超过了图中的 2 倍标准差曲线，且均呈现出瞬时振幅突然增大的现象，这可能与当前 IMF 分量频率对应的地壳复杂运动和地壳震前地震能量的早期释放有关。同时，也表明 HHT-EEMD 在地震信号分析中具有较好的描述信号局部时频特性的能力，能够一定程度上描述应变时序的时变特性，具有较高的时间和频率分辨率。由图 6-25(f)(h)和图 6-26(e)可知，包含信号的 IMF 会长时间处于正常波动状态，并且只会在地震发生前不久产生异常。上述现象从时频分析的角度解释了为什么只能找到地震所属板块的运动趋势，而较早进行地震预测非常困难。在地震发生前的较短时间内虽然可能会有异常扰动信号但如果要在地震前有效地挖掘到孕震信息，则相关信号时间序列的计算周期必须小于地震信号出现的时间。另外，格网最大剪应变的异常比面应变突出，这也与景谷地震以及墨江地震发震于右旋走滑断裂的性质相符。

2)震例二：42 号格网对应地震

42 号格网内，发生了 2013 年 3 月 3 日和 2013 年 4 月 17 日的洱源 5.5、5.0 级地震，2015 年 10 月 30 日的昌宁 5.1 级地震，2017 年 3 月 27 日的漾濞 5.1 级地震。洱源地震发震于右旋走滑兼正断性质的维西-乔后断裂；通过震源机制解评估昌宁地震可能发震于 42 号格网内的正断性质隐伏断裂；漾濞地震发震于右旋走滑性质的维西-乔后断裂中南段。

图 6-28(a)和图 6-29(a)分别是 42 号格网最大剪应变时序和面应变时序进行 EEMD 分解后的结果，图 6-28(c)和图 6-29(c)是最大剪应变时序和面应变时序分别对应的总 Hilbert 谱，图 6-28(b)和图 6-29(b)是最大剪应变时序和面应变时序对应的中频信号异常识别结果，图 6-28(d)（e)和图 6-29(d)（e)是选定的 IMF 分量经 Hilbert 变换获取的瞬时振幅与瞬时频率。可以看出，虽然最大剪应变的 IMF5、面应变的 IMF4 也出现了在地震前瞬时振幅突然增大的现象，但与

震例一不同的是，在 42 号格网内敏感 IMF 分量并未出现超过 2 倍标准差现象，但敏感 IMF 在经过 Hilbert 变换后，却在地震前呈现出一定的异常信号，这表明 Hilbert 变换能够有效地将信号分解在时频维度，在 IMF 分量异常曲线识别无效的情况下，仍然能够更深层次地通过局部的瞬时频率、瞬时振幅等方式凸显异常，对于应变时序的异常识别具有一定的适用性。

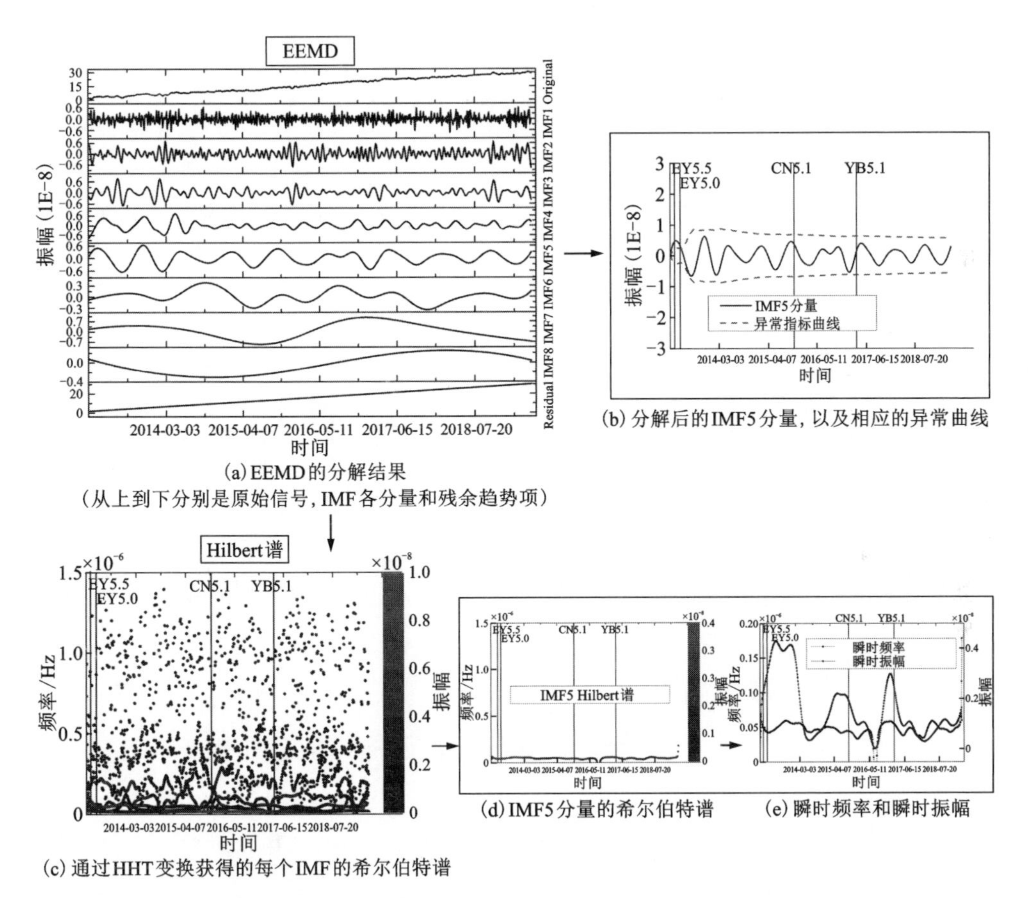

(a) EEMD的分解结果
（从上到下分别是原始信号，IMF各分量和残余趋势项）

(b) 分解后的IMF5分量，以及相应的异常曲线

(c) 通过HHT变换获得的每个IMF的希尔伯特谱

(d) IMF5分量的希尔伯特谱

(e) 瞬时频率和瞬时振幅

（黑色竖线及标注为格网对应地震；EY—洱源；CN—昌宁；YB—漾濞）。

图 6-28　42 号格网最大剪应变时序 HHT-EEMD 结果

综上所述，从震例结果来看，经过 EEMD 分解后的每个 IMF 分量代表了原始信号相互独立的各频率分量，其能将原始应变时序中的不同频率信号清晰地剥离，揭示信号里蕴含的高频、中频和低频等多尺度振荡特征。EEMD 分解得到的 IMF 分量中，高频分量可能主要由各种噪声组成，因此离散度高。低频 IMF 分量

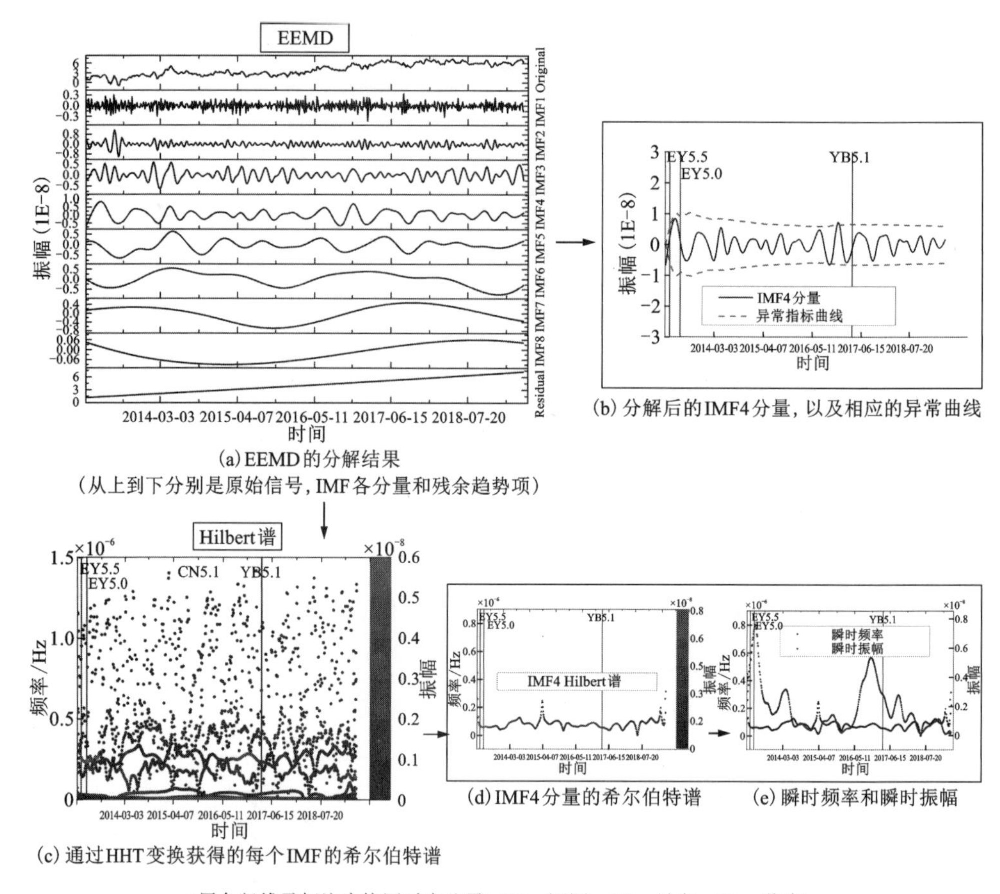

(a) EEMD的分解结果
(从上到下分别是原始信号，IMF各分量和残余趋势项)

(b) 分解后的IMF4分量，以及相应的异常曲线

(c) 通过HHT变换获得的每个IMF的希尔伯特谱

(d) IMF4分量的希尔伯特谱

(e) 瞬时频率和瞬时振幅

（黑色竖线及标注为格网对应地震；EY—洱源；CN—昌宁；YB—漾濞）。

图 6-29　42 号格网面应变时序 HHT-EEMD 结果

则多代表信号的长周期趋势性变化。中频分量可能包含一定的前兆信息，但其中常伴有季节性、年变等周期扰动。当判断中频 IMF 分量显著性时，可通过显著性检验方法选取包含较多信息的 IMF 分量后，再进一步对其进行异常曲线识别和判断，以及 Hilbert 变换，可获得信号的瞬时频率、瞬时振幅等局部特征，进而更深层次地凸显信号中所含的异常信息，为中强地震的判定提供一定的辅助参考。

EEMD 算法虽然是一种完备性好，对平稳信号、非平稳信号、非线性信号都适用的自适应的信号处理方法，且与 EMD 相比，能一定程度上克服模态混叠现象，但该方法添加的白噪声残留可能给信号带来噪声干扰，如图 6-28(e) 中震后峰值、图 6-29(e) 中的第二高峰值。虽然白噪声有助于削弱模态混叠现象，但在信号中引起了噪声残留，因此当异常信号出现时，我们需要多种异常判据进行相互佐证，综合判断异常指标曲线、瞬时频率和瞬时振幅的共振程度，是否有关的异常判据均处于极值、拐点或其他态势，并通过不断积累数据建立信号回归经验方程以不断提高孕震分析的可靠性。此外，分解得到的 IMF 分量偶尔会存在上、下包络在数据序列两端发散的现象，且这种发散会随着运算的进行而逐渐向内，从而使得整个数据序列受到影响，造成信号的端点效应。端点效应是影响 EEMD 分解精度的主要因素，如图 6-26(b) 中 MJ5.9 后面的峰值信息，在靠近结束边缘区域出现了非常大的抖动。当遇到端点异常信号时，不能完全确定端点处的异常信号是有效信号，需要进一步通过镜像法、极值延拓法、神经网络预测、多项式外延方法、平行延拓法、边界局部特征尺度延拓法等算法来削弱抑制端点效应，综合分析区域内其他地震地质相关资料，利用除此 IMF 分量外的其他异常因素来推测其发震的可能性。

6.7　本章小结

本章首先构建了云南区域 1°×1°格网应变时序，从局部角度探讨了云南区域不同块体格网应变时序的长趋势背景特征。结果显示，不同块体间运动趋势有所差异，将应变时间序列和块体构造信息结合起来，能够从时间维度上更好、更细微地理解区域地壳运动的长期背景特征。在最大剪应变时序方面，显示云南区域具有较强的剪切活动背景特征，整体呈现长期且匀速的剪切运动趋势，平均剪切活动速率为 3×10^{-8}/a 左右，与云南区域多发育走滑断裂，以及多孕育走滑型地震的现象相符。面应变时序方面，不同块体内面应变并不具备相似的背景特征，呈现出不同的运动趋势。结合历史地震信息来看，面应变时序短期状态的改变可能与区域及周边的地震有关。

其次，本章基于云南区域中长期整体应变背景场，探讨了应变积累背景异常特征，通过对区域内历史震例进行总结，提出了判定强震危险地点的一些异常判据，并基于应变率场异常特征建立了风险区域划定模型，该模型与期间内历史地震事件吻合较好，为云南区域地震危险地点的判定提供了一定参考。

再者，基于基线时间序列，识别了云南区域内中强地震前的一些异常现象。震例显示，随着地壳介质非线性特征的出现，某些区域可能由于地壳拉张压缩应力的突然改变而捕捉到显著的突变性基线异常特征，并且伴随震后应力场调整可能造成站点间基线的趋势性改变。

最后，基于局部格网应变时序，做了以下两方面的探讨：

(1)基于格网面应变时序异常次数统计数据及区域构造相关信息，以德钦地震为例探讨了面应变异常过程与区域地震孕育活动的关系。通过计算面应变异常并统计网格的异常次数，结合区域断裂地质信息对区域运动状态及断裂危险性进行分析的方法能一定程度上“统计”区域构造异常活动信息，对于地震危险地点的判定有一定的指示作用。

(2)基于专门适用于非线性非平稳信号处理的热门时频分析方法，即整体经验模态分解的希尔伯特-黄变换分析方法(HHT-EEMD)，探索了云南区域中强地震前 GNSS 应变时序的时间-频率-能量分布特征。利用 23 号、42 号格网对应的地震进行震例分析，结果显示，EEMD 可依据数据的时间特征尺度进行分解，将不同频率的信号依次剥离，能有效分离高频噪声和低频趋势，较好地剖析地震信号在不同频率尺度上的变化特征；通过绘制、对比不同格网的残差趋势项，能够发现不同格网间随时间变化的相对应变差异运动趋势，与传统的静态应变图像相比，残差趋势项图丰富了时间维度信息；Hilbert 变换能够通过信号的瞬时局部特性描述信号随时间的细微变化，在异常曲线识别无效的情况下仍能更深层次凸显异常，对于时序的异常识别具有一定的适用性；通过 EEMD、残差趋势项分析、IMF 分量异常识别和 Hilbert 变换的方法综合动态分析应变时序，能够在部分地震前夕发现一些潜在异常信息，为未来云南区域强震危险地点的判定提供一定的参考，为挖掘应变时序中蕴含的短临异常特征提供了新的思路。

第 7 章

云南区域气象水文干旱事件识别及其传播特征分析

7.1 研究数据与方法

云南地处中国西南部，青藏高原东南缘，南部濒临两个热带海洋(孟加拉湾和南海)，属于典型的热带—亚热带季风气候。降水在季风的影响下表现出明显的季节变化，70%以上的降水集中在每年 5—10 月[284-285]。季风携带的水汽在遇到地形等障碍物时会转化为降水。通过监测水汽和降水的长期变化，可以获得气象干旱特征。同时，降水造成的水文负荷会导致显著的季节性地表变形[55]。通过将 GNSS 的垂直位移和水平位移反演为陆地水储量变化，可以从中获得有关水文干旱的重要线索。准确识别极端气象水文事件的发生并分析其特征以及传播机制对于减轻极端气象水文事件的影响有重要的意义。本章选择包含整个云南区域以及四川南部的 21~29°N，98~106°E 作为研究区域(图 7-1)，准确识别气象干旱和水文干旱的发生并分析其时空特征及演变，为水资源管理提供指导。

红河断裂带是中国区域最活跃的断裂带之一。红河断裂带自西北向东南将云南划分为东、西两部分，且东、西两端有着不同的岩石类型与构造运动[286-287]。红河断裂带长期影响着云南区域地壳的垂直运动，是该区域地壳垂直运动空间变异的重要因素[55]。由于红河断裂带附近相对运动强烈，滇西地区地壳垂向运动下降，滇东地区抬升。受红河断裂带两侧长期构造运动的影响，来自孟加拉湾和南海的季风携带的水汽会随地形变化衰减，使断裂带两侧的降水存在差异。降水的区域性差异进一步又导致红河断裂带东西两侧的水文负荷的不同。云南地区累计年降水量如图 7-2 所示。

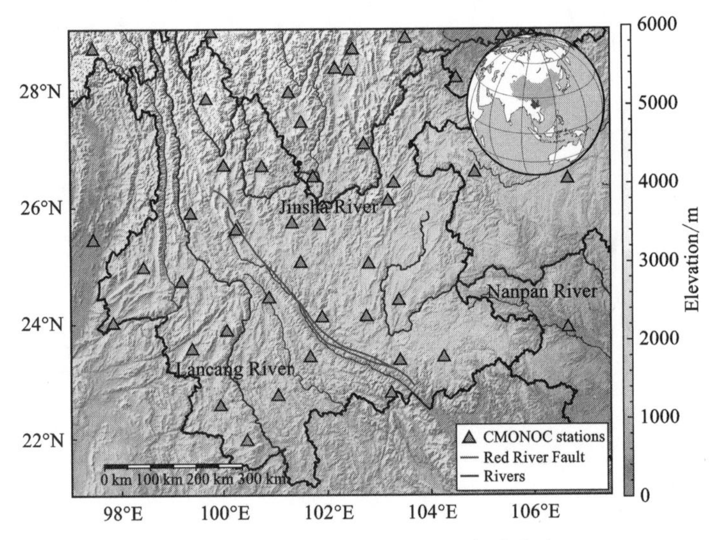

图 7-1　研究区域以及 GNSS 台站分布

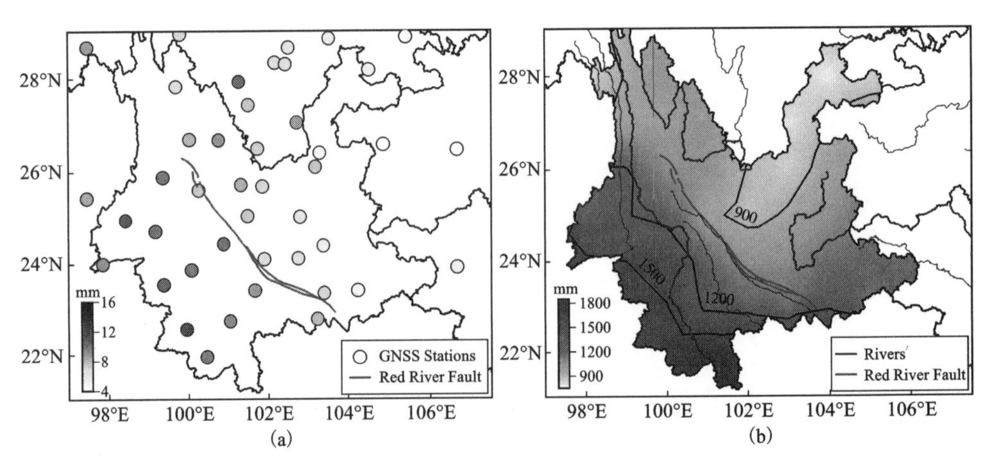

图 7-2　云南地区 GNSS 台站垂向位移的振幅(a)，以及累计年降水量(b)

7.1.1　研究数据

本研究中共使用了 5 种类型数据，即 GNSS 数据、地球物理流体负荷形变产品、重力恢复与气候实验提供的 Mascon 产品、全球陆地数据同化系统(global land data assimilation system，GLDAS)水文模型及基于网格的气象产品。其中，GNSS 数据被用于计算天顶对流层延迟以及三维坐标时间序列；地球物理流体负荷形变产品被用于校正 GNSS 三维时间序列中的非潮汐大气和海洋效应；GRACE-Mascon 解决方案和 GLDAS 水文模型提供的陆地水储量数据被用于验证 GNSS 推断的水估计和干旱表征。基于网格的气象产品被用于提供本研究所需要的降水数据。

1. GNSS 数据

陆态网络在中国及周边布设的密集 GNSS 台站为研究极端气象和水文干旱事件提供了条件。本研究利用陆态网提供的川滇地区 43 个 GNSS 台站(空间分布见图 7-1)来分析与水文循环相关的地壳运动，时间跨度为 2011 年 1 月 1 日至 2021 年 5 月 31 日。

2. 地球物理流体负荷形变产品

GFZ 提供的 CF 参考框架下的非潮汐大气和海洋负荷形变产品被用来扣除非潮汐负荷对 GNSS 三维坐标时间序列的影响。如图 7-3 所示，季节性非潮汐大气负荷对台站垂向形变可以造成 3~6 mm 的形变，对于 N 方向和 E 方向可以造成 0.2~0.55 mm 的形变。由于云南区域地处内陆，季节性的非潮汐海洋负荷对于 GNSS 台站三维形变的影响小于 1 mm。季节性的非潮汐大气和海洋负荷是构成 GNSS 台站非线性运动的组成部分，需要从 GNSS 时间序列中扣除。

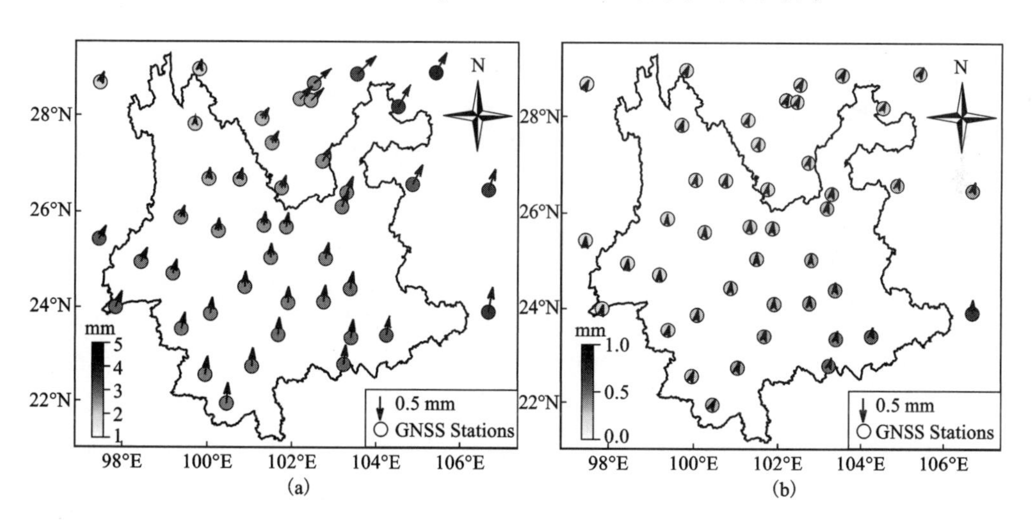

(颜色表示垂直方向的振幅，箭头表示水平方向，其长度表示大小)

图 7-3　云南区域三维非潮汐大气负荷形变(a)以及非潮汐海洋负荷形变的振幅(b)

3. GRACE-Mascon 产品

GRACE 卫星是一种可靠的陆地水储量观测工具[288-290]，目前已经广泛应用于大范围的水文干旱监测。因此，本研究利用 GRACE 导出的陆地水储量变化来验证基于 GNSS 的反演结果。此外，使用基于陆地水储量变化的干旱严重程度指数(drought severity index，DSI)来评估云南的水文干旱状况。我们使用空间研究中心(center for space research，CSR)提供的空间分辨率为 0.25°×0.25°的 GRACE/GRACE-FO RL06 Mascon 等效水高产品(以下统称为 GRACE)来评估基于 GNSS 反演的结果值得注意的是，由于 GRACE 重力卫星数据于 2017 年 6 月 29 日中断，随后 GRACE-FO 重力卫星于 2018 年 5 月 22 日发射升空，因此，2017 年 6 月至 2018 年 5 月的 GRACE 卫星缺失了近 1 年的观测数据。

4. GLDAS-Noah2.1 产品

此外，本研究还利用 GLDAS-Noah2.1 水文模型(以下统称为 GLDAS)对 GNSS 的反演结果进行了验证。GLDAS 提供了深度为 0~200 cm 的土壤湿度、雪水当量和植物冠层水分，空间分辨率为 0.25°×0.25°。我们通过对 GLDAS 提供的陆地水成分进行简单的相加来计算近地表陆地蓄水量变化，并与 GNSS 反演的结果进行比较。

5. 气象数据

本研究必须确保所选气象数据的可靠性和连续性，以便深入研究气象向水文干旱传播的时空特征，并提升结果的可靠性。从空间覆盖与数据连续性的角度来看，基于网格的气象产品被认为是气象站数据的有效补充或替代品。因此，本章中使用全球降水气候学项目(global precipitation climatology project，GPCP)的日平均降水数据集，空间分辨率为 1°，时间分辨率为 1 d。该产品通过整合雨量计站、卫星数据和测深数据来估算全球格网的降水量，是目前气象气候领域重要的数据来源。

7.1.2 研究方法

基于上述数据集，我们建立干旱传播特征的方法框架，主要由四个部分组成，如图 7-4 所示。首先，根据 GNSS 水汽反演理论，我们将 GNSS 导出的天顶对流层延迟(zenith tropospheric delay，ZTD)转换为可降水量(precipitable water vapor，PWV)。同时，利用相关信号分析方法，我们从三维 GNSS 坐标时间序列中提取由水文负荷引起的形变，然后将其转化为等效水高变化。最后，使用标准化降水转换指数(standardized precipitation conversion index，SPCI)和基于陆地水储量的 DSI 这两种气象水文干旱指数来分析气象和水文干旱的时空演变。

1. GNSS 水汽反演理论

水汽是陆地—大气相互作用的核心，在水文大气循环中起着关键的作用。水汽往往与降水有着密切的联系，因此在气象干旱的识别与监测中具有巨大潜力。地面以上大气柱中的水分的总含量被称为大气可降水量(precipitable water vapor，

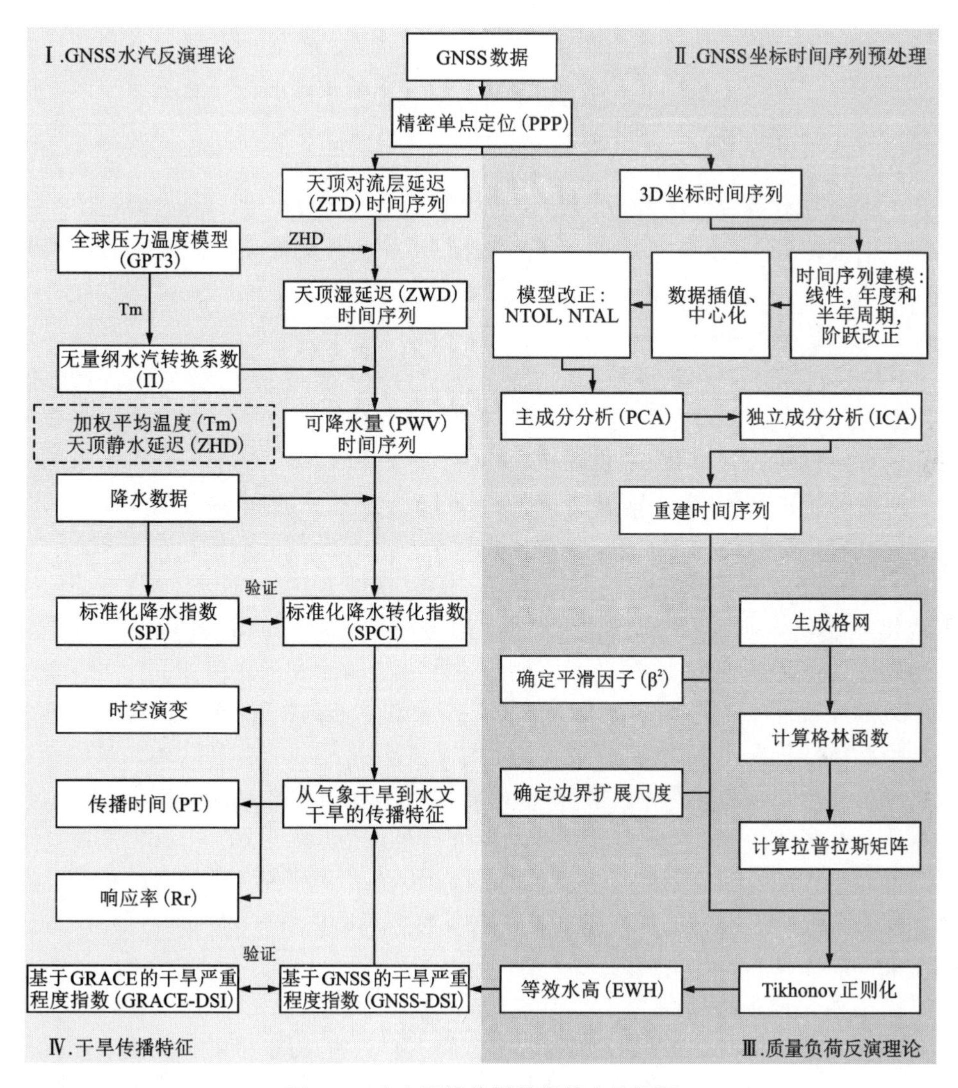

图 7-4　建立干旱传播特征的方法框架

PWV), 代表了天顶水汽的总含量[291]。近年来, 一些学者已经证实 PWV 可以有效评估地面的干湿变化, 是分析区域气象干旱的关键参数[292-293]。在本研究中, 我们利用 GNSS 获取 PWV, 具有较高的时空分辨率和精度。GNSS 可以得到精确的天顶对流层延迟(zenith tropospheric delay, ZTD), 通过 ZTD 进一步转换为 PWV [式(7-1)]。

$$\begin{cases} \text{PWV} = (\text{ZTD} - \text{ZHD}) * \Pi \\ \Pi = \dfrac{10^6}{\rho_w R_\nu \left[\dfrac{k_3}{T_m} + k_2'\right]} \end{cases} \tag{7-1}$$

式中：ZHD 为干延迟，通过 GPT3 模型获得；Π 为无量纲转换因子；ρ_w 为水的密度；R_ν 是水蒸气的比气体常数；k_2'、k_3 为大气折射率常数；T_m 为加权平均温度。本研究所使用的 T_m 由全球温度压力 3(global pressure and temperature 3，GTP3)模型提供。

2. GNSS 数据处理

PANDA(定位和导航数据分析)软件的精密单点定位(precise point positioning，PPP)模式用于估算每日 GNSS 台站位置和 ZTD[294]。在本章中，我们使用欧洲定轨中心(CODE)提供的精密轨道、钟差和 DCB 产品用于 GNSS 数据处理；使用全球映射函数(global mapping function，GMF)和全球压力温度模型 GPT 用来估计对流层延迟的先验值；使用无电离层组合模型校正一阶电离层效应；使用 FES2004 海潮模型用于校正海潮效应；根据 IERS2010 改正固体潮；使用 IGS 天线相位校准模型校正天线的相位中心。在获得 GNSS 三维时间序列之后，我们将其转化为站心坐标系 NEU 并使用四分位数方法检测和消除粗差。为了保证时间序列的连续性，我们还使用 ReGEM 方法对缺失数据进行插值。ReGEM 方法利用岭回归方法建立回归正则化和参数估计，已广泛应用于气候和大地测量领域的数据插值，并取得了良好的效果[295]。对于上述方法处理后的坐标时间序列，采用基于年和半年变化的最小二乘法来对时间序列进行拟合。另外，我们删除了坐标时间序列中的线性构造运动和更换天线以及地震等因素引起的台站偏移。最后，我们使用 GFZ 提供的地球物理流体负荷模型产品从 GNSS 坐标时间序列中去除了非潮汐大气和海洋负荷效应。

3. 信号处理方法

独立成分分析(ICA)是一种是“盲源分离”技术，它将多维随机向量表示为尽可能独立的非高斯随机变量(“独立分量”，IC)的线性组合。ICA 在数据分析、特征提取、语音识别等方面有较为成熟的应用，在分离不同源的 GNSS 信号方面表现得更好[296-299]。在这项工作中，我们假设 GNSS 三维坐标时间序列均是独立物理过程产生的统计独立的源信号的混合，使用独立分量分析(ICA)来进行不同源信号的分离。这个过程可以表示为式(7-2)。

$$\boldsymbol{X} = \boldsymbol{A}\boldsymbol{S} + \boldsymbol{e} \tag{7-2}$$

式中：$\boldsymbol{X}$ 为观测值，$\boldsymbol{X} = [x_1, x_2, x_3, \cdots, x_M]$；$\boldsymbol{S}$ 为独立成分分量矩阵 $\boldsymbol{S} = [s_1, s_2, \cdots, s_N]$；$\boldsymbol{A}$ 为混合矩阵，也称为空间响应 SR；$\boldsymbol{e} = [e_1, e_2, \cdots, e_N]$，为随机误

差。ICA 的目的是找到解混矩阵 $\boldsymbol{W}=\boldsymbol{A}^{-1}$ 以最大化每个源的非高斯性。

以往的研究倾向于使用垂直分量来提取水文负荷[300-302]。这是因为水平分量对质量负荷的响应并不如垂直分量那样敏感。然而，根据质量加载空间模式的复杂性，仅依赖垂直分量可能不会产生独特的反演结果[303]。水平方向的信号为反演水质量的强度和空间位置提供了重要约束[304-305]。目前，从复杂的混合信号中提取相对较弱的水文信号是水平形变提取水文负荷形变的主要挑战。Wahr 等通过使用附近 GNSS 台站之间的差异解决了这个问题。然而，当两个台站位于质量负荷的同一侧时，负荷对水平形变的贡献会显著降低[303]。近年来，随着数据处理策略的更新，ICA 为准确提取水文负荷信息提供了新的方法。因此在本研究中，我们使用 PCA 结合 ICA 的方法从 GNSS 坐标时间序列中准确提取由水文负荷引起的形变。

4. 质量负荷反演理论

固体地球弹性地响应其表面质量的变化。质量载荷引起的弹性变形可以使用格林函数和基于初步参考地球模型(PREM)的载荷系数进行估算[306]。陆地水储量(terrestrial water storage，TWS)变化可以映射为地表的垂直和水平形变，以量化地表对水质量重新分布的响应。在这里，我们假设表面有一个角半径为 α 的圆盘，由圆盘引起的垂直位移 S_{up} 和水平位移 S_{away} 可以用式(7-3)表示，这可以看作是描述由圆盘引起地表弹性形变的正演模型。

$$
\begin{cases}
S_{\mathrm{up}} = \sum\limits_{n=0}^{\infty} h_l \Gamma_l \dfrac{4\pi GR}{g(2l+1)} P_l(\cos\lambda) \\
S_{\mathrm{away}} = \sum\limits_{l=0}^{\infty} l_l \Gamma_l \dfrac{4\pi GR}{g(2l+1)} \dfrac{\mathrm{d}P_1(\cos\lambda)}{\mathrm{d}\lambda}
\end{cases}
\tag{7-3}
$$

式中：P_l 为 l 阶勒让德多项式；h_l 和 l_l 为负荷勒夫数；g 为地球表面的重力加速度；G 为牛顿重力常数；R 为地球半径；λ 为观测点到圆盘负载中心的角距。Γ_l 的表达式如式(7-4)。

$$
\begin{cases}
\Gamma_l = \dfrac{1}{2}[P_{l-1}(\cos\alpha) - P_{l+1}(\cos\alpha)],\ l > 0 \\
\Gamma_0 = \dfrac{1}{2}(1 - \cos\alpha)
\end{cases}
\tag{7-4}
$$

基于以上理论，假设从地球表面加载或卸载半径为 14 km、等效水高为 1 m 的圆盘(0.62 Gt)。对地表造成的形变可由图 7-5 来表示。

GNSS 可以提供近场区域的质量负荷信息。因此，通过反演模型可以获得对应的质量变化。本研究基于圆盘负载的方法[307]，根据云南区域现有 GNSS 台站的平均距离(≈150 km)，以 1/2°的经度和纬度间隔(使用 28 km 的圆盘来近似)估算等效水高 EWH，获得云南区域水质量变化的空间分布。反演模型如式(7-5)。

$$F(x) = \| A_w x - b_w \|_2 + \beta^2 \| Lx \|_2 \tag{7-5}$$

式中：A_w 加权格林函数；x 为待估等效水高；b 为 GNSS 观测值矢量；β^2 为平滑因子，由 L 曲线确定[308-309]；L 为拉普拉斯算子。要使 $F(x)=\min$，上式可进一步表示为式(7-6)：

$$\begin{bmatrix} \boldsymbol{WA}_v \\ \boldsymbol{WA}_u \\ \boldsymbol{WA}_u \\ \beta^2 L \end{bmatrix} [x] = \begin{bmatrix} Wb_u \\ Wb_n \\ Wb_e \\ 0 \end{bmatrix} \tag{7-6}$$

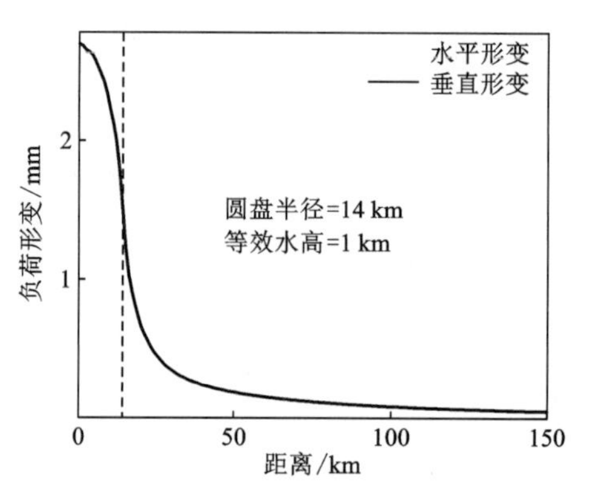

[虚线代表了圆盘的边缘(距离圆盘中心 14 km)]

图 7-5　卸载半径 14 km，高度为 1 m 的均匀圆盘后的地壳位移变化

式中：$\boldsymbol{A}_v$ 和 $\boldsymbol{A}_u$ 分别为垂向和水平方向的格林函数矩阵。$\boldsymbol{W}$ 为权矩阵，根据 GNSS 观测值的每日不确定度来定义[式(7-7)]：

$$w_i = \mathrm{diag}\left(\frac{1}{\sigma_e + \sigma_n + \sigma_u}\right) \tag{7-7}$$

式中：σ_e、σ_n、σ_u 分别为每个 GNSS 台站的 NEU 三个方向的每日不确定度。由于垂向形变往往对负荷更加敏感，在时间序列中占有更大的比重，所以，尽管在 GNSS 坐标时间序列中，水平方向的每日不确定度明显小于垂直不确定度，但我们仍然采取三个方向等权的策略。

利用 GNSS 反演等效水高是一种不适定问题。由于其未知数个数远远大于观测数，因此我们使用 Tikhonov 正则化原理来解决这个问题[310]，并由 L 曲线得出数据失配度和模型粗糙度的相对权重 β^2。结果显示，β^2 为 4 时可以较为合理地拟合数据[图 7-6(a)]。较小的 β^2 值将导致相邻经纬度之间的等效水高变化大于 GNSS 数据不确定性所保证的变化。较大的 β^2 值将导致水厚度的横向变化不足以充分拟合 GNSS 数据。此外，由于研究区域的范围是人为划定的，所以局部地区的质量变化均被约束在区域内。但是，在边界上的观测值会受到边界内外质量负荷的双重作用。因此，必须合理确定边界的扩展尺度。我们对原始边界从 -1°～3°每隔 1/2°进行扩充，进行了 9 组实验，最终边界在扩充至 2°时趋于稳定[图 7-6(b)]。

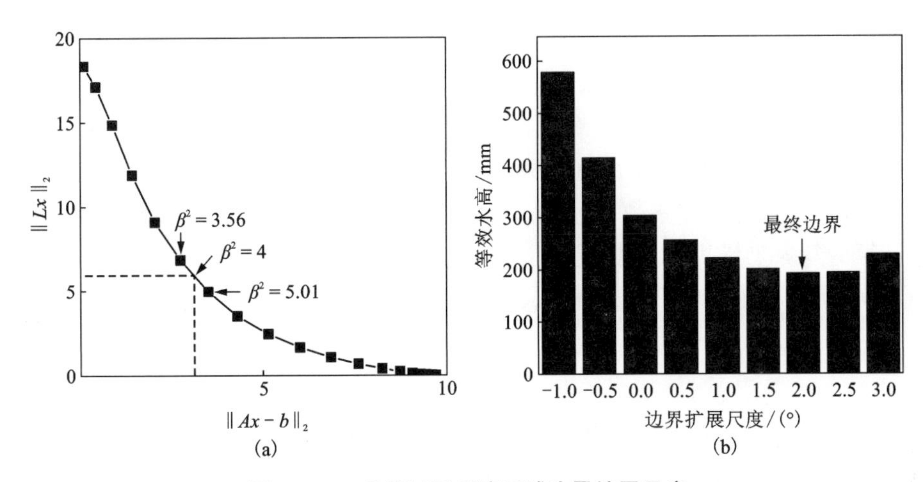

图 7-6　*L* 曲线以及反演区域边界扩展尺度

GNSS 反演的等效水高产品的空间分辨率取决于站点的密度和分布[311]。为了评估当前反演结果的空间分辨率的合理性，我们对研究区域进行了棋盘测试，结果如图 7-7 所示。由于云南内的站点距离平均达到 150 km，这个距离接近反演的空间分辨率的极限。从反演结果来看，现有的 GNSS 台站在当前尺度下仅可以恢复输入的等效水高的 70%～80%。

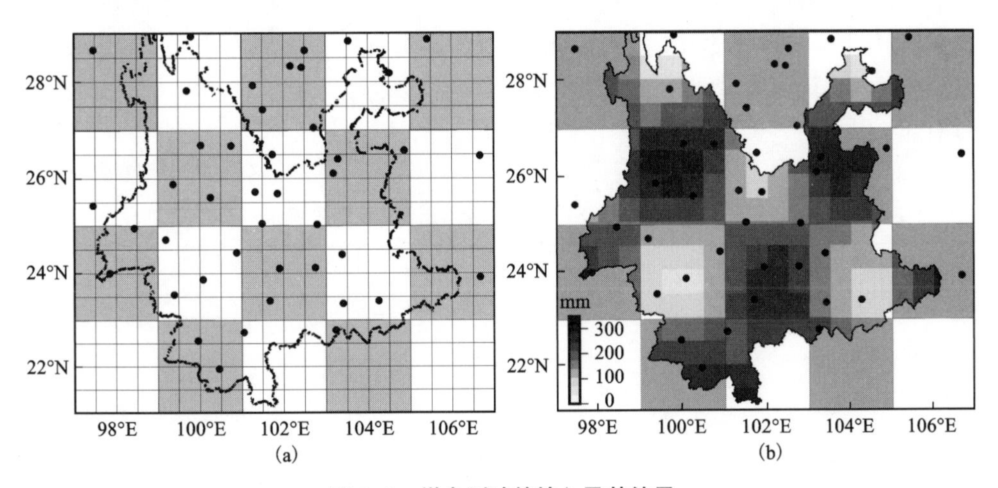

图 7-7　棋盘测试的输入及其结果

5. 气象干旱指数

标准化降水指数(SPI)使用长期降水记录的概率分布来评估气象干旱程度，

是描述气象干旱常用的方法。区别于其他干旱指数，SPI 仅需要提供降水序列，计算相对简单[312]。SPI 通常被分为不同的时间尺度，分别代表不同类型的干旱。其中 SPI1 被用来表示气象干旱，可以对干旱的空间范围、严重程度和时间提供估计。但是，也正是因为 SPI 仅考虑了降水，在特定情况下(例如沙漠地区长期无降水)无法对气象干旱特征进行准确描述[313]。所以本研究中采用 Zhao 等人[292]提出的标准化降水转化指数(SPCI)来识别气象干旱。SPCI 是一种基于降水效率 PE 计算的气象干旱指数，PE 的定义为台站天顶的平均 PWV 作为可测量的降水量释放并落到地球上的百分比，定义如式(7-8)。

$$\mathrm{PE} = \frac{\mathrm{PE}}{\overline{\mathrm{PWV}}} \times 100 \tag{7-8}$$

式中：PE 为日累计降水的月平均值；$\overline{\mathrm{PWV}}$ 代表月平均 PWV。在得到站点上的 PE 以后，SPCI 的定义如式(7-9)。

$$\mathrm{SPCI}_n = \mathrm{nor}\left[\left(\frac{\sum_{i=m}^{m+n-1} P_i^{\mathrm{total}}}{\sum_{i=m}^{m+n-1} \mathrm{PWV}_i^{\mathrm{mean}} \times \mathrm{day}_i} \times 100\right)_n\right] \tag{7-9}$$

式中：i 为月份；P_i^{total} 为 i 月的总降水量；$\mathrm{PWV}_i^{\mathrm{mean}}$ 为 i 月的平均 PWV；day_i 为第 i 个月的天数；m 为多月尺度的第一个月；n 为多月尺度的总月数；nor 为标准化。

由式(7-8)可知，PE 由降水和水汽的比值计算获得，衡量了降水的动态释放机制。因此，SPCI 越大说明降水的转化率越高，地区越湿润，反之则越干旱。表 7-1 列出了 SPI 和 SPCI 的干旱/潮湿等级划分标准。在本研究中，我们使用 SPCI1 以识别云南区域可能发生的气象干旱事件。同时，我们将 SPCI1 与 SPI1 进行对比，以评估 SPCI 识别气象干旱的有效性。

表 7-1　SPI 及 SPCI 的干旱/潮湿等级划分标准

类别	范围	等级
W2	[2, ∞)	Extremely wet
W1	[1.5, 1.99]	Very wet
W0	[1, 1.49]	Moderately wet
WD	[-0.99, 0.99]	Normal
D0	[-1.49, -1]	Moderate dry
D1	[-1.99, -1.5]	Very dry
D2	(-∞, -2]	Extreme dry

6. 水文干旱指数

基于陆地水储量的干旱严重程度指数(DSI)是目前应用较为广泛的水文干旱严重程度指数数据集，该数据集是根据 GRACE 导出的时变 TWS 而开发的[314]。GRACE-DSI 可以提供全球大范围的洪涝和水文干旱的监测。特别是在地面观测较为稀疏的情况下，GRACE-DSI 可以提供较大尺度的较为合理和可靠的水文干旱程度的量化指标。GNSS-DSI 使用 GNSS 导出的 EWH 来评估干旱严重程度。GNSS-DSI 与 GRACE-DSI 的基本原理是类似的，但不同于 GRACE 粗糙的空间分辨率，GNSS 的空间分辨率受台站空间分布和密度影响，可以实现精细空间尺度的水文干旱的识别。该算法在对巴西的水文干旱监测的应用中取得了令人满意的效果[315]。GNSS-DSI 算法原理如下：

$$\mathrm{GNSS-DSI}_{i,j}=\frac{\mathrm{EWH}_{i,j}-\overline{\mathrm{EWH}_j}}{\sigma_j} \tag{7-10}$$

式中：$\mathrm{EWH}_{i,j}$ 为第 i 年第 j 月的等效水高；$\overline{\mathrm{EWH}_j}$ 为等效水高每月气候学，是所有年的 j 月的等效水高的平均值；σ_j 是所有年的 j 月等效水高的标准差。

表 7-2 列出了 GRACE-DSI 和 GNSS-DSI 数据集的干旱/潮湿分类标准。本研究使用 GNSS-DSI 来识别云南的水文干旱事件。通常持续 3 个月或更长时间的降水不足或陆地水储量不足被认为是干旱事件，但本研究的目的是探索气象干旱与水文干旱之间的关系，因此我们将降水或陆地水储量的不足持续 1 个月以上定义为干旱时间，这不影响干旱事件的识别，同时可以保留两种干旱之间的潜在关系。从理论上讲，30 年的观测时间对于干旱指数的计算在统计上是可靠的。然而，本研究的目的是使用 GNSS 来表征干旱并分析其可用性，并且实际观测时长会随着时间的推移不断更新。

表 7-2　GNSS-DSI 及 GRACE-DSI 的干旱/潮湿等级划分标准

类别	范围	等级
W4	[2, +∞]	Exceptionally wet
W3	[1.6, 1.99]	Extremely wet
W2	[1.3, 1.59]	Severe wet
W1	[0.8, 1.29]	Moderately wet
W0	[0.5, 0.79]	Slight wet
WD	[-0.49, 0.49]	Near normal
D0	[-0.79, -0.5]	Abnormaldrought

续表7-2

类别	范围	等级
D1	[-1.29, -0.8]	Moderatedrought
D2	[-1.59, -1.3]	Severedrought
D3	[-1.99, -1.6]	Extremedrought
D4	(-∞, -2]	Exceptionaldrought

7.2 水文负荷信号提取

GNSS 是独立的物理过程产生的源信号的混合，确定合适的 IC 的数量对源信号提取有重要的作用。IC 数量太多会导致合并噪声源，IC 太少会导致不同信号混合在一起无法分离。为了解决这个问题，首先，PCA 被用来对 GNSS 坐标时间序列进行降噪。然后，对所有 PC 进行 Bartlett 检验。Bartlett 检验用于检验相关阵中各变量间的相关性。最后，对通过 Bartlett 检验的 PC 的特征值进行 North 检验[316]。North 检验用于检验特征值 λ_i 对应的 PC 是否是可分离的，判断标准是两个特征值之间的间隔（$\Delta\lambda_i=\lambda_i-\lambda_{i-1}$，$i>1$）大于其不确定性 $\partial\lambda_i=\lambda_i\sqrt{2/n}$。如图 7-8 所示，U 分量前 4 个特征值通过了 North 检验，代表前 4 个特征值是统计显著的。前 4 个 PC 累计方差贡献达到了 66.58%。同理，N 分量和 E 分量的信号主要集中在前 3 个和前 4 个 PC，其累计方差贡献分别为 54.97%和 50.93%。

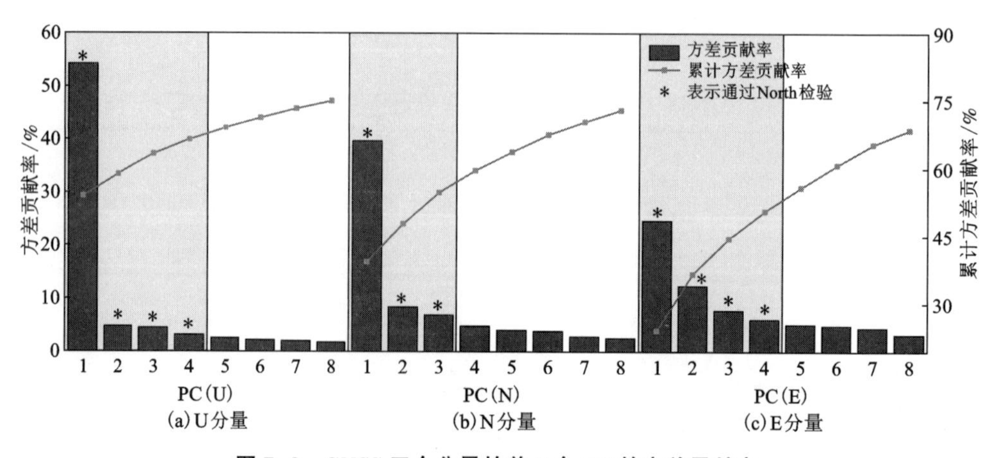

图 7-8 GNSS 三个分量的前 8 个 PC 的方差贡献率

相较于传统ICA算法，FastICA算法以各估计的信号源之间的互信息最小化为目标函数的方案，是一种计算效率很高且稳定性较强的方法[317]。所以在本研究中，FastICA算法被用来处理PCA输出的GNSS的NEU三个分量的滤波时间序列。三个分量的IC的功率谱密度如图7-9所示。

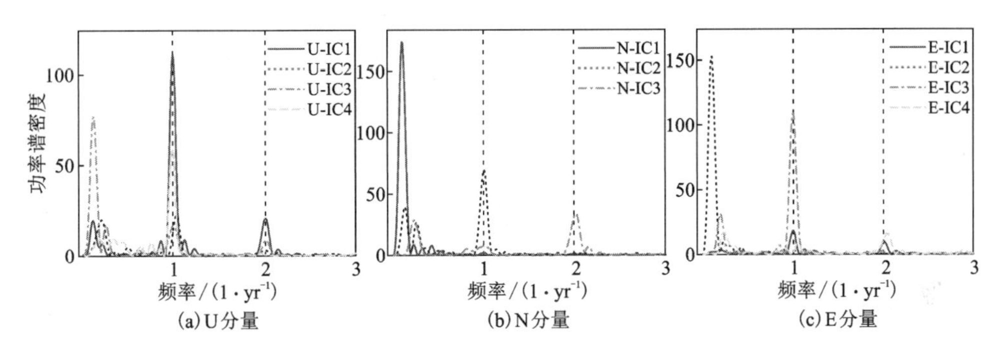

图7-9 三个分量的IC的功率谱密度图

其中，U分量的4个IC及其归一化的空间响应如图7-10所示。U分量的第一个IC(U-IC1)和第四个IC(U-IC4)的组合对过滤时间序列的百分比贡献为86.13%，共同解释了云南区域的水文负荷信息[图7-10(a)(d)]。U-IC1和U-IC4的归一化的空间响应方向一致，且时间序列呈现出明显的季节特征，意味着水文载荷对云南区域的GNSS时间序列有着显著的影响。这与之前的结论相似[318]。此外，U-IC1的空间响应从西南向东北逐渐减小，表明西南部的GNSS台站受水文负荷的影响大于东北部，造成这种现象的原因是红河断裂带两侧的降水量差异。U分量的第二个IC(U-IC2)和第三个IC(U-IC3)的方差贡献百分比分别为7.17%和6.68%，对滤波时间序列影响不大。特别是U-IC2的功率谱密度在351.5 d和175.9 d附近达到峰值。因此，本研究将U-IC2归因于GNSS交点年误差[图7-10(b)]。交点年误差是GNSS测量中的系统误差，通常被认为是由轨道建模的缺陷引起的。U-IC3的功率谱密度表现出明显的低频信号并伴有轻微的年信号，且空间响应呈东北-西南相反的分布。因此，U-IC3代表了一部分长期变化和小规模水文信号[图7-10(c)]。

GNSS坐标时间序列的N分量的前三个IC已经可以准确分离水文负荷信息。N分量的第一IC(N-IC1)对过滤后的时间序列贡献了12.57%的方差，反映了长期变化对滤波后的时间序列的影响[图7-11(a)]。N分量的第二个IC(N-IC2)对滤波时间序列贡献了72.13%的方差，其时间响应与水文负荷的特征一致，时间响应呈现出季节性变化。因此，N-IC2表示由水文负荷引起的运动[图7-11(b)]。

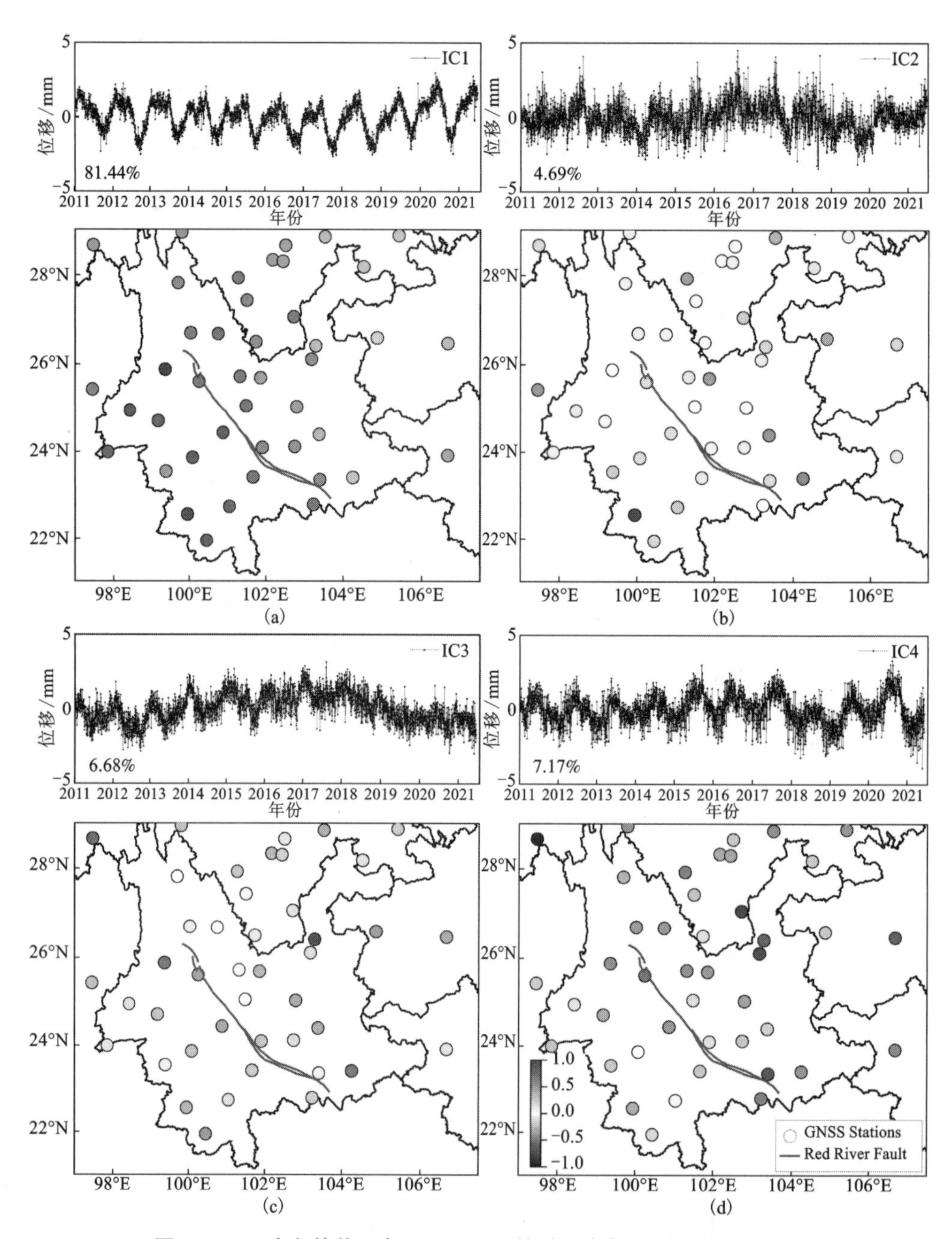

图 7-10　U 方向的前 4 个 IC(IC1-4)的时间响应和空间响应(a~d)

N分量的第三个IC(N-IC3)对滤波后的时间序列贡献了15.28%的方差，代表了N分量的局部水文信号[图7-11(c)]。N-IC3的时间响应以半年信号为主，还包括一部分的低频信号，其空间响应呈现出东北-西南相反的分布，代表了局部小规模的水文信号。

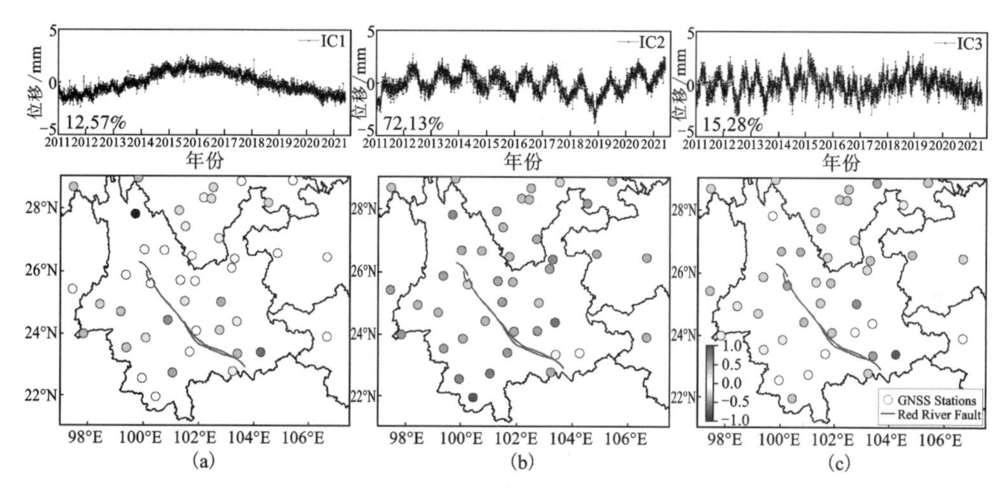

图7-11　N方向的前3个IC(IC1-3)的时间响应和空间响应(a~c)

GNSS坐标时间序列的E分量的第一个IC(E-IC1)与红河断裂带附近的地震有关，它对过滤后的时间序列贡献了11.95%的方差[图7-12(a)]。E分量的第二个IC(E-IC2)对滤波时间序列的方差贡献百分比为48.43%，表明一些长期变化对滤波时间序列的影响[图7-12(b)]。与U分量和N分量相比，E分量的水文负荷信号在过滤时间序列中所占比例相对较小。E分量的第三个IC(E-IC3)对滤波时间序列的方差贡献百分比为24.28%，解释了滤波时间序列中的共模年信号，代表了E分量的水文负荷运动[图7-12(c)]。E分量的第四个IC(E-IC4)在滤波时间序列中贡献了15.31%的方差。特别地，由于E-IC4的功率谱密度在351.5 d和175.9 d附近达到峰值，所以本研究将E-IC4归因于GNSS交点年误差[图7-12(d)]。

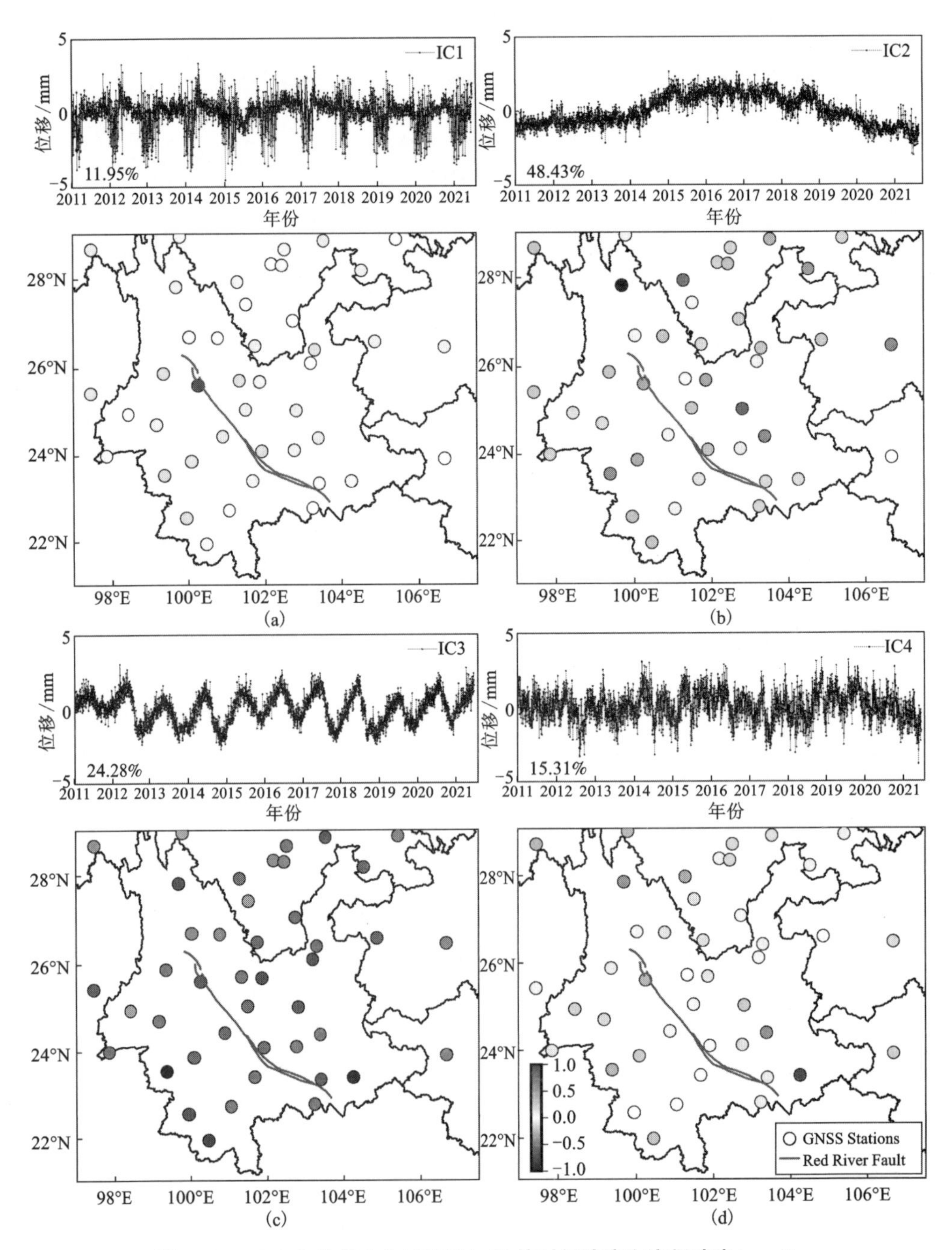

图 7-12　E 方向的前 3 个 IC(IC1-3)的时间响应和空间响应(a~d)

7.3 识别气象与水文干旱事件

7.3.1 利用 GNSS 识别的气象干旱事件

本研究通过确定几个干旱的重要指标(干旱的开始和结束时间、持续时间、平均赤字、峰值赤字和干旱严重程度)来分析干旱的特征。尤为重要的是，本研究使用 SPCI 而不是 SPI 来识别气象干旱，因为 SPCI 使用的降水效率对气象干旱特征的捕获更为敏感。通过 2011 年 1 月至 2021 年 5 月的降水量[图 7-13(a)]和降水效率[图 7-13(b)]的月平均值来分析这些指标偏离正常值的程度。本研究首先分析了 GNSS 导出的 PWV(GNSS-PWV)与降水的相关性。所有 GNSS 台站

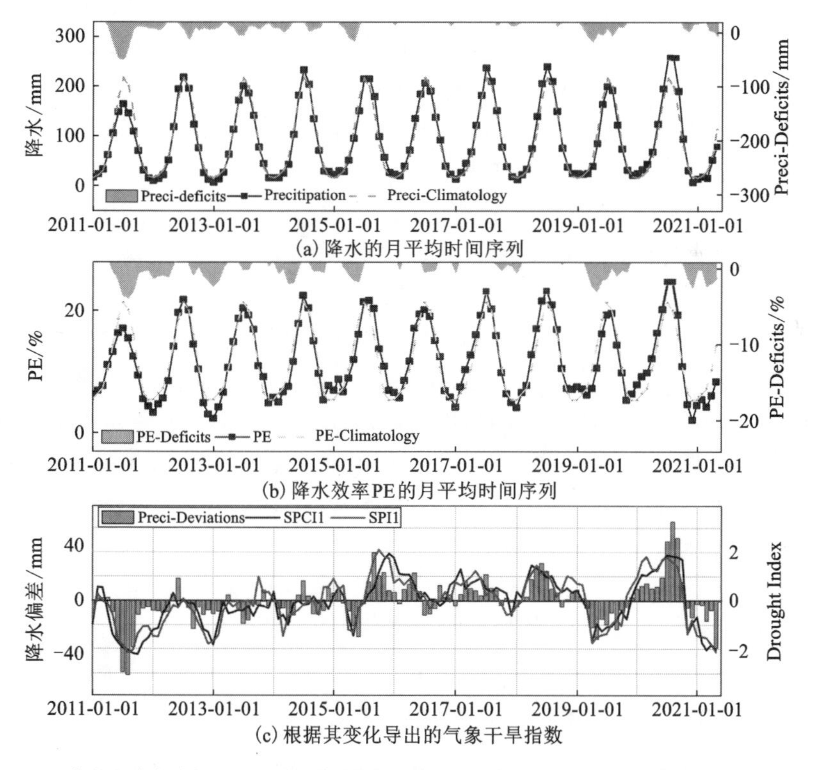

[降水和降水效率(PE)的每月气候学分别代表了降水和 PE 多年平均变化情况，其赤字表示实际观测值与每月气候学的差(小于 0 的部分)]

图 7-13　降水和降水效率及气象干旱指数关系

的 PWV 与降水的皮尔逊相关系数(PCC)均超过 0.85，平均值为 0.94，意味着水汽具有巨大的潜力和表征气象干旱的能力。此外，还进行了 SPCI1 和 SPI1 相关性分析，所有台站的 SPCI1 和 SPI1 的 PCC 均超过 0.95，平均值为 0.97，表明 SPCI1 在表征气象干旱方面是可靠的。以 SPCI1 为特征的气象干旱事件通常与 SPI1 相对应，但在持续时间和程度上存在一定差异[图 7-13(c)]。从根本上说，SPCI 描述了研究区域内降水效率的程度，降水效率越高表明该地区越湿润。

为了更清楚地展示气象与水文干旱之间的关系，我们统一了 SPCI 和 GNSS-DSI 的干旱分类目录。干旱由其中五个类别定义。其中包括轻微干旱(D0，[-0.79，-0.5])、中度干旱(D1，[-1.29，-0.8])、严重干旱(D2，[-1.59，-1.3])、极端干旱(D3，[-1.99，-1.6])和异常干旱(D4，(-∞，-2])。表 7-3 总结了 SPCI1 在研究期间(2011 年 1 月—2021 年 5 月)确定的气象干旱事件。表 7-3 总结了在研究时段内(2011 年 1 月—2021 年 5 月)由 SPCI1 识别的气象干旱事件。在此期间，云南一共发生 7 次可观测的气象干旱事件，持续时间 1~11 个月，有 2 次异常干旱、2 次极端干旱、1 次严重干旱及 2 次中度干旱。2011 年 5 月和 2020 年 11 月发生 2 次异常干旱(D4)，前者持续了 11 个月，后者持续了 7 个月，是云南近年来最严重的两次气象干旱事件。这两次事件平均降水亏缺分别为-21.72 mm 和-8.85 mm，最低 SPCI1 为-2.21 和-2.02。2012 年 11 月发生的极端干旱(D3)持续了 5 个月，降水量峰值赤字为-10.64 mm，最小 SPCI1 为-1.81，之前的研究也记录了这一事件(Jia and Pan，2016)。2019 年 4 月发生的极端干旱(D3)持续了 6 个月，平均降水量赤字为-17.78 mm，最大降水量赤字为-28.61 mm，最低 SPCI1 为-1.68。2015 年 4 月的严重干旱(D2)持续了 2 个月，平均降水量赤字为-18.72 mm，SPCI1 为-1.45。2011 年 1 月发生的中度干旱(D1)仅持续了 1 个月，平均降水量赤字为-9.03 mm，最低 SPCI1 为-1.01，由于观测数据起始时间的限制，我们无法获得有关本次干旱事件的完整信息。2014 年 2 月发生的中度干旱事件(D1)持续了 3 个月，平均降水量赤字为-16.02 mm，最低 SPCI1 为-1.005。

表 7-3　气象干旱事件汇总

开始时间-结束时间	持续时间/月	降水平均赤字/mm	降水最大赤字		最高严重程度	
			/月	/mm	/月	类别
2011 年 1 月—2011 年 1 月	1	-9.03	2011 年 1 月	-9.03	2011 年 1 月	D1
2011 年 5 月—2012 年 3 月	11	-21.72	2011 年 8 月	-55.19	2011 年 10 月	D4
2012 年 10 月—2013 年 2 月	5	-9.33	2012 年 12 月	-10.64	2013 年 1 月	D3

续表7-3

开始时间-结束时间	持续时间/月	降水平均赤字/mm	降水最大赤字		最高严重程度	
			/月	/mm	/月	类别
2014年2月—2014年4月	3	-16.02	2014年4月	-16.02	2014年4月	D1
2015年4月—2015年5月	2	-18.72	2015年5月	-18.72	2015年5月	D2
2019年4月—2019年9月	6	-17.78	2019年5月	-28.61	2019年5月	D3
2020年11月—2021年5月	7	-8.85	2021年5月	-34.82	2021年3月	D4

7.3.2 利用GNSS识别的水文干旱事件

气象干旱形成后，如果降水没有得到补充，会进一步导致土壤缺水、河流干涸、地下水位下降等一系列结果，最终形成水文干旱。GRACE可以提供大尺度的综合TWS的观测，目前基于GRACE的干旱监测已经成功应用于全球多个国家[319]。但是，GRACE较为粗糙的时间和空间分辨率限制了其在较小空间距离的应用。因此，本研究利用GNSS-DSI调查云南区域的水文干旱的特征。我们将GRACE-DSI及GNSS-DSI进行对比，发现两者的平均PCC只有0.74。另外，受到GRACE数据缺失的情况的影响，GRACE-DSI质量下降，两者的一致性被进一步低估。GNSS的高时空分辨率和稳定性使其更适合小空间尺度的水文干旱监测，可以捕捉GRACE忽略的干旱特征(图7-14)。

云南区域容易受季风异常的影响导致降水异常，因此水文干旱的发生较为频繁。表7-4总结了在2011年1月至2021年5月，GNSS识别的水文干旱事件一共发生了7次，持续时间从2个月到16个月不等。水文干旱多发生在降水较少的冬季，且通常发生在气象干旱之后。2019年6月与2020年11月发生的两次异常干旱(D4)，是研究时段内最严重的两次水文干旱事件，持续时间分别为16个月和7个月(由于观测时段限制，没有确定第二次水文干旱的结束时间)，储水平均赤字分别为-63.3 mm和-75.99 mm，峰值赤字分别于2020年5月达到-130.48 mm以及2021年4月达到-149.98 mm，最高干旱严重程度指数为-2.52和-2.9。这两次水文干旱事件分别是由2019年4月与2020年11月发生的两次气象干旱的传播造成的。2011年8月的极端水文干旱(D3)平均储水赤字为-46.1 mm，峰值赤字于2012年1月达到了-87.95 mm，最高干旱严重程度指数于2012年1月达到-1.70。该事件与2011年5月的极端气象干旱有密切的联系，持续了9个月。2011年2月的严重水文干旱(D2)事件持续了2个月，这与2011年1月(由于观测时段限制，没有确定本次气象干旱的开始时间)的中度气

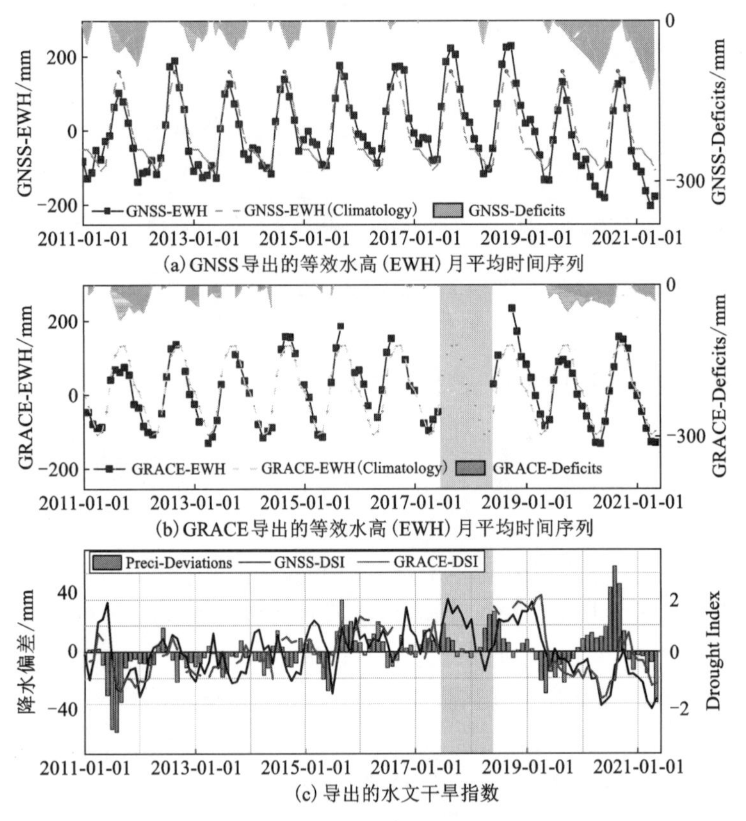

(a) GNSS 导出的等效水高(EWH)月平均时间序列

(b) GRACE 导出的等效水高(EWH)月平均时间序列

(c) 导出的水文干旱指数

[EWH 每月气候学分别代表了多年平均变化情况，EWH 赤字表示实际观测值与每月气候学的差(小于 0 的部分)]

图 7-14　GNSS-EWH、GRACE-EWH 和水文干旱指数关系

象干旱密切相关。2012 年 12 月与 2015 年 7 月的中度水文干旱(D1)事件分别持续了 5 个月和 2 个月，储水平均赤字为-46.8 mm 和-42.42 mm，峰值赤字分别为-59.22 mm 和-60.13 mm。2014 年 10 月的轻微干旱事件持续了 3 个月，储水平均赤字为-35.29 mm，峰值赤字为-38.75 mm。我们还发现 2014 年 4 月的中度气象干旱(SD0)并没有引起水文干旱，这可能与气象干旱的持续时间和程度有关。

表 7-4　水文干旱事件汇总

开始时间-结束时间	持续时间/月	水储量平均赤字/mm	水储量最大赤字		最高严重程度	
			/月	/mm	/月	类别
2011 年 2 月—2011 年 3 月	2	-61.29	2011 年 2 月	-78.01	2011 年 2 月	D2
2011 年 8 月—2012 年 4 月	9	-46.10	2012 年 1 月	-87.95	2012 年 1 月	D3
2012 年 12 月—2013 年 4 月	5	-46.80	2013 年 1 月	-59.22	2013 年 1 月	D1
2014 年 10 月—2014 年 12 月	3	-35.29	2014 年 12 月	-38.75	2014 年 12 月	D0
2015 年 7 月—2015 年 8 月	2	-42.42	2015 年 7 月	-60.13	2015 年 7 月	D1
2019 年 6 月—2020 年 9 月	16	-63.30	2020 年 5 月	-130.48	2020 年 5 月	D4
2020 年 12 月—2021 年 5 月	6	-75.99	2021 年 4 月	-135.98	2021 年 4 月	D4

7.4　气象干旱到水文干旱的传播特征

7.4.1　GNSS 与其他模型的水估计对比

我们将 GNSS 推断的水估计值(GNSS-PWV 和 GNSS-EWH)与其他水估计值(降水、GRACE 和 GLDAS)进行了比较[图 7-15(a)]。不同数据对之间的 PCC 介于 0.25 和 0.9 之间，平均时间延迟在两个月以内(表 7-5)。降水与 PWV 的 PCC 达到 0.90，并且两者的相位高度一致。然而，我们对几个月的累积 PWV 和降水量进行了相关性分析，发现这种相关性随着时间尺度的增大而减弱(例如，3 个月累积降水量与累积 PWV 之间的相关性为 0.75)。目前，PWV 与降水的内在联系尚不清楚，仅仅依靠 PWV 单变量可能无法提供可靠的气象干旱线索。但是，我们发现 PWV 与降水的相位存在高度的一致性，这表示 PWV 可能在水文干旱预警中发挥作用，这将在我们下一步的工作中进行探讨。我们相信随着 PWV 与降水内在机制的明晰和相关数据处理算法的更新，GNSS 有可能在未来发展成为独立的气象干旱监测手段。

表 7-5　GNSS 导出的水文产品与其他水文产品的相关性和时间延迟

PCC/Time lag	降水	GRACE	GLDAS	GNSS
PWV	0.90/0	0.22/-2	0.51/-1	0.31/-2
GNSS	0.56/2	0.89/0	0.85/1	

续表7-5

PCC/Time lag	降水	GRACE	GLDAS	GNSS
GLDAS	0.54/1	0.81/-1		
GRACE	0.25/2			

注：第一个数字代表皮尔逊相关系数（PCC），第二个数字代表以月为单位的时间延迟。正数表示列代表的水估计值的相位领先于行代表的水估计值，负数则表示滞后。

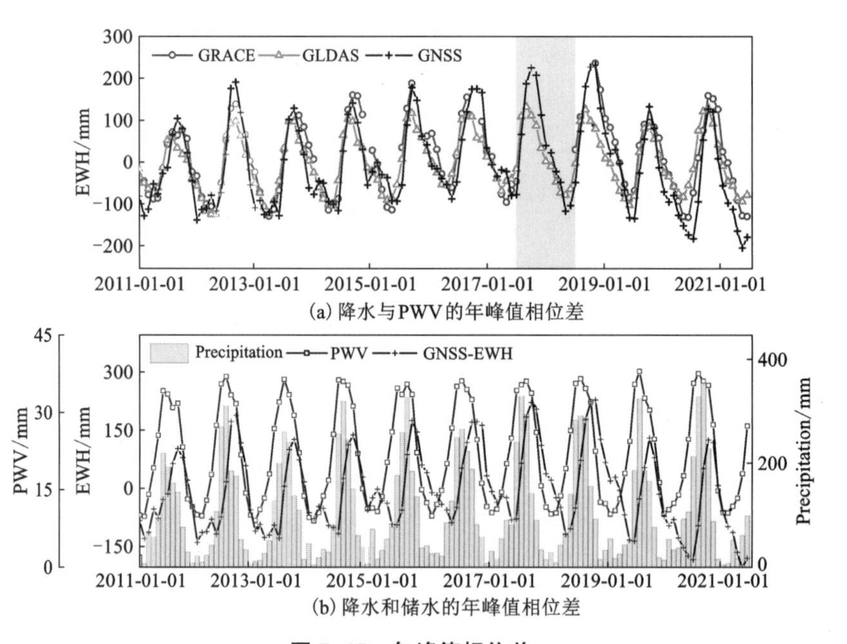

(a) 降水与PWV的年峰值相位差

(b) 降水和储水的年峰值相位差

图 7-15　年峰值相位差

GNSS-EWH 与其他水估计值之间的相关性范围为 0.31～0.89。特别是 GNSS-EWH 和 GRACE-EWH 的 PCC 达到 0.89，相位高度一致。这意味着在 GRACE 数据缺失的月份，GNSS 可以作为 GRACE 的补充手段，用于观测该时期的陆地水储量。我们还分析了不同方法获得的 EWH 的空间特征，如图 7-16 所示。GNSS-EWH、GRACE-EWH 和 GLDAS-EWH 均表现出类似的空间变化，即滇东北与滇西南在空间上存在的不同，但三者存在明显的振幅差异。GRACE 卫星的轨道高度越高，对长波信号越敏感，因此 GRACE-EWH 在精细空间尺度上的振幅小于 GNSS(约为 GNSS-EWH 年平均振幅的 79%)。GLDAS-EWH 的振幅也小于 GNSS-EWH 的振幅(约为 GNSS-EWH 年平均振幅的 67%)。由于 GLDAS 简化了复杂的水文成分，主要包含 0～200 cm 的土壤水分，GNSS 和 GLDAS 的振幅差异也表示了云南的深层地下水对陆地水储量变化的贡献很大。因此，GRACE 和 GLDAS 在水文干旱监测方面都存在局限性。而 GNSS 不但可以实时监测 0～200 km 范围内的质量负荷变化，而且具有较高的空间分辨率，在精细空间尺度的业务水文干旱监测方面具有较强的能力和广阔的前景。

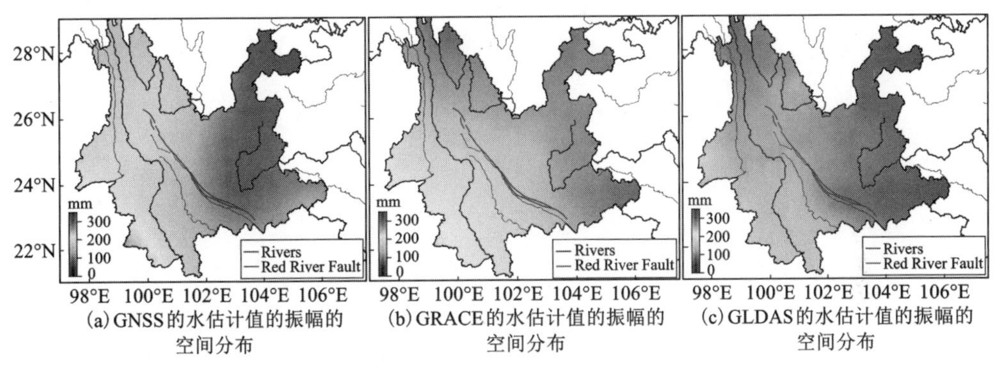

(a) GNSS的水估计值的振幅的空间分布　(b) GRACE的水估计值的振幅的空间分布　(c) GLDAS的水估计值的振幅的空间分布

图 7-16　水估计值的振幅空间分布

7.4.2　云南水资源的时空分布

调查云南区域各种水资源的年际和季节性变化可以为有效的水资源管理策略提供重要的见解。PCA 同样被用来分析水汽、降水以及储水在时空上存在的关系。GNSS-PWV 的第一个 PC(PWV-PC1)的方差贡献为 81.38%，解释了云南区域水汽的季节变化[图 7-17(a)]。PWV-PC1 的空间响应方向一致且呈现出自西南向东北逐渐减少的特点，时间序列呈现出明显的季节性变化的周期。云南区域位于孟加拉湾与南海之间，每年 2—3 月季风会带来大量的水汽。水汽在输送过程中会转化为降水落下。滇西南地区地势较低、水系密布，相较于滇东北地区更有利于水汽的储存。GNSS-PWV 的第二个 PC(PWV-PC2)的方差贡献为 5.01%，对 PWV 原始序列影响很小[图 7-17(b)]。PWV-PC2 解释了水汽的次要空间分布形式，其空间响应呈现出南北反向的特点。

降水的第一个 PC(PRE-PC1)的方差贡献率为 43.51%，是云南区域降水的主要分布形式[图 7-18(a)]。PRE-PC1 的空间响应方向相同，且以红河断裂带为界线呈现出东西分布不均的格局，这与 PWV-PC1 一致，代表云南地区降水受水汽支配。之前的研究表明，造成这种现象的原因与红河断裂带长期的构造运动有关。红河断裂带改变了滇西南和滇东北的长期的地质构造，直接影响降水的分布[55]。PRE-PC1 的时间响应解释了降水的季节变化，和水汽的变化有较高的相

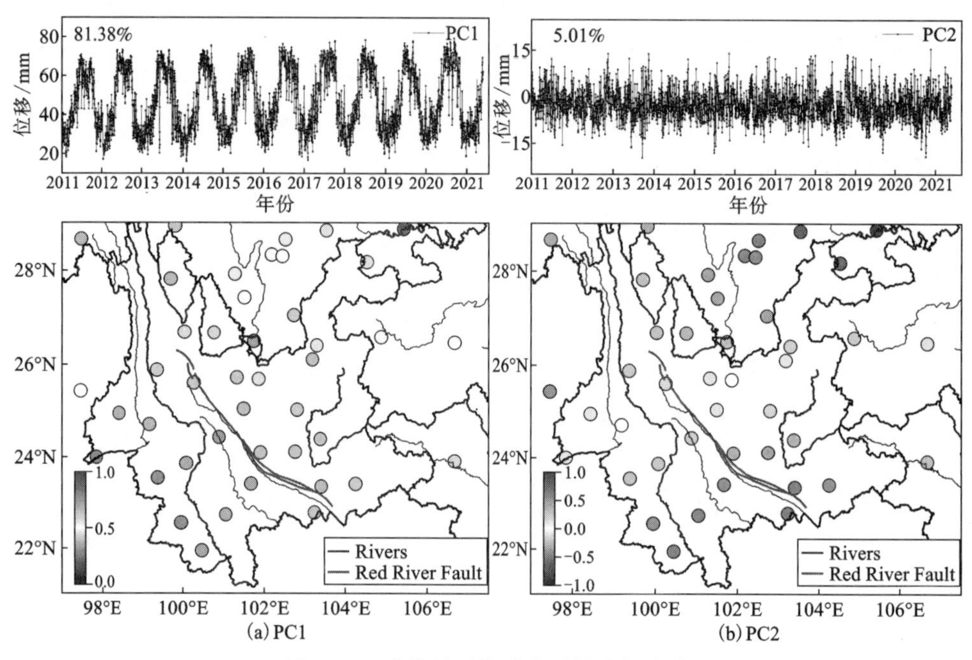

(a) PC1　　(b) PC2

图 7-17　水汽的时间响应以及空间响应

关性，每年的 2—3 月开始增加，8—9 月达到极大值之后开始下降并呈现出明显的周期性变化，因此降水多集中在湿季(5—10 月)，旱季(11—4 月)降水较少。降水的第二个 PC(PRE-PC2)和第三个 PC(PRE-PC3)的方差贡献率分别为 13.79%和 10.07%，两者是云南区域降水的次要空间分布形式[图 7-18(b，c)]。空间响应均为南-北反向型，南部为正，北部为负。降水的前三个 PC 累计贡献率已经达到 67.38%，可以较为合理地描述云南区域降水的空间分布特征。

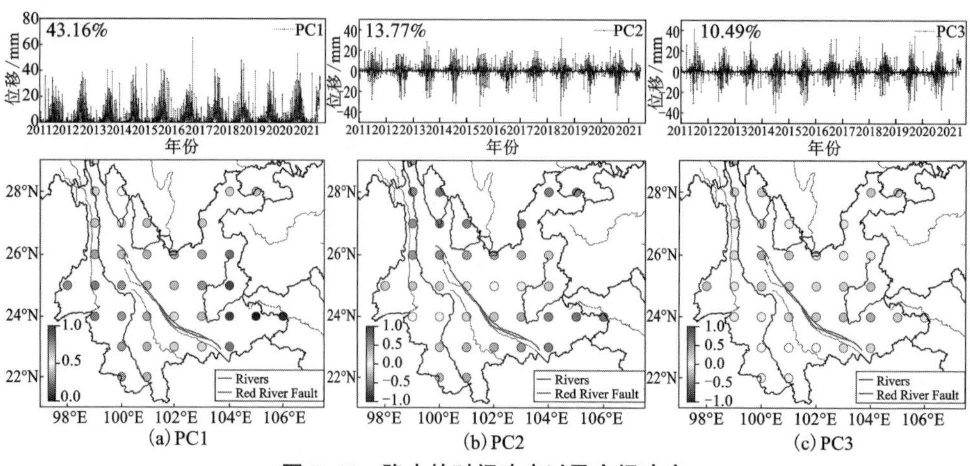

(a) PC1　　(b) PC2　　(c) PC3

图 7-18　降水的时间响应以及空间响应

陆地水储量的第一个PC(EWH-PC1)的方差贡献为91.63%。如图7-19所示，EWH-PC1与PRE-PC1的空间响应的分布高度一致，这表示在云南区域储水的季节性变化受降水空间分布格局的支配。EWH-PC1在11月—次年4月为负，表示滇西南陆地水储量的损失大于滇东北。在流域内，陆地水储量的主要的输出为蒸发及径流。滇西南是水系最为密集的地区，但径流和蒸发量较大。在没有降雨作为输入的情况下，蒸发量和径流会带走西南地区的水分，水储量会迅速减少。5—10月EWH-PC1为正，滇西南地区迎来大量的降水，缺失的水储量得到补充。陆地水储量的第二个PC(EWH-PC2)的方差贡献为8.13%，其空间响应为东-西反向型，意味着在澜沧江流域下游和南盘江流域的储水变化存在差异。

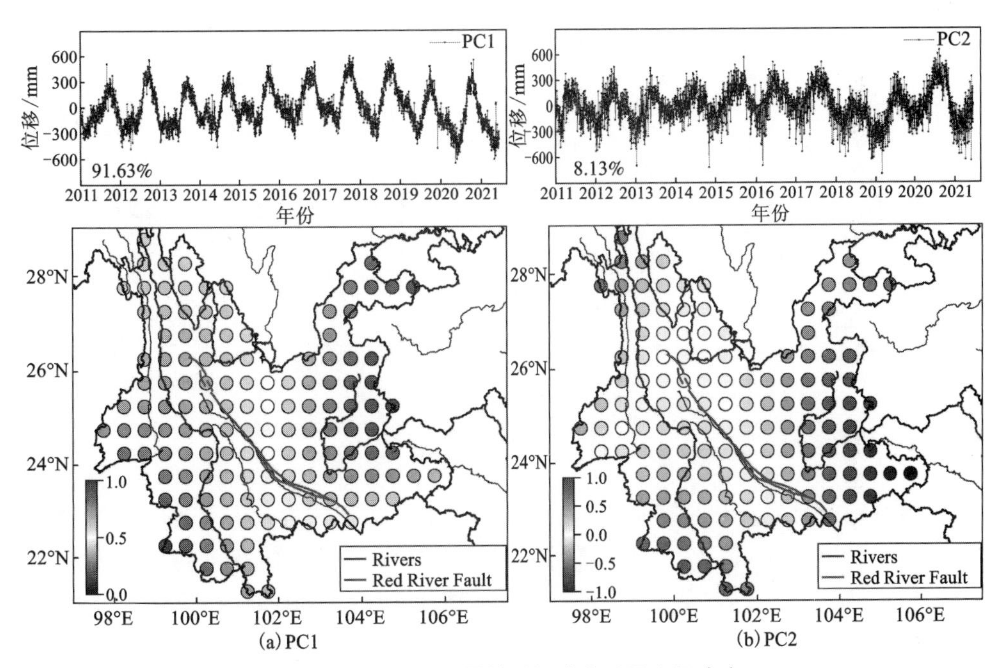

图7-19　陆地水储量的时间响应以及空间响应

7.4.3　影响干旱传播的因素

水汽、降水以及陆地储水之间的时滞为有关水的储存和运输的复杂的动态过程提供了重要的约束[320]。水汽在输送的过程中受到地形阻挡、温度下降等因素影响会转化为降水，这通常是空中水资源向陆地水资源转化的第一步。降水的增加补充了河流、湖泊、土壤和地下水的水分，从而引起陆地储水的变化。这两个过程均存在一定的时滞，分析这两种时滞对于了解空中水资源、降水与陆地水资源的转化机制以及识别干旱的发生和传播具有至关重要的作用。

我们分别计算了所有 GNSS 台站的水汽、降水以及陆地水储量的年峰值的相位。结果如图 7-20 所示，水汽与降水相位均在 195~215 d，且两者基本同相，仅局部存在细微差异。在空间上表现为云南东北部相位相对超前(195~205 d)，西南部相位相对较为滞后(205~215 d)。由于水汽的输送的方向通常是由南部到北部，西南部地势较低，易于水汽的积累和存储，在输送过程中，受到地形的阻挡水汽会转化降水而开始减少，所以在东北部水汽会率先到达峰值；西南部的水汽会在储存中积累，最终到达峰值。陆地水储量的相位落后于降水 40~105 d，也呈现出较为明显的西南-东北相位差异。滇西南的相位相对超前，滇东北相位相对滞后，这与降水的分布密切相关。

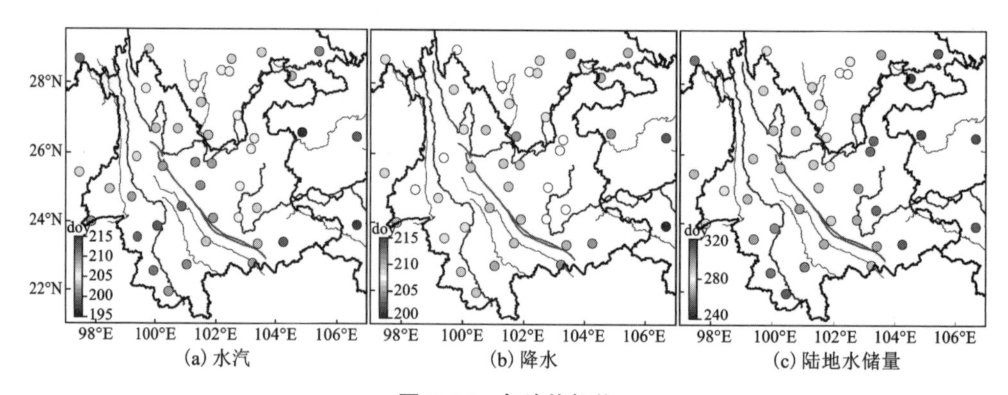

图 7-20　年峰值相位

水汽和降水的变化是基本同步的，两者的相位差基本在 10 d 以内，平均相位差为-1 d[图 7-21(a)]。储水与降水的相位差在 40~120 d，平均相位差为 78 d[图 7-21(b)]。陆地水储量在滇西南的峰值滞后于降水 40~60 d，滇北地区滞后 60~90 d，滇东地区滞后的时间更长。滇西南水汽和降水约在每年的 7—8 月达到峰值，储水约在 1—2 月之后，即 8—9 月到达峰值。滇西南地区地势较低且水系密布，来自较高地势的西北地区的降水会迅速转化为径流输送至西南地区，所以西南地区相位滞后时间相对较短。但在降水不足时会影响径流，进而迅速形成对气象干旱的反馈。滇北海拔高于滇西南，但滇北的水资源依赖于西北山区的降水以及径流。所以滇北的水文干旱对气象干旱也比较敏感。滇东部地区地势相对滇西南地区稍高，以典型的喀斯特地质构造为主要特征[321]。由于该地区地表水与地下水耦合紧密，有利于降水的储存和输送，相位滞后表明陆地水储量的增加。这个现象与文献[322]的研究结论相似，延迟的可能原因是水负荷受到降水转移和输送的综合重量的影响，而不是降水的瞬时重量。储水会在储存和转移的动态过程中得到累积并达到峰值。因此，云南的干旱传播与其复杂的地形密切相关。

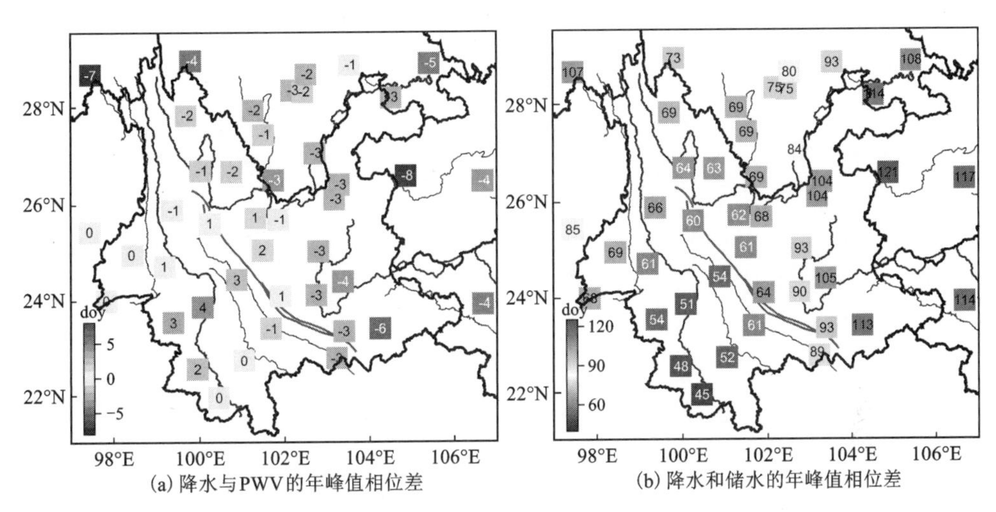

图 7-21　年峰值相位差

7.4.4　干旱传播特征

降水在水文过程和水循环中起着重要作用。降水效率低引起的气象干旱是水文干旱发生的原因，水文干旱则是气象干旱造成的结果。此外，干旱传播的特征通常表现出区域差异，因此有必要对云南的干旱传播过程进行分析。本研究使用 PCA 来揭示云南区域的气象和水文干旱的联系。所有 GNSS 台站上的 SPCI 和 GNSS-DSI 被计算并作为 PCA 的输入以得到气象干旱向水文干旱的传播的时空特征(图 7-22)。结果显示，SPCI1 的第一个 PC(SPCI-PC1)的方差贡献达到了 81.71%，可以代表云南区域气象干旱传播的主要特征。云南区域气象干旱时空分布差异较为明显。从 SPCI-PC1 的时间特征来看，气象干旱多发于春季和冬季，夏季和秋季发生气象干旱的频率相对较低。从空间分布来看，气象干旱一般主要发生在云南北部。GNSS-DSI 的第一个 PC(GNSS-DSI-PC1)的方差贡献为 79.48%，解释了水文干旱的主要特征。GNSS-DSI-PC1 的空间响应与 SPCI-PC1 相似，但水文干旱的影响范围比气象干旱更大。云南区域内部的流域的径流的来源以降水为主，地下水的补充为辅。因此水文干旱通常发生在流域，上游降水不足会导致河流下游缺水。GNSS-DSI-PC1 表征的水文干旱通常与气象干旱有对应关系，表明气象干旱的发生是造成水文干旱的主要原因。

气象干旱和水文干旱事件的持续时间是指相应的干旱指数保持在特定阈值(-0.5)以下的时期。因此，气象干旱到水文干旱的传播时间是由水文干旱和气象

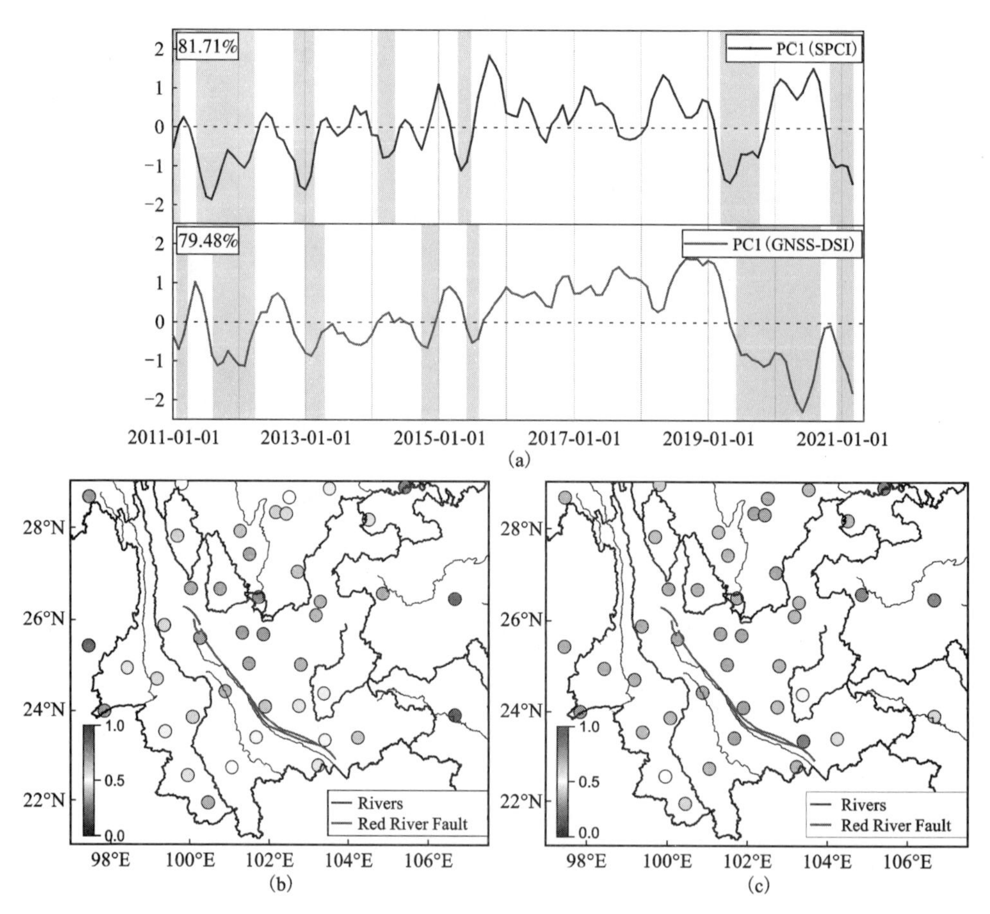

图 7-22　气象干旱 SPCI 和水文干旱指数 GNSS-DSI 的 PC1 的时间响应(a)和空间响应(b)

干旱开始时间的时间差来定义的，并且要同时满足以下两个条件：(a) 气象干旱指数和水文干旱指数均超过阈值；(b)气象干旱和水文干旱事件的重叠时间≥1 个月。本研究采用记录期间的最大干旱传播时间(maximum drought propagation time, MDPT)而不是平均时间来研究干旱传播特征，因为 MDPT 的空间分布可能隐含了云南的不同地形对极端干旱的响应和影响[图 7-23(a)]。由于 SPCI1 和 GNSS-DSI 都是月尺度，所以 MDPT 的单位与其保持一致。本研究根据研究期间所有 GNSS 台站的干旱事件记录计算了气象和水文干旱事件的数量和 MDPT。结果表明，云南 MDPT 为 2～7 个月，呈从西南向东北增加的趋势。在研究期间，MDPT 代表了干旱传播时间的上限，这可能为有效的水文干旱预警和预防提供有用的信息。此外，由于流域的调节能力，并非所有的气象干旱都会导致水文干旱[323]。Sattar 等使用响应率(response rate, Rr)描述了从气象到水文干旱传播的敏感性[115]。Rr 定义为研究期间水文干旱事件和气象干旱事件发生次数的比值。该比值越大，表示气象干旱与水文干旱的相关性越强。Rr 的空间分布如图 7-23(b)所示，表明云南西南部和云南北部气象干旱更容易导致水文干旱。在下一节中我们解释了造成这种现象的可能原因。

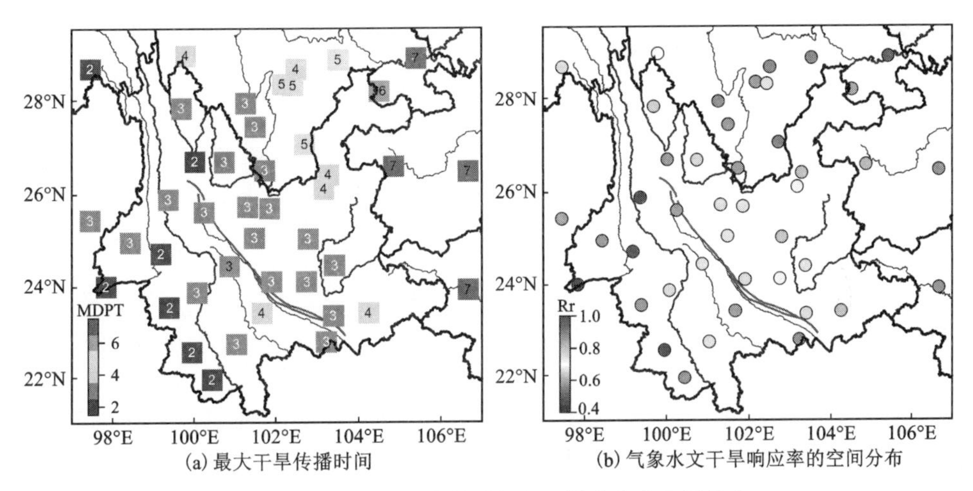

(a) 最大干旱传播时间　(b) 气象水文干旱响应率的空间分布

图 7-23　最大干旱传播时间和干旱响应率空间分布

7.5　本章小结

在本研究中，我们以中国云南为例，利用 GNSS 和降水数据研究气象水文干旱的演变和传播特征。2011 年 1 月至 2021 年 5 月，云南共发生气象干旱事件 7 次，水文干旱事件 7 次。与气象干旱相比，水文干旱影响范围更大且严重程度更高。气象干旱与水文干旱之间存在很强的相关性，表明气象干旱的发生是水文干旱的主要原因。从气象干旱到水文干旱的最大传播时间通常为 2~7 个月，传播时间从西南向东北逐渐增加。受红河断裂带两侧不同地形和海拔高度的影响，西南地区水资源的季节性变化大于东北地区。陆地水储量与降水量的年峰值相位差在 40~120 d，相位延迟随地形变化而变化，表明红河断裂带不仅影响着水资源的空间变化，也影响干旱传播。

总之，本章的结论可以加强我们对云南地区干旱传播的理解，进而开展更有效的干旱监测和制订水资源管理的方案。我们的结论表明密集的 GNSS 网络在表征干旱方面具有巨大潜力，尤其是在精细尺度的区域干旱监测方面有广阔的前景。

第8章 总结与展望

8.1 总结

云南及周边区域地质构造复杂，地壳变形强烈，地震活动频繁，是了解岩石圈板块变形和动力学演化模式与地震研究的理想地区之一。本书将该区域作为研究区，主要利用GNSS空间大地测量技术定量研究该区域的地震地壳形变与干旱传播特征，系统阐述了该区域现今地壳形变特征，揭示了该区域地壳形变震前异常特征以及气象水文干旱事件的识别，时空演变及其传播特征。首先，基于GNSS连续站观测资料在高精度GNSS数据严密处理上开展了非构造形变改正、噪声模型、共模误差等研究，在此基础上获得了高精度垂向GNSS坐标时间序列和速度场，研究了该区域的垂向运动的季节性变化和构造变形。其次，收集整理了该区域更为密集的GNSS观测资料，获取了区域高精度地表形变信息，包括水平速度场、应变率场、断裂带分段滑动速率、基线时序以及格网应变时序等形变参数，并进一步对云南及周边区域地壳形变异常特征与地震孕育—发生之间的关系进行探讨，尝试识别中长期强震危险区及挖掘强震前构造变形微动态短临异常信号，为云南区域未来强震危险区的判定提供一定参考。最后，使用GNSS观测数据并结合重力恢复与气候实验卫星、全球陆地数据同化系统、气象等数据系统研究了云南区域气象水文干旱事件识别及其传播特征。

本书主要研究工作和相关结论归纳如下。

1. 高精度GNSS数据处理

本书使用了GAMIT/GLOBK10.71软件对云南区域2011年1月—2020年8月跨度的27个GNSS连续站观测数据分别进行基线解算和网平差处理并进一步进行精度评定，获得了27个连续站在ITRE2014全球参考框架下近10年的坐标时间序列，在此基础上，分别进行粗差剔除、阶跃项改正、缺失数据插值等预处理，预处理后的高精度坐标时间序列为非构造形变改正、云南区域垂向运动季节性变化和构造变形研究提供了可靠的数据支撑。

2. 云南区域 GNSS 坐标时间序列特征分析及非构造形变改正

本书介绍了 GFZ、EOST、IMLS 产品在 CM 和 CF 框架下与环境负载模型及 GNSS 连续站相对应的负载形变计算，定量评价了环境负载改正 GNSS 坐标时间序列中非构造形变的差异性。结果表明，大部分水文负载在垂向 U 方向的改正效果要明显优于水平 N 和 E 方向；5 种大气负载在 CF 和 CM 框架下对 N 方向都不能够改正，在 E 和 U 方向上都能够在不同程度上得到有效改正；2 种非潮汐海洋负载在垂向 U 方向上都能够有效改正，但是改正效果不明显。在相同条件下，CF 框架下的组合环境负载(水文、大气、非潮汐海洋负载总和)改正效果要优于 CM 框架；在 CM 和 CF 框架下，组合环境负载在垂向 U 方向上的改正效果要明显优于水平 N 和 E 方向，在垂向 U 方向上改正前后的 DRMS 中位值最大为 1.59 mm，PRMS 平均值最大为 17.38%；在水平 N 和 E 方向上，只有少部分连续站能得到改正，大部分连续站改正反而会增加误差。最后综合 GNSS 坐标时间序列的时间跨度和组合环境负载改正效果，选择 IMLS 产品在 CF 框架下的组合环境负载来研究云南区域垂向运动的季节性变化和构造变形。使用白噪声(WN)及白噪声组合[白噪声+闪烁噪声(WN+FN)、白噪声+幂律噪声(WN+PL)、白噪声+闪烁噪声+随机漫步噪声噪声(WN+FN+RWN)、白噪声+广义高斯-马尔可夫噪声模型(WN+GGM)]估计云南区域 27 个连续站 NEU 方向坐标时间序列中的速度及不确定度参数，结果表明几种组合噪声模型估计的速度不确定度普遍要比单一的白噪声模型大几倍甚至几十倍，仅使用白噪声模型会导致速度不确定度估计过于乐观，且会产生一定的速率偏差，这在实际应用中是不可忽视的。在垂向 U 方向上，环境负载和共模误差改正前后最优噪声模型估计的速度差值范围为 0~0.25 mm/a，速度不确定度差值最大为 0.5 mm/a，因此，为了准确估计垂向坐标时间序列中的速度及不确定度参数，需要考虑环境负载和共模误差改正前后的噪声特性。

3. 云南区域垂向运动的季节性变化和构造变形

本书使用时间跨度在 2011—2020 年的 27 个连续站的 GNSS 垂向位移和环境负载形变来研究云南区域垂向运动的季节性变化和构造变形，对比分析了 GNSS 垂向位移及 GNSS 共模误差与环境负载形变的定量关系和变化特征，最后得到了云南区域 2011—2020 年的 GNSS 垂向速度场并探讨了现今的垂向构造形变。GNSS 垂向位移与环境负载形变均出现季节性变化且整体运动趋势较为一致，两者的相关性平均为 0.55，计算 GNSS 垂向位移中去除环境负载形变之后的 PRMS 值，除了 YNGM 和 KMIN 连续站之外，所有连续站的 PRMS 均为正值，PRMS 平均值为 18%，说明环境负载能够有效去除这些连续站中的非构造形变，平均约18%来源于环境负载形变；计算 GNSS 垂向位移中扣除单一的水文负载、大气负载和非潮汐海洋负载形变后的 PRMS 值，PRMS 平均值分别为 14.91%、1.85%、0.53%，通过对比可知水文负载是引起云南区域 GNSS 垂向季节性变化的主要因素。由小波分析结果可知环境负载形变与 GNSS 垂向位移在年周期项上的变化是物理相关的，说明环境负载是 GNSS 年周期变化的主要驱动力，少部分 GNSS 连续站(KMIN、YNGM、YNMZ)是由其他因素(如 GNSS 系统和环境负载模型误差、其他地球物理因素)和环境负载共同作用造成了 GNSS 年周期项变化，因此，分别使用 MSSA、SSA 方法提取所有连续站以年周期项变化为主的季节性信号，相比于 SSA 方法，MSSA 提取的 27 个 GNSS 季节性信号的方差贡献率比 SSA 高6%，MSSA 提取效果更好。GNSS 速度场结果显示滇西南块体整体以 0.01～1.43 mm/a 的速率沉降，滇西南块体沿着高黎贡右旋走滑断裂和南汀河左旋断裂与勐兴左旋断裂大规模旋转运动，在滇西南块体的中东部形成拉张而沉降；而川滇块体南部整体以 0.2～2.46 mm/a 速率抬升，川滇块体南部的整体抬升与小江断裂的左旋剪切运动密切相关。

4. 云南及周边区域现今地壳形变特征

收集整理了目前为止云南及周边区域基于欧亚框架下 1999—2016 年最为密集的 526 个测站的水平速度场，并以中国活动块体及其周边断裂带的构造背景为基础，根据实际的 GNSS 点位分布情况，将云南及周边区域划分为 23 个微块体，分别使用 RRM、REHSM、REHLM 模型建立 23 个微块体运动模型，最后得出 REHLM 模型最适合描述 23 个微块体的运动，描述这些块体模型时，块体内部的形变是不可忽略的。基于 REHLM 模型得出的块体运动参数可知，23 个微块体旋转率变化范围 0.23°/Ma～4.64°/Ma，水平运动速率变化范围 5.35～19.46 mm/a，总体运动特征呈现出北强南弱。GNSS 剖面法得出的云南及周边区域主要活动断裂带的走滑速率-7.07～10.93 mm/a，挤压或拉张速率-4.17～4.25 mm/a。小江断裂、鲜水河断裂、安宁河断裂、则木河断裂、甘孜-玉树断裂等具有左旋活动性质的走滑速率分别为 8.87～10.71 mm/a、8.28～10.93 mm/a、7.32 mm/a、9.55 mm/a、4.91 mm/a；红河断裂、金沙江断裂、无量山断裂、楚雄-建水断裂等具有右旋活动性质的走滑速率分别为 2.93～6.47 mm/a、4.87～5.66 mm/a、2.88 mm/a、2.97～7.07 mm/a；基于球面最小二乘配置模型计算的应变场结果可知，显著的挤压应变率和最大剪应变率高值主要分布在川滇菱块东边界的鲜水河-安宁河-则木河-小江断裂带上，并伴随着拉伸应变。鲜水河断裂在 E-W 方向的挤压应变率最大，并伴有近 N-S 方向的拉伸应变。安宁河-则木河-小江断裂在 NWW-SSE 方向上也具有较高的挤压应变率，并伴随着 NNE-SSW 方向上的拉伸应变。

5. 云南区域地壳形变震前异常特征

云南区域整体应变背景场异常特征研究方面，本书探讨了中长期应变积累背景异常特征，提出了判定强震危险地点的一些异常判据，发现云南区域 Ms≥5.0 级以上地震大多发生于面膨胀区与面压缩区之间，以及高剪切应变率地区和应变率梯度的边界，长期应变积累背景相一致的高应变率有利于强震的发生，并在此认识基础上建立了风险区域划定模型，进一步以数学模型替代人为的主观判断来显示异常特征危险区，极大地减少了人为主观判断的影响，该模型与期间内历史地震吻合较好，为云南区域地震危险地点的判定提供了一定参考。云南区域基线时序异常特征研究方面，本书识别了云南区域内中强地震前的一些基线异常现象，发现随着地壳介质非线性特征的出现，某些区域可能由于地壳拉张压缩应力的突然改变而观测到显著的突变性基线异常特征，并且伴随震后应力场调整可能造成站点间基线的趋势性改变。云南区域格网应变时序异常特征研究方面，分别从时序异常次数及时序时频异常特征两方面进行了探讨：①基于格网面应变时序异常次数统计数据及区域构造相关信息，以德钦地震为例探讨了面应变异常过程与区域地震孕育活动的关系。发现通过计算面应变异常并统计网格的异常次数，结合区域断裂地质信息对区域运动状态及断裂危险性进行分析的方法能一定程度上“统计”区域构造异常活动信息，对于地震危险地点的判定有一定的指示作用。②首次将整体经验模态分解的希尔伯特-黄变换分析方法(HHT—EEMD)与 GNSS 应变时序相结合，探索了云南区域中强地震前 GNSS 应变时序的时-频-能量分布特征。结果显示，通过 EEMD、残差趋势项分析、IMF 分量异常识别和 Hilbert 变换相互结合的方法综合动态分析应变时序，能够在部分地震前夕发现一些潜在异常信息，为未来云南区域强震危险地点的判定提供一定的参考，为挖掘应变时序中蕴含的短临异常特征提供了新的思路。

6. 云南区域气象干旱到水文干旱传播特征

利用 GNSS 技术研究气象水文干旱的演变和传播特征。2011 年 1 月至 2021 年 5 月，云南共发生气象干旱事件 7 次，水文干旱事件 7 次。与气象干旱相比，水文干旱影响范围更大且严重程度更高。气象干旱与水文干旱之间存在很强的相关性，表明气象干旱的发生是水文干旱的主要原因。从气象干旱到水文干旱的最大传播时间通常为 2~7 个月，传播时间从西南向东北逐渐增加。受红河断裂带两侧不同地形和海拔高度的影响，西南地区水资源的季节性变化大于东北地区。陆地水储量与降水量的年峰值相位差在 40~120 d，相位延迟随地形变化而变化，表明红河断裂带不仅影响着水资源的空间变化，也影响干旱传播。

8.2 展望

本书虽然对 GNSS 坐标时间序列中非构造形变改正及云南及周边区域现今地壳形变特征与地震相关联问题进行了探讨，得到了一些有益结论，但对于诸多问题的认识仍然不足或研究不够深入。下一步拟针对以下几个方面问题进行深入研究：

①虽然 GNSS 原始坐标时序经过本研究所考虑的非构造形变干扰因素削弱后，其精度有所提高，部分季节性周期项得到解释，但其仅代表了 GNSS 站点坐标时序中非构造干扰因素的一部分，时序中仍存在一些未知的误差没有被考虑及剔除，诸多问题还有待深入，例如如何进一步完善 GNSS 数据处理方法及各类误差修正模型，如何提高环境质量负载模型的分辨率及准确性，如何理解水平分量的季节性机制等，这些问题都有待探讨，观测墩的热膨胀效应本研究也尚未考虑。因此，如何得到更“干净”的 GNSS 坐标时间序列仍为一个值得持续探讨的问题。

②本研究主要是依据 GNSS 空间大地测量资料，从运动学的角度对云南区域地壳形变特征进行分析，对于动力学角度的形变物理机制研究还不够深入。另外，在断层活动研究方面，真实的断层活动十分复杂，如何获取断层在不同分段不同深度的精细特征，深入认识断层活动机制，仍是未来需要深入的方向。

③由于岩石圈是一个开放的动力系统，地震孕育过程具有开放性和非线性特征，地震的研究具有复杂性，文中对于震前地壳形变异常的认识不但是初步的，而且也必然存在片面性或局限性，多参数异常变化的时空关联性研究还有待加强。另外，在 GNSS 应变时序时频特征研究方面，本研究未对异常量级以及异常发生时间与持续时间做定量分析，下一步需综合考虑断裂空间位置、测站分布等因素，更加科学精确地进行格网划分，并对异常特征做定量分析。

参考文献

[1] Ji J Q, Zhong D L, Sang H Q, et al. The western boundary of extrusion blocks in the southeastern Tibetan Plateau[J]. Chinese Science Bulletin, 2000, 45(10): 870-875.

[2] Replumaz A, Tapponnier P. Reconstruction of the deformed collision zone between India and Asia by backward motion of lithosphereic blocks[J]. Journal of Geophysical Research, 2003, 108(B6): 2285.

[3] 邓起东, 张培震, 冉勇康, 等. 中国活动构造基本特征[J]. 中国科学(D 辑: 地球科学), 2002(12): 1020-1030, 1057.

[4] 张培震, 邓起东, 张国民, 等. 中国大陆的强震活动与活动地块[J]. 中国科学(D 辑: 地球科学), 2003, 33(增刊): 12-20.

[5] Chen Z, Burchfiel B C, Liu Y, et al. Global positioning system measurements from eastern Tibet and their implications for India/Eurasia intercontinental deformation[J]. Journal of Geophysical Research, 2000, 105(16): 215-227.

[6] 牛之俊, 王敏, 孙汉荣, 等. 中国大陆现今地壳运动速度场的最新观测结果[J]. 科学通报, 2005(8): 839-840.

[7] 唐方头, 宋键, 曹忠权, 等. 最新 GPS 数据揭示的东构造结周边主要断裂带的运动特征[J]. 地球物理学报, 2010, 53(9): 2119-2128.

[8] Maurin T, Masson F, Rangin C, et al. First global positioning system results in northern Myanmar: Constant and localized slip rate along the sagaing fault[J]. Geology, 2010, 38(7): 591-594.

[9] 李强, 游新兆, 杨少敏, 等. 中国大陆构造变形高精度大密度 GPS 监测——现今速度场[J]. 中国科学: 地球科学, 2012, 42(5): 629-632.

[10] Trubienko O, Fleitout L, Garaud J D, et al. Interpretation of inter seismic deformations and the seismic cycle associated with large subduction earthquakes[J]. Tectonophysics, 2013, 589(2): 126-141.

[11] Altamimi Z, Rebischung P, Metivier L, et al. ITRF2014: A new release of the International Terrestrial Reference Frame modeling nonlinear station motions[J]. Journal of Geophysical Research: Solid Earth, 2016, 121(8): 6109-6131.

[12] Jiang W P, Yuan P, Chen H, et al. Annual variations of monsoon and drought detected by GPS: A case study in Yunnan, China[J]. Scientific Reports, 2017, 7(1): 5874.

[13] Wei G, Chen K, Zou R, et al. On the potential of rapid moment magnitude estimation for strong earthquakes in Sichuan-Yunnan region, China, Using real-time CMONOC GNSS observations [J]. Seismological Research Letters, 2022, 93(5): 2659-2669.

[14] Gazeaux J, Williams S, King M, et al. Detecting offsets in GPS time series: First results from the detection of offsets in GPS experiment[J]. Journal of Geophysical Research: Solid Earth, 2013, 118(5): 2397-2407.

[15] Williams S, Bock Y, Fang P, et al. Error analysis of continuous GPS position time series [J]. Journal of Geophysical Research: Solid Earth, 2004, 109(B3): 412-430.

[16] Agnew D C. The time-domain behavior of power-law noises[J]. Journal of Geophysical Research, 1992, 19(4): 333-336.

[17] Zhang J, Bock Y, Johnson H, et al. Southern California permanent GPS geodetic array error analysis of daily position estimates and sites velocities[J]. Journal of Geophysical Research: Solid Earth, 1997, 102: 18035-18055.

[18] Mao A, Harrison C, Dixon T H. Noise in GPS coordinate time series[J]. Journal of Geophysical Research: Solid Earth, 1999, 104: 2797-2816.

[19] 黄立人. GPS 基准站坐标分量时间序列的噪声特性分析[J]. 大地测量与地球动力学, 2006, 26(2): 31-33, 38.

[20] 黄立人, 符养. GPS 连续观测站的噪声分析[J]. 地震学报, 2007(2): 197-202.

[21] 田云锋, 沈正康, 李鹏. 连续 GPS 观测中的相关噪声分析[J]. 地震学报, 2010, 32(6): 696-704.

[22] Wang W, Zhao B, Wang Q, et al. Noise analysis of continuous GPS coordinate time series for CMONOC[J]. Advances in Space Research, 2012, 49: 943-956.

[23] 李昭, 姜卫平, 刘鸿飞, 等. 中国区域 IGS 基准站坐标时间序列噪声模型建立与分析[J]. 测绘学报, 2012(4): 496-503.

[24] He Y F, Nie G G, Wu S G, et al. Analysis and discussion on the optimal noise model of global GNSS long-term coordinate series considering hydrological loading[J]. Remote Sensing, 2021, 13(3): 431.

[25] Amiri-Simkooei A R. Noise in multivariate GPS position time-series[J]. Journal of Geodesy, 2009, 83(2): 175-187.

[26] Amiri-Simkooei A R. Non-negative least-squares variance component estimation with application to GPS time series[J]. Journal of Geodesy, 2016, 90(5): 451-466.

[27] 朱丹彤. 利用方差—协方差分量估计的 GPS 站坐标时间序列特征分析[D]. 徐州: 中国矿业大学, 2018.

[28] Caporali A. Average strain rate in the Italian crust inferred from a permanent GPS network-I. Statistical analysis of the time-series of permanent GPS stations[J]. Geophysical Journal International, 2003, 155(1): 241-253.

[29] Hackl M, Malservisi R, Hugentobler U, et al. Estimation of velocity uncertainties from GPS time

series: Examples from the analysis of the South African TrigNet network[J]. Journal of Geophysical Research: Solid Earth, 2011, 116: B11404.

[30] Niu X, Chen Q, Zhang Q, et al. Using Allan variance to analyze the error characteristics of GNSS positioning[J]. GPS Solutions, 2014, 18(2): 231-242.

[31] 丁开华, 丁剑, 李志才, 等. 川滇地区陆态网络基准站运动噪声模型分析[J]. 测绘科学, 2014, 39(12): 56-60, 50.

[32] 张风霜. 有色噪声模型下云南地区 GPS 基准站速度与周期估计[J]. 地震研究, 2016, 39(3): 410-420.

[33] Wdowinski S, Bock Y, Zhang J, et al. Southern California permanent GPS geodetic array: Spatial filtering of daily positions for estimating co-seismic and post-seismic displacements induced by the 1992 Landers earthquake[J]. Journal of Geophysical Research: Solid Earth, 1997, 102(B8): 18057-18070.

[34] Nikolaidis R. Observation of geodetic and seismic deformation with the Global Positioning System[D]. San Diego: University of California, San Diego, 2002.

[35] Dong D, Fang P, Bock Y, et al. Spatiotemporal filtering using principal component analysis and Karhunen-Loeve expansion approaches for regional GPS network analysis[J]. Journal of Geophysical Research: Solid Earth, 2006, 111(B3): 1581-1600.

[36] 田云锋, 沈正康. GPS 观测网络中共模分量的相关加权叠加滤波[J]. 地震学报, 2011, 33(2): 199-208.

[37] 谢树明, 潘鹏飞, 周晓慧. 大空间尺度 GPS 网共模误差提取方法研究[J]. 武汉大学学报(信息科学版), 2014, 39(10): 1168-1173.

[38] Tian Y F, Shen Z K. Extracting the regional common-mode component of GPS station position time series from dense continuous network[J]. Journal of Geophysical Research: Solid Earth, 2016, 121(2): 1080-1096.

[39] 郭南男, 赵静旸. 一种改进的 GPS 区域叠加滤波算法[J]. 武汉大学学报(信息科学版), 2019, 44(8): 1220-1225.

[40] Shen Y, Li W, Xu G, et al. Spatiotemporal filtering of regional GPS network's position time series with missing data using principle component analysis[J]. Journal of Geodesy, 2014, 88(1): 1-12.

[41] 明锋. GPS 坐标时间序列分析研究[D]. 郑州: 中国人民解放军战略支援部队信息工程大学, 2018.

[42] Bennett R A. Instantaneous deformation from continuous GPS: Contributions from quasi-periodic loads[J]. Geophysical Journal International, 2008, 174(3): 1052-1064.

[43] Davis J L, Wernicke B P, Tamisiea M E. On seasonal signals in geodetic time series[J]. Journal of Geophysical Research: Solid Earth, 2012, 117: B01403.

[44] Vautard R, Yiou P, Ghil M. Singular-spectrum analysis: A toolkit for short, noisy chaotic signals[J]. Physica D Nonlinear Phenomena, 1992, 58(1): 95.

[45] Rangelova E, Vand W W, Sideris M, et al. Spatiotemporal analysis of the GRACE-Derived mass variations in north America by means of multi-channel singular spectrum analysis[J]. Gravity

Geoid & Earth Observation, 2010, 135: 539-546.

[46] Gruszczynska M, Klos A, Rosat S, et al. Deriving common seasonal signals in GPS position time series: by using multichannel singular spectrum analysis [J]. Acta Geodynamica et Geomaterialia, 2017, 187(3): 267-278.

[47] Xu C, Yue D. Monte Carlo SSA to detect time-variable seasonal oscillations from GPS-derived site position time series[J]. Tectonophysics, 2015, 665: 118-126.

[48] Borsa A A, Agnew D C, Cayan D R. Ongoing drought-induced uplift in the western United States[J]. Science, 2014, 345(80): 1587-1590.

[49] 明锋, 杨元喜, 曾安敏, 等. 中国区域 IGS 站高程时间序列季节性信号及长期趋势分析[J]. 中国科学: 地球科学, 2016, 46(6): 834-844, 1-3.

[50] Pan Y J, Shen W B, Ding H, et al. The quasi-biennial vertical oscillations at global GPS stations: Identification by ensemble empirical mode decomposition[J]. Sensors, 2015, 15(10): 26096-26114.

[51] Bogusa J, Klos A. On the significance of periodic signals in noise analysis of GPS station coordinates time series[J]. GPS Solutions, 2016, 20(4): 655-664.

[52] Dong D, Herring T A, King R W. Estimating regional deformation from a combination of space and terrestrial geodetic data[J]. Journal of Geodesy, 1998, 72(4): 200-214.

[53] 田云锋, 沈正康. GPS 坐标时间序列中非构造噪声的剔除方法研究进展[J]. 地震学报, 2009, 31(1): 68-81, 117.

[54] 姜卫平, 李昭, 刘鸿飞, 等. 中国区域 IGS 基准站坐标时间序列非线性变化的成因分析[J]. 地球物理学报, 2013, 56(7): 2228-2237.

[55] Zhan W, Li F, Hao W F, et al. Regional characteristics and influencing factors of seasonal vertical crustal motions in Yunnan, China[J]. Geophysical Journal International, 2017, 210(3): 1295-1304.

[56] Pan Y J, Shen W B, Shum C K, et al. Spatially varying surface seasonal oscillations and 3-D crustal deformation of the Tibetan Plateau derived from GPS and GRACE data[J]. Earth and Planetary Science Letters, 2018, 502: 12-22.

[57] Zhan W, Tian Y, Zhang Z, et al. Seasonal patterns of 3-D crustal motions across the seismically active southeastern Tibetan Plateau[J]. Journal of Asian Earth Sciences, 2020, 192: 104274.

[58] Li C, Huang S, Chen Q, et al. Quantitative Evaluation of Environmental Loading Induced Displacement Products for Correcting GNSS Time Series in CMONOC[J]. Remote Sensing, 2020, 12(4): 594.

[59] Ray J, Altamimi Z, Collilieux X, et al. Anomalous harmonics in the spectra of GPS position estimates[J]. GPS Solutions, 2008, 12(1): 55-64.

[60] Deng L, Jiang W, Li Z, et al. Assessment of second and third-order ionospheric effects on regional networks: Case study in China with longer CMONOC GPS coordinate time series [J]. Journal of Geodesy, 2017, 91(2): 207-227.

[61] Van Dam T M, Blewitt G, Heflin M B. Atmospheric pressure loading effects on global positioning system coordinate determinations [J]. Geophysical Research Letters, 1994, 99

(B12): 23939-23950.

[62] Van Dam T M, Wahr J, Chao Y, et al. Predictions of crustal deformation and of geoid and sea-level variability caused by oceanic and atmospheric loading[J]. Geophysical Journal International, 1997, 129(3): 507-517.

[63] Zerbini S, Matonti F, Raicich F, et al. Observing and assessing nontidal ocean loading using ocean, continuous GPS and gravity data in the Adriatic area[J]. Geophysical Research Letters, 2004, 31(23): L23609.

[64] 王敏, 沈正康, 董大南. 非构造形变对 GPS 连续站位置时间序列的影响和修正[J]. 地球物理学报, 2005(5): 1045-1052.

[65] 闫昊明, 陈武, 朱耀仲, 等. 温度变化对我国 GPS 台站垂直位移的影响[J]. 地球物理学报, 2010, 53(4): 825-832.

[66] Wu S G, Nie G G, Liu J N, et al. A sub-regional extraction method of common mode components from IGS and CMONOC stations in China[J]. Remote Sensing, 2019, 11(11): 1389.

[67] Petrov L, Boy J P. Study of the atmospheric pressure loading signal in very long baseline interferometry observations[J]. Journal of Geophysical Research, 2004, 109: B03405.

[68] Tregoning P, Van Dam T M. Effect of atmospheric pressure loading and seven-parameter transformations on estimates of geocenter motion and station heights from space geodetic observations[J]. Geophysical Research Letters, 2005, 110: B03408.

[69] Wu Y, Zhao Q, Zhang B, et al. Characterizing the seasonal crustal motion in Tianshan area using GPS, GRACE and surface loading models[J]. Remote Sensing, 2017, 9(12): 1303.

[70] Van Dam T M, Wahr J, Milly P C, et al. Crustal displacements due to continental water loading[J]. Geophysical Research Letters, 2001, 28(4): 651-654.

[71] Xiang Y F, Yue J P, Tang K, et al. Joint analysis of seasonal oscillations derived from GPS observations and hydrological loading for mainland China[J]. Advances in Space Research, 2018, 62(11): 3148-3161.

[72] Dill R, Dobslaw H. Numerical simulations of global-scale high-resolution hydrological crustal deformations[J]. Journal of Geophysical Research: Solid Earth, 2013, 118: 5008-5017.

[73] Nahmani S. Hydrological deformation induced by the West African Monsoon: Comparison of GPS, GRACE and loading models[J]. Journal of Geophysical Research: Solid Earth, 2012, 117: B05409.

[74] Pan Y J, Shen W B, Hwang C, et al. Seasonal mass changes and crustal vertical deformations constrained by GPS and GRACE in northeastern Tibet[J]. Sensors, 2016, 16(8): 1211.

[75] Li S Y, Shen W B, Pan Y J, et al. Surface seasonal mass changes and vertical crustal deformation in North China from GPS and GRACE measurements[J]. Geodesy and Geodynamics, 2020, 11(1): 49-58.

[76] Yan H, Chen W, Zhu Y Z, et al. Contributions of thermal expansion of monuments and nearby bedrock to observed GPS height changes[J]. Geophysical Research Letters, 2009,

36: L13301.
[77] Dong D, Fang P, Bock Y, et al. Anatomy of apparent seasonal variations from GPS-Derived site position time series[J]. Journal of Geophysical Research: Solid Earth, 2002, 107(B4): ETG 9-1-ETG 9-16.
[78] Yuan P, Li Z, Jiang W P, et al. Influences of environmental loading corrections on the nonlinear variations and velocity uncertainties for the reprocessed global positioning system height time series of the crustal movement observation network of China[J]. Remote Sensing, 2018, 10(6): 958.
[79] Reid H F. The mechanics of the earthquake, the California earthquake of april 18, 1906 [J]. Report of the State Investigation Commission, Carnegie Institution of Washington, Washington D. C., 1910: 16-18.
[80] 江在森, 张希, 张晶, 等. 地壳形变动态图像提取与强震预测技术研究[M]. 北京: 地震出版社, 2013: 95-96.
[81] Snay R A, Neugebauer H C, Prescott W H. Horizontal deformation associated with the Loma Prieta earthquake [J]. Bulletin of the Seismological Society of America, 1991, 81(5): 1647-1659.
[82] 李延兴, 胡新康, 赵承坤, 等. 华北地区 GPS 监测网建设、地壳水平运动与应力场及地震活动性的关系[J]. 中国地震, 1998(2): 3-5.
[83] 张永志, 崔笃信, 王琪, 等. 利用 GPS 资料研究区域地壳应力场变化与地震活动关系[J]. 地震学报, 2000(5): 449-456.
[84] 吴云, 孙建中, 乔学军, 等. GPS 在现今地壳运动与地震监测中的初步应用[J]. 武汉大学学报(信息科学版), 2003(S1): 79-82, 136.
[85] 江在森, 马宗晋, 张希, 等. GPS 初步结果揭示的中国大陆水平应变场与构造变形[J]. 地球物理学报, 2003, 46(3): 352-358.
[86] 江在森, 杨国华, 王敏, 等. 中国大陆地壳运动与强震关系研究[J]. 大地测量与地球动力学, 2006, 26(3): 1-9.
[87] 江在森, 方颖, 武艳强, 等. 汶川 8.0 级地震前区域地壳运动与变形动态过程[J]. 地球物理学报, 2009, 52(2): 505-518.
[88] 江在森, 武艳强. 地壳形变与强震地点预测问题与认识[J]. 地震, 2012, 32(2): 8-21.
[89] 陈光齐, 武艳强, 江在森, 等. GPS 资料反映的日本东北 M_W9.0 地震的孕震特征[J]. 地球物理学报, 2013, 56(3): 848-856.
[90] 洪敏, 邵德盛, 王伶俐, 等. 基于 GNSS 观测资料研究云南地壳形变与地震的关系[J]. 地震研究, 2013, 36(3): 292-298.
[91] 刘峡, 孙东颖, 马瑾, 等. GPS 结果揭示的龙门山断裂带现今形变与受力-与川滇地区其他断裂带的对比研究[J]. 地球物理学报, 2014, 57(4): 1091-1100.
[92] 邵志刚, 张浪平, 马宏生, 等. 基于形变观测分析 2011 年日本 9.0 级地震与断层运动间关系[J]. 地球物理学报, 2015, 58(3): 857-871.
[93] 邹镇宇, 江在森, 武艳强, 等. 基于 GPS 速度场变化结果研究汶川地震前后南北地震带地壳运动动态特征[J]. 地球物理学报, 2015, 58(5): 1597-1609.

[94] 顾国华，王武星. GPS 观测得到的大地震前兆地壳形变震例[J]. 地震科学进展，2020，50(10)：30-39.

[95] 武艳强，江在森，朱爽，等. 中国大陆西部 GNSS 变形特征及其与 M≥7.0 强震孕育的关系[J]. 中国地震，2020，36(4)：756-766.

[96] 江在森，杨国华，张晶. GPS、卫星遥感及地球变化磁场地震短期预测方法研究[M]. 北京：地震出版社，2006.

[97] 侯贺晟，江在森. 基于 GPS 观测的昆仑山 8.1 级地震微动态变形研究[J]. 大地测量与地球动力学，2008，28(3)：9-13.

[98] Hanson P J, Weltzin J F. Drought disturbance from climate change: response of United States forests[J]. Science of the Total Environment, 2000, 262(3): 205-220.

[99] Hirabayashi Y, Kanae S, Emori S, et al. Global projections of changing risks of floods and droughts in a changing climate[J]. Hydrological Sciences Journal, 2008, 53(4): 754-772.

[100] Gizaw M S, Gan T Y. Impact of climate change and El Niño episodes on droughts in sub-Saharan Africa[J]. Climate Dynamics, 2016, 49(1-2): 665-682.

[101] Tietjen B, Schlaepfer D R, Bradford J B, et al. Climate change-induced vegetation shifts lead to more ecological droughts despite projected rainfall increases in many global temperate drylands[J]. Global Change Biology, 2017, 23(7): 2743-2754.

[102] Wilhite D A, Glantz M H. Understanding the drought phenomenon: the role of definitions [J]. Water International, 2009, 10(3): 111-120.

[103] Van Loon A F. Hydrological drought explained[J]. Wiley Interdisciplinary Reviews: Water, 2015, 2(4): 359-392.

[104] Sinha D, Syed T H, Famiglietti J S, et al. Characterizing drought in India using GRACE observations of terrestrial water storage deficit[J]. Journal of Hydrometeorology, 2017, 18(2): 381-396.

[105] McKee T B, Doesken N J, Kleist J. The relationship of drought frequency and duration to time scales [C]. Paper Presented at the Proceedings of the 8th Conference on Applied Climatology, 1993.

[106] Wells N, Goddard S, Hayes M J. A self-calibrating palmer drought severity index[J]. Journal of Climate, 2004, 17(12): 2335-2351.

[107] Vicente-Serrano S M, Begueria S, Lopez-Moreno J I. A multiscalar drought index sensitive to global warming: the standardized precipitation evapotranspiration index[J]. Journal of Climate, 2010, 23(7): 1696-1718.

[108] Wu Y, Fang H, Huang L, et al. Changing runoff due to temperature and precipitation variations in the dammed Jinsha River[J]. Journal of Hydrology, 2020, 582: 124500.

[109] Apurv T, Sivapalan M, Cai X M. Understanding the role of climate characteristics in drought propagation[J]. Water Resources Research, 2017, 53(11): 9304-9329.

[110] Wu J, Chen X, Yao H, et al. Hydrological drought instantaneous propagation speed based on the variable motion relationship of speed-time process[J]. Water Resources Research, 2018, 54(11): 9549-9565.

[111] Huang S, Li P, Huang Q, et al. The propagation from meteorological to hydrological drought and its potential influence factors[J]. Journal of Hydrology, 2017, 547: 184-195.

[112] Van Loon A F, Van Huijgevoort M H J, et al. Evaluation of drought propagation in an ensemble mean of large-scale hydrological models[J]. Hydrology and Earth System Sciences, 2012, 16(11): 4057-4078.

[113] Wu J, Miao C, Zheng H, et al. Meteorological and hydrological drought on the loess plateau, China: Evolutionary characteristics, impact, and propagation[J]. Journal of Geophysical Research-Atmospheres, 2018, 123(20): 11569-11584.

[114] Tijdeman E, Barker L J, Svoboda M D, et al. Natural and human influences on the link between meteorological and hydrological drought indices for a large set of catchments in the contiguous United States[J]. Water Resources Research, 2018, 54(9): 6005-6023.

[115] Sattar M N, Lee J Y, Shin J Y, et al. Probabilistic characteristics of drought propagation from meteorological to hydrological drought in South Korea[J]. Water Resources Management, 2019, 33(7): 2439-2452.

[116] Van Loon A F, Laaha G. Hydrological drought severity explained by climate and catchment characteristics[J]. Journal of Hydrology, 2015, 526: 3-14.

[117] Zhou Z, Shi H, Fu Q, et al. Investigating the propagation from meteorological to hydrological drought by introducing the nonlinear dependence with directed information transfer index [J]. Water Resources Research, 2021, 57(8): e2021WR030028.

[118] Zhao M, Geruo A, Velicogna I, et al. Satellite observations of regional drought severity in the continental United States using GRACE-Based terrestrial water storage changes[J]. Journal of Climate, 2017, 30(16): 6297-6308.

[119] Fu Y, Argus D F, Lander F W. GPS as an independent measurement to estimate terrestrial water storage variations in Washington and Oregon[J]. Journal of Geophysical Research: Solid Earth, 2015, 120(1): 552-566.

[120] Argus D F, Landerer F W, Wiese D N, et al. Sustained water loss in California's mountain ranges during severe drought from 2012 to 2015 inferred from GPS[J]. Journal of Geophysical Research: Solid Earth, 2017, 122(12): 10559-10585.

[121] White A M, Gardner W P, Borsa A A, et al. A Review of GNSS/GPS in hydrogeodesy: hydrologic loading applications and their implications for water resource research[J]. Water Resources Research, 2022, 58(7): e2022WR032078.

[122] Bordi I, Raziei T, Pereira L S, et al. Ground-based GPS measurements of precipitable water vapor and their usefulness for hydrological applications[J]. Water Resources Management, 2015, 29: 471-486.

[123] Milliner C, Materna K, Burgmann R, et al. Tracking the weight of Hurricane Harvey's stormwater using GPS data[J]. Science Advance, 2018, 4(9): eaau2477.

[124] Zhan W, Heki K, Arief S, et al. Topographic amplification of crustal subsidence by the rainwater load of the 2019 typhoon hagibis in Japan[J]. Journal of Geophysical Research-Solid Earth, 2021, 126(6): e2021JB021845.

[125] Yang X, Yuan L, Jiang Z, et al. Quantitative analysis of abnormal drought in Yunnan Province from 2011 to 2020 using GPS vertical displacement observations [J]. Chinese Journal of Geophysics (in Chinese), 2022, 65(8): 2828-2843.

[126] 王琪, 游新兆, 王启梁. 用全球定位系统(GPS)监测青藏高原地壳形变[J]. 地震地质[J]. 1996(0): 97-103.

[127] 王琪, 赖西安, 游新兆, 等. 红河断裂的 GPS 监测与现代构造应力场[J]. 地壳形变与地震, 1998, 18(2): 49-56.

[128] 朱文耀, 程宗颐, 姜国俊. 利用 GPS 技术监测中国大陆地壳运动的初步结果[J]. 天文学进展, 1997(4): 373-376.

[129] 吴云, 帅平. 用 GPS 观测结果对中国大陆及邻区现今地壳运动和形变的初步探讨[J]. 地震学报, 1999, 21(5): 545-553.

[130] 刘经南, 许才军, 陶本藻, 等. 青藏高原中东部地壳运动的 GPS 测量分析[J]. 地球物理学报, 1998(41): 518-524.

[131] Shen Z K, Wang M, Li Y X, et al. Crustal deformation along the altyn tagh fault system, western China, from GPS [J]. Journal of Geophysical Research: Solid Earth, 2001, 106 (B12): 30607-30621.

[132] 牛之俊, 马宗晋, 陈鑫连, 等. 中国地壳运动观测网络[J]. 大地测量与地球动力学, 2002, 22(3): 88-93.

[133] Wang Q, Zhang P Z, Freymueller J T, et al. Present-day crustal deformation in China constrained by Global Positioning System measurements [J]. Science, 2001, 294 (5542): 574-777.

[134] 王敏, 沈正康, 牛之俊, 等. 现今中国大陆地壳运动与活动块体模型[J]. 中国科学(D辑: 地球科学), 2003(S1): 21-32, 209.

[135] Zhang P Z, Shen Z K, Wang M, et al. Continuous deformation of the Tibetan Plateau from global positioning system data[J]. Geology, 2004, 32(9): 809-812.

[136] Gan W J, Zhang P Z, Shen Z K, et al. Present-day crustal motion within the Tibetan Plateau inferred from GPS measurements [J]. Journal of Geophysical Research: Solid Earth, 2007, 112, B084I6.

[137] Li Q, You X, Yang S, et al. A precise velocity field of tectonic deformation in China as inferred from intensive GPS observations [J]. Science China Earth Sciences, 2012, 55(5): 695-698.

[138] Liang S M, Gan W J, Shen C Z, et al. Three-dimensional velocity field of present-day crustal motion of the Tibetan Plateau derived from GPS measurements [J]. Journal of Geophysical Research: Solid Earth, 2013, 118: 5722-5732.

[139] Zhao B, Huang Y, Zhang C, et al. Crustal deformation on the Chinese mainland during 1998—2004 based on GPS data[J]. Geodesy & Geodynamics, 2015, 6(1): 7-15.

[140] Ge W P, Molnar P, Shen Z K, et al. Present-day crustal thinning in the southern and northern Tibetan Plateau revealed by GPS measurements [J]. Geophysical Research Letters, 2015, 42(13): 5227-5235.

[141] Zheng G, Wang H, Wright T J, et al. Crustal deformation in the India-Eurasia collision zone from 25 years of GPS measurements[J]. Journal of Geophysical Research: Solid Earth, 2017, 122(11): 9290-9312.

[142] Rui X, Stamps D S. A geodetic strain rate and tectonic velocity model for China[J]. Geochemistry, Geophysics, Geosystems, 2019, 20(3): 1280-1297.

[143] Wang M, Shen Z K. Present-day crustal deformation of continental China derived from GPS and its tectonic implications[J]. Journal of Geophysical Research: Solid Earth, 2020, 125(2): e2019JB018774.

[144] Hao M, Freymueller J T, Wang Q L, et al. Vertical crustal movement around the southeastern Tibetan Plateau constrained by GPS and GRACE data[J]. Earth and Planetary Science Letters, 2016, 437(5107): 140-141.

[145] Molnar P, Tapponnier P. Cenozoic tectonics of Asia: effects of a continental collision[J]. Science, 1975, 189(4201): 419-426.

[146] Tapponnier P, Xu Z Q, Roger F, et al. Oblique stepwise rise and growths of the Tibet Plateau [J]. Science, 2001, 294(5547): 1671-1677.

[147] Avouac J P, Tapponnier P. Kinematic Model of Active Deformation in Central-Asia[J]. Geophysical Research Letters, 1993, 20(10): 895-898.

[148] England P, Houseman G. Finite Strain Calculations of Continental Deformation Comparison with the India-Asia Collision Zone[J]. Journal of Geophysical Research: Solid Earth and Planets, 1986, 91(B3): 3664-3676.

[149] England P, Molnar P. Active deformation of Asia: from kinematics to dynamics[J]. Science, 1997, 278(5338): 647-650.

[150] Royden L H, King R W, Chen Z, et al. Surface deformation and lower crustal flow in eastern tibet[J]. Science, 1997, 276(5313): 788-790.

[151] Clark M K, Royden L H. Topographic ooze: Building the eastern margin of Tibet by lower crustal flow[J]. Geology, 2000, 28(8): 703-706.

[152] Burchfiel B C, Wang E C. Northwest-trending, middle Cenozoic, left-lateral faults in southern Yunnan, China, and their tectonic significance[J]. Journal of Structural Geology, 2003, 25(5): 781-792.

[153] Thatcher W. Microplate model for the present-day deformation of Tibet[J]. Journal of Geophysical Research: Solid Earth, 2007, 112: B01401.

[154] 高原，石玉涛，王琼. 青藏高原东南缘地震各向异性及其深部构造意义[J]. 地球物理学报，2020，63(3)：802-816.

[155] Larson K M, Burgmann R, Bilham R, et al. Kinematics of the India-eurasia collision zone from GPS measurements[J]. Journal of Geophysical Research: Solid Earth, 1999, 104(B1): 1077-1093.

[156] 王阎昭，王恩宁，沈正康，等. 基于 GPS 资料约束反演川滇地区主要断裂现今活动速率[J]. 中国科学(D 辑：地球科学)，2008(5)：582-597.

[157] Shen Z K, Wang M, Zeng Y H, et al. Optimal interpolation of spatially discretized geodetic

data[J]. Bulletin of the Seismological Society of America, 2015, 105(4): 2117-2127.

[158] 陈智梁, 张选阳, 沈凤, 等. 中国西南地区地壳运动的 GPS 监测[J]. 科学通报, 1999(8): 851-854.

[159] 乔学军, 王琪, 杜瑞林. 川滇地区活动地块现今地壳形变特征[J]. 地球物理学报, 2004(5): 806-812.

[160] 李延兴, 杨国华, 李智, 等. 中国大陆活动地块的运动与应变状态[J]. 中国科学(D 辑: 地球科学), 2003(S1): 65-81.

[161] 朱守彪, 蔡永恩, 石耀霖. 青藏高原及邻区现今地应变率场的计算及其结果的地球动力学意义[J]. 地球物理学报, 2005(5): 1053-1061.

[162] 李玉江, 陈连旺, 李红. 云南地区构造应力应变场年变化特征的数值模拟[J]. 大地测量与地球动力学, 2009, 29(2): 13-18.

[163] 吕志鹏, 伍吉仓, 孟国杰, 等. 青藏高原东缘地应变空间分布特征分析[J]. 大地测量与地球动力学, 2014, 34(1): 19-23.

[164] 洪敏, 张勇, 邵德盛, 等. 云南地区近期地壳活动特征[J]. 地震研究, 2014, 37(3): 367-372.

[165] 王岩, 洪敏, 邵德胜, 等. 基于 GPS 资料研究云南地区地壳形变动态特征[J]. 地震研究, 2018, 41(3): 368-374.

[166] 张勇, 洪敏, 崔兴平, 等. 小江断裂带近场活动特征分析[J]. 地震研究, 2018, 41(3): 375-380, 488.

[167] 党亚民, 杨强, 梁诗明, 等. 川滇区域活动块体运动与应变特征地震影响分析[J]. 测绘学报, 2018, 47(5): 559-566.

[168] Jin H L, Gao Y, Su X N, et al. Contemporary crustal tectonic movement in the southern Sichuan-Yunnan block based on dense GPS observation data[J]. Earth & Planetary Physics, 2019, 3(1): 53-61.

[169] 唐荣昌, 黄祖智, 文德华, 等. 试论安宁河断裂带新活动的分段性与地震活动[J]. 1989, 12(4): 337-347.

[170] 张岳桥, 陈文, 杨农. 川西鲜水河断裂带新生代剪切变形 At/Ar 测年及其构造意义[J]. 中国科学(D 辑: 地球科学), 2004, 34(7): 613-621.

[171] 李延兴, 张静华, 何建坤, 等. 由空间大地测量得到的太平洋板块现今构造运动与板内形变应变场[J]. 地球物理学报, 2007(2): 437-447.

[172] 张培震. 青藏高原东缘川西地区的现今构造变形、应变分配与深部动力过程[J]. 中国科学(D 辑: 地球科学), 2008(9): 1041-1056.

[173] 陈连旺. 构造应力场动态演化图像与强震活动关系的研究[D]. 中国地震局工程力学研究所, 2004.

[174] McCaffrey R. Block kinematics of the Pacific-North America plate boundary in the southwestern United States from inversion of GPS, seismological, and geologic data[J]. Journal of Geophysical Research, 2005, 110(B7): 1-25.

[175] Meade B J, Hager B H. Block models of crustal motion in southern California constrained by GPS measurements[J]. Journal of Geophysical Research: Solid Earth, 2005, 110, B03403.

[176] 魏文薪. 川滇块体东边界主要断裂带运动特性及动力学机制研究[D]. 北京：中国地震局地质研究所，2012.

[177] 孙云梅. 基于 GPS 观测资料的红河断裂带及周边地区地壳形变特征研究[D]. 昆明：云南师范大学，2018.

[178] Allen C R, Gillespie A R, Han Y, et al. Red river and associated faults, Yunnan province, China: Quaternary geology, slip rate and seismic hazard[J]. Geological Society of America Bulletin, 1984, 95(6): 686-700.

[179] Weldon R, Sieh K, Zhu O, et al. Slip rate and recurrenceinterval of earthquakes on the Hong He (Red River) fault, Yunnan, PRC[C]. Paper presented at International Workshop Seismotectonics and Seismic Hazard in South East Asia, UNESCO, Hanoi, 1994.

[180] 虢顺民，计凤桔，向红发，等. 云南红河断裂带地质图：1∶50000[M]. 北京：地震出版社，2013：1-21.

[181] 向宏发，徐锡伟，虢顺民，等. 丽江-小金河断裂第四纪以来的左旋逆推运动及其构造地质意义-陆内活动地块横向构造的屏蔽作用[J]. 地震地质，2002(2)：188-198.

[182] Shen Z K, Lu J, Wang M, et al. Contemporary crustal deformation around the southeast borderland of the Tibetan Plateau[J]. Journal of Geophysical Research, 2005, 110: B11409.

[183] 张清志，刘宇平，陈智梁，等. 红河断裂带 GPS 观测数据反演[J]. 地球物理学进展，2007, 22(2)：418-421.

[184] Loveless J P, Meade B J. Partitioning of localized and diffuse deformation in the Tibetan Plateau from joint inversions of geologic and geodetic observations[J]. Earth and Planetary Science Letters, 2011, 303(12): 11-24.

[185] 潘桂棠，徐耀荣，王培生. 青藏高原东部边缘新生代构造[J]. 青藏高原地质文集，1983(4)：129-142.

[186] 徐锡伟，闻学泽，郑荣章，等. 川滇地区活动块体最新构造变动样式及其动力来源[J]. 中国科学(D 辑：地球科学)，2003(S1)：151-162.

[187] 程佳，徐锡伟，甘卫军，等. 青藏高原东南缘地震活动与地壳运动所反映的块体特征及其动力来源[J]. 地球物理学报，2012, 55(4)：1198-1212.

[188] Rui X, Stamps D S. Present-day kinematics of the eastern Tibetan Plateau and Sichuan Basin: Implications for lower crustal rheology[J]. Journal of Geophysical Research: Solid Earth, 2016, 121(5): 3846-3866.

[189] Allen C R, Luo Z L, Qian H, et al. Field study of a highly active fault zone: The Xianshuihe fault of southwestern China[J]. Geological Society of America Bulletin, 1991, 103(9): 1178-1199.

[190] 徐锡伟，张培震，闻学泽，等. 川西及其邻近地区活动构造基本特征与强震复发模型[J]. 地震地质，2005, 27(3)：446-461.

[191] 陈桂华，徐锡伟，闻学泽，等. 川滇块体北-东边界活动构造带运动学转换与变形分解作用[J]. 地震地质，2008, 30(1)：58-85.

[192] 钱洪，伍光国，马声浩，等. 安宁河断裂带北段的古地震事件及其在地震研究中的意义[J]. 1990, 6(4)：43-49.

[193] 王振荣，张燕，周贞莲. 安宁河断裂带显微构造及动力学的研究[J]. 1992，19(4)：48-54.
[194] 周荣军，何玉林，杨涛，等. 鲜水河-安宁河断裂带磨西-冕宁段的滑动速率与强震位错[J]. 中国地震，2001，17(3)：253-262.
[195] 何宏林，池田安隆. 安宁河断裂带晚第四级运动特征及模式的讨论[J]. 地震学报，2007，29(5)：537-548.
[196] 丁开华，许才军，邹蓉，等. 利用 GPS 分析川滇地区活动地块运动与应变模型[J]. 武汉大学学报(信息科学版)，2013，38(7)：822-827.
[197] 杜平山. 则木河断裂带晚第四纪活动特征及古地震研究[J]. 四川地震，1994(1)：42-52.
[198] 任金卫. 则木河断裂晚第四纪位移及滑动速率[J]. 地震地质，1994，16(2)：146.
[199] 李姜一，周本刚，李铁明，等. 安宁河—则木河断裂带和大凉山断裂带孕震深度研究及其地震危险性[J]. 地球物理学报，2020，63(10)：3669-3682.
[200] 宋方敏，汪一鹏，俞维贤，等. 小江活动断裂带[M]. 北京：地震出版社，1998.
[201] He H L, Oguchi T. Late Quaternary activity of the Zemuhe and Xiaojiang faults in southwest China from geomorphological mapping[J]. Geomorphology, 2008, 96(12): 62-85.
[202] 李长军，甘卫军，秦姗兰，等. 青藏高原东南缘南段现今变形特征研究[J]. 地球物理学报，2019，62(12)：4540-4553.
[203] Gao L, Yang Z Y, Tong Y B, et al. Cenozoic clockwise rotation of the Chuan Dian Fragment, southeastern edge of the Tibetan Plateau: Evidence from a new paleomagnetic study[J]. Journal of Geodynamics, 2017, 112(12): 46-57.
[204] 李振宇. GPS 坐标时间序列中信号与噪声分析[D]. 西安：长安大学，2017.
[205] 姜卫平. GNSS 基准站网数据处理方法与应用[M]. 武汉：武汉大学出版社，2017.
[206] 刘大杰，施一民，过静珺. 全球定位系统的原理与数据处理[M]. 上海：同济大学出版社，1999.
[207] 王方超，吕志平，吕浩，等. 基于 RegEM 算法的 GPS 坐标时间序列插值应用分析[J]. 大地测量与地球动力学，2020，40(1)：45-50.
[208] Schneider T. Analysis of incomplete climate data: Estimation of mean values and covariance matrices and imputation of missing values[J]. Journal of Climate, 2001, 14(5): 853-871.
[209] Li W H, Li F, Zhang S K, et al. Spatiotemporal filtering and noise analysis for regional GNSS network in antarctica using independent component analysis[J]. Remote Sensing, 2019, 11(4): 386.
[210] Mangiarotti S, Cazenave A, Soudarin L, et al. Annual vertical crustal motions predicted from surface mass redistribution and observed by space geodesy[J]. Journal of Geophysical Research: Solid Earth, 2001, 106(B3): 4277-4291.
[211] Farrell W E. Deformation of the earth by surface loads[J]. Reviews of Geophysics and Space Physics, 1972, 10(3): 761-797.
[212] Dill R. Hydrological model LSDM for operational earth rotation and gravity field variations[M]. Scientific Technical Report STR08/09, GFZ: Potsdam, Germany, 2008.

[213] Marsland S J, Haak H, Jungclaus J H, et al. The Max-Planck-Institute global ocean/sea ice model with orthogonal curvilinear coordinates[J]. Ocean Model, 2003, 5(2): 91-127.

[214] Berrisford P, Dee D, Poli P, et al. The ERA-interim archive version 2.0[M]. ERA Report Series, ECMWF: Reading, UK, 2011.

[215] Rodell M, Houser P R, Jambor U, et al. The global land data assimilation system[J]. Bulletin of the American Meteorological Society, 2004, 85(3): 381-394.

[216] Menemenlis D, Campin J M, Heimbach P, et al. ECCO2: High resolution global ocean and sea ice data synthesis[J]. AGU Fall Meeting Abstracts. 2008, 31: 13-21.

[217] Molod A, Takacs L, Suarez M, et al. The GEOS-5 atmospheric general circulation model: mean climate and development from MERRA to fortuna[M]. NASA Goddard Space Flight Center, Greenbelt, MD, United States, 2012

[218] Reichle R H, Draper C S, Liu Q, et al. Assessment of MERRA-2 land surface hydrology estimates[J]. Journal of Climate. 2017, 30: 2937-2960.

[219] Gelaro R, McCarty W, Suárez M J, et al. The modern-era retrospective analysis for research and applications, version 2 (MERRA-2)[J]. Journal of Climate, 2017, 30(14): 5419-5454.

[220] Dobslaw H, Thomas M. Simulation and observation of global ocean mass anomalies[J]. Journal of Geophysical Research Oceans. 2007, 112: 1-11.

[221] Gu Y, Yuan L, Fan D, et al. Seasonal crustal vertical deformation induced by environmental mass loading in mainland China derived from GPS, GRACE and surface loading models[J]. Advances in Space Research, 2017, 59(1): 88-102.

[222] 王锴华. GPS 位置时间序列中温度变化驱动的非线性信号机制解释[D]. 武汉：武汉大学, 2019.

[223] Bos M S, Fernandes R M S, Williams S D P, et al. Fast error analysis of continuous GNSS observations with missing data[J]. Journal of Geodesy, 2013, 87(4): 351-360.

[224] 盛传贞, 甘卫军, 梁诗明, 等. 滇西地区 GPS 时间序列中陆地水载荷形变干扰的 GRACE 分辨与剔除[J]. 地球物理学报, 2014, 57(1): 42-52.

[225] Xu C. Investigating mass loading contributors of seasonal oscillations in GPS observations using wavelet analysis[J]. Pure and Applied Geophysics, 2016, 173(8): 2767-2775.

[226] Tesmer V, Steigenberger P, Dam T V, et al. Vertical deformations from homogeneously processed GRACE and global GPS long-term series[J]. Journal of Geodesy, 2011, 85(5): 291-310.

[227] Grinsted A, Moore J C, Jevrejeva S. Application of the cross wavelet transform and wavelet coherence to geophysical time series[J]. Nonlinear Processes in Geophysics, 2004, 11(5-6): 561-566.

[228] Jevrejeva S, Moore J C, Grinsted A. Influence of the arctic oscillation and El Nino-Southern Oscillation (ENSO) on ice conditions in the Baltic Sea: the wavelet approach[J]. Journal of Geophysical Research, 2003, 108(D21): 4677.

[229] Allen M, Robertson A. Distinguishing modulated oscillations from colored noise in multivariate datasets[J]. Climate Dynamics, 1996, 12(11): 775-784.

[230] Ghil M, Allen M R, Dettinger M D, et al. Advanced spectral methods for climatic time series [J]. Reviews of Geophysics, 2002, 40(1): 3-41.

[231] Kim K Y, Wu Q. A comparison study of EOF techniques: analysis of non-stationary data with periodic statistics[J]. Journal of Climate, 1999, 12(1): 185-199.

[232] Hassani H. Singular spectrum analysis: Methodology and comparison[J]. Journal of Data Science, 2007, 5(2): 239-257.

[233] 周茂盛, 郭金运, 沈毅, 等. 基于多通道奇异谱分析的 GNSS 坐标时间序列共模误差的提取[J]. 地球物理学报, 2018, 61(11): 4383-4395.

[234] Chen Q, Van Dam T M, Sneeuw N, et al. Singular spectrum analysis for modeling seasonal signal from GPS timeseries[J]. Journal of Geodesy, 2013, 72(11): 25-35.

[235] Li Z, Yue J P, Li W, et al. Investigating mass loading contributes of annual GPS observations for the Eurasian plate[J]. Journal of Geodynamics, 2017, 111(11): 43-49.

[236] 胡顺强, 王坦, 管雅慧, 等. 利用 GPS 和水文负载模型研究云南地区垂向季节性波动变化和构造变形[J]. 地球物理学报, 2021, 64(8): 2613-2630.

[237] 赵维城. 论云南地貌体系[J]. 云南地理环境研究, 1998(S1): 47-55.

[238] 赵付领. 基于 GNSS 观测数据的川滇地块现今应变与主断裂带变形特征研究[D]. 焦作: 河南理工大学, 2020.

[239] 安晓文, 常祖峰, 陈宇军, 等. 云南第四纪活动断裂[M]. 北京: 地震出版社, 2018.

[240] 向宏发, 虢顺民, 徐锡伟, 等. 川滇南部地区活动地块划分与现今运动特征初析[J]. 地震地质, 2000(3): 253-264.

[241] 向宏发, 韩竹军, 虢顺民, 等. 红河断裂带大型右旋走滑运动定量研究的若干问题[J]. 地球科学进展, 2004(S1): 56-59.

[242] 闻学泽, 杜方, 龙锋, 等. 小江和曲江-石屏两断裂系统的构造动力学与强震序列的关联性[J]. 中国科学(地球科学), 2011, 41(5): 713-724.

[243] 王洋, 张波, 侯建军, 等. 曲江断裂晚第四纪活动特征及滑动速率分析[J]. 地震地质, 2015, 37(4): 1177-1192.

[244] 朱成男. 曲江断裂几何及其与地震活动的关系[J]. 地震研究, 1984(5): 525-532.

[245] 韩新民, 毛玉平. 石屏-建水断裂带未来三十年内七级以上大地震危险性分析[J]. 地震研究, 1993(1): 52-59.

[246] 王阎昭, 王敏, 沈正康, 等. 怒江断裂现今错动速率与地震危险性[J]. 地震地质, 2015, 37(2): 374-383.

[247] 皇甫岗, 陈颙, 秦嘉政, 等. 云南地震活动性[M]. 昆明: 云南科技出版社, 2010.

[248] 郭晓虎, 魏东平, 张克亮. GPS 约束下川滇地区主要断裂现今活动速率的估算方法[J]. 中国科学院研究生院学报, 2013, 30(1): 74-82.

[249] Wang W, Qiao X J, Yang S M, et al. Present-day velocity field and block kinematics of Tibetan Plateau from GPS measurements[J]. Geophysical Journal International, 2017, 208(2): 1088-1102.

[250] Minster J B, Jordan T H. Present-day plate motions[J]. Journal of Geophysical Research, 1978, 83: 5331-5354.

[251] Gordon, Richard G. The plate tectonic approximation: Plate nonrigidity, diffuse plate boundaries, and global plate reconstructions [J]. Annual Review of Earth & Planetary Sciences, 1998, 26(1): 615-642.
[252] Burbidge D R. Thin plate neo-tectonic models of the Australian plate [J]. Journal of Geophysical Research: Solid Earth, 2004, 109: B10405.
[253] Nanjo K Z, Turcotte D L, Shcherbakov R. A model of damage mechanics for the deformation of the continental crust[J]. Journal of Geophysical Research: Solid Earth, 2005, 110: B07403.
[254] 李延兴，黄城，胡新康，等.板内块体的刚性弹塑性运动模型与中国大陆主要块体的应变状态[J].地震学报，2001(6)：565-572.
[255] 李延兴，李智，张静华，等.中国大陆及周边地区的水平应变场[J].地球物理学报，2004(2)：222-231.
[256] 瞿伟.基于空间大地测量反演理论的汾渭盆地地壳形变及地裂缝群发机理研究[D].西安：长安大学，2011.
[257] 许才军，温扬茂.活动地块运动和应变模型辨识[J].大地测量与地球动力学，2003(3)：50-55.
[258] Savage J C, Burford R O. Accumulation of tectonic strain in California[J]. Bulletin of the Seismological Society of America, 1970, 60(6): 1877-1896.
[259] 孙建中，施顺英，周硕愚，等.利用地震矩张量反演鲜水河断裂带现今运动学特征[J].地壳形变与地震，1994(4)：9-15.
[260] 李铁明，祝意青，杨永林，等.综合利用多种地壳形变观测资料计算鲜水河断裂带现今滑动速率[J].地球物理学报，2019，62(4)：1323-1335.
[261] 刘晓霞，邵志刚.丽江—小金河断裂带现今断层运动特征[J].地球物理学报，2020，63(3)：1117-1126.
[262] 闻学泽，徐锡伟，郑荣章，等.甘孜-玉树断裂的平均滑动速率与近代大地震破裂[J].中国科学(D辑：地球科学)，2003(S1)：199-208.
[263] 苏有锦，秦嘉政.川滇地区强地震活动与区域新构造运动的关系[J].中国地震，2001(1)：24-34.
[264] 江在森，刘经南.应用最小二乘配置建立地壳运动速度场与应变场的方法[J].地球物理学报，2010，53(5)：1109+1116，1117.
[265] Tape C, Pablo Muse, Simons M, et al. Multiscale estimation of GPS velocity fields[J]. Geophysical Journal International, 2009, 179(2): 945-971.
[266] Savage J C, Gan W, Svarc J L. Strain accumulation and rotation in the Eastern California Shear Zone[J]. Journal of Geophysical Research: Solid Earth, 2001, 106(B10): 21995.
[267] Hammond W C, Thatcher W. Contemporary tectonic deformation of the Basin and Range province, western United States: 10 years of observation with the Global Positioning System [J]. Journal of Geophysical Research: Solid Earth, 2004, 109: B08403.
[268] Shen Z K, Jacksonn D D, Ge B X. Crustal deformation across and beyond the Los Angeles basin from geodetic measurements[J]. Journal of Geophysical Research: Solid Earth, 1996, 1012(12): 27957-27980.

[269] Bird P, Liu Z. Seismic hazard inferred from tectonics: California [J]. Seismological Research Letters, 2007, 78(1): 37-48.

[270] Parsons, Tom. Tectonic stressing in California modeled from GPS observations[J]. Journal of Geophysical Research, 2006, 111: B03407.

[271] 石耀霖, 朱守彪. 用 GPS 位移资料计算应变方法的讨论[J]. 大地测量与地球动力学, 2006(1): 1-8.

[272] Wu Y Q, Jiang Z S, Yang G H, et al. Comparison of GPS strain rate computing methods and their reliability[J]. Geophysical Journal International, 2011, 185(2): 703-717.

[273] 吴啸龙, 杨志强, 党永超. 基于球面最小二乘配置的福建省地壳水平形变研究[J]. 武汉大学学报(信息科学版), 2015, 40(3): 401-405.

[274] 皇甫岗, 秦嘉政, 李忠华, 等. 云南地震类型分区特征研究[J]. 地震学报, 2007(2): 142-150, 229.

[275] 皇甫岗. 云南地震活动性研究[D]. 合肥: 中国科学技术大学, 2009.

[276] 杨国华, 李延兴, 薄万举, 等. GPS 用于区域地壳运动及地震危险区判定的初步研究[J]. 中国地震, 1998(1): 42-48.

[277] Hong M, Shao D, Wu T, et al. Short-Impending earthquake anomaly index extraction of GNSS continuous observation data in Yunnan, southwestern China [J]. Journal of Earth Science, 2018, 29(1): 230-236.

[278] 邵德盛, 洪敏, 张勇, 等. 云南地区形变观测资料短临异常指标提取[J]. 武汉大学学报(信息科学版), 2017, 42(9): 1-6.

[279] 吴微微, 龙锋, 杨建思, 等. 2013 年川滇交界香格里拉-得荣震群序列的重新定位、震源机制及发震构造[J]. 地球物理学报, 2015, 58(5): 1584-1596.

[280] Huang N E, Shen Z, Long S R, et al. The empirical mode decomposition and the Hilbert spectrum for nonlinear and non-stationary time series analysis[J]. Proceedings of the Royal Society of London. Series A: Mathematical, Physical and Engineering Sciences, 1998, 454(1971): 903-995.

[281] Lei Y, He Z, Zi Y. Application of the EEMD method to rotor fault diagnosis of rotating machinery[J]. Mechanical Systems and Signal Processing, 2009, 23(4): 1327-1338.

[282] Wang T, Zhang M, Yu Q, Zhang H. Comparing the applications of EMD and EEMD on time-frequency analysis of seismic signal[J]. Journal of Applied Geophysics, 2012, 83: 29-34.

[283] 高涵, 洪敏, 张明, 等. 基于 GNSS 应变时序的云南地区构造运动与地震事件孕震模式分析[J]. 大地测量与地球动力学, 2020, 40(3): 252-257.

[284] Li Y G, He D, Hu J M, et al. Variability of extreme precipitation over Yunnan Province, China 1960—2012[J]. International Journal of Climatology, 2015, 35(2): 245-258.

[285] Yu Y, Wang J, Cheng F, et al. Drought monitoring in Yunnan Province based on a TRMM precipitation product[J]. Natural Hazards, 2020, 104(3): 2369-2387.

[286] Wang Y, Zhang B, Schoenbohm L M, et al. Late cenozoic tectonic evolution of the Ailao Shan-Red River fault (SE Tibet): Implications for kinematic change during plateau growth

[J]. Tectonics, 2016, 35(8): 1969-1988.

[287] Gao H, Zhang M, Hong M, et al. Strain characteristics distribution and potential information analysis in Yunnan based on GNSS data[J]. International Journal of Earth Sciences, 2021, 110(3): 979-994.

[288] Landerer F W, Swenson S C. Accuracy of scaled GRACE terrestrial water storage estimates [J]. Water Resources Research, 2012, 48(4): W04531.

[289] Pokhrel Y, Felfelani F, Satoh Y, et al. Global terrestrial water storage and drought severity under climate change[J]. Nature Climate Change, 2021, 11(3): 226-233.

[290] Zhang L, Tang H, Sun W. Comparison of GRACE and GNSS seasonal load displacements considering regional averages and discrete points[J]. Journal of Geophysical Research-Solid Earth, 2021, 126(8): e2021JB021775.

[291] Wang X M, Zhang K F, Wu S Q, et al. Water vapor-weighted mean temperature and its impact on the determination of precipitable water vapor and its linear trend[J]. Journal of Geophysical Research-Atmospheres, 2016, 121(2): 833-852.

[292] Bordi I, Zhu X, Fraedrich K. Precipitable water vapor and its relationship with the Standardized Precipitation Index: ground-based GPS measurements and reanalysis data [J]. Theoretical and Applied Climatology, 2015, 123(1-2): 263-275.

[293] Zhao Q, Ma X, Yao W, et al. A drought monitoring method based on precipitable water vapor and precipitation[J]. Journal of Climate, 2020, 33(24): 10727-10741.

[294] Shi C, Li M, Zhao Q, et al., Whu analysis center technical report 2015[J]. IGS Center Bureau, 2015: 95.

[295] Kalteh A M, Hjorth P. Imputation of missing values in a precipitation-runoff process database [J]. Hydrology Research, 2009, 40(4): 420-432.

[296] Huang D, Dai W, Luo F. ICA spatiotemporal filtering method and its application in GPS deformation monitoring[J]. Applied Mechanics and Materials, 2012, 204-208: 2806-2812.

[297] Dai W, Huang D, Cai C. Multipath mitigation via component analysis methods for GPS dynamic deformation monitoring[J]. GPS Solutions, 2013, 18(3): 417-428.

[298] Gualandi A, Serpelloni E, Belardinelli M E. Blind source separation problem in GPS time series[J]. Journal of Geodesy, 2015, 90(4): 323-341.

[299] Sanjaya M D A, Sunantyo T A, Widjajanti N. Geometric aspects evaluation of GNSS control network for deformation monitoring in the jatigede dam region[J]. International Journal of Remote Sensing and Earth Sciences, 2018, 15(2): 167-176.

[300] Yin G, Forman B A, Loomis B D, et al. Comparison of vertical surface deformation estimates derived from space-based gravimetry, ground-based GPS, and model-based hydrologic loading over snow-dominated watersheds in the United States[J]. Journal of Geophysical Research-Solid Earth, 2020, 125(8): e2020JB019432.

[301] Hsu Y J, Kao H, Burgmann R, et al. Synchronized and asynchronous modulation of seismicity by hydrological loading: A case study in Taiwan[J]. Science Advance, 2021, 7(16): eabf7282.

[302] Jiang Z, Hsu Y J, Yuan L, et al. Monitoring time-varying terrestrial water storage changes using daily GNSS measurements in Yunnan, southwest China [J]. Remote Sensing of Environment, 2021: 254.

[303] Wahr J, Khan S A, van Dam T, et al. The use of GPS horizontals for loading studies, with applications to northern California and southeast Greenland [J]. Journal of Geophysical Research-Solid Earth, 2013, 118(4): 1795-1806.

[304] Wang L, Bevis M, Peng Z, et al. Tracking the source direction of surface mass loads using vertical and horizontal displacements from satellite geodesy: A case study of the inter-annual fluctuations in the water level in the Great Lakes[J]. Remote Sensing of Environment, 2022, 274: 113001.

[305] Wang S Y, Li J, Chen J, et al. On the improvement of mass load inversion with GNSS horizontal deformation: a synthetic study in central China [J]. Journal of Geophysical Research-Solid Earth, 2022, 127(10): e2021JB023696.

[306] Dziewonski A M, Anderson D L. Preliminary reference earth model[J]. Physics of the Earth and Planetary Interiors, 1981, 25(4): 297-356.

[307] Argus D F, Fu Y, Landerer F W. Seasonal variation in total water storage in California inferred from GPS observations of vertical land motion[J]. Geophysical Research Letters, 2014, 41(6): 1971-1980.

[308] Calvetti D, Reichel L, Shuibi A, et al. L-curve and curvature bounds for Tikhonov regularization[J]. Numerical Algorithms, 2004, 35(2-4): 301-314.

[309] Mead J L, Renaut R A. Least squares problems with inequality constraints as quadratic constraints[J]. Linear Algebra and its Applications, 2010, 432(8): 1936-1949.

[310] Calvetti D, Morigi S, Reichel L, et al. Tikhonov regularization and the L-curve for large discrete ill-posed problems[J]. Journal of Computational and Applied Mathematics, 2000, 123(1-2): 423-446.

[311] Carlson G, Werth S, Shirzaei M, et al. Joint inversion of GNSS and GRACE for terrestrial water storage change in California[J]. Journal of Geophysical Research: Solid Earth, 2022, 127(3): e2021JB023135.

[312] Yusof F, Hui M F, Suhaila J, et al. Rainfall characterisation by application of standardised precipitation index (SPI) in Peninsular Malaysia[J]. Theoretical and Applied Climatology, 2013, 115(3-4): 503-516.

[313] Tirivarombo S, Osupile D, Eliasson P. Drought monitoring and analysis: Standardised Precipitation Evapotranspiration Index (SPEI) and Standardised Precipitation Index (SPI) [J]. Physics and Chemistry of the Earth, 2018, 106: 1-10.

[314] Zhao M, Geruo A, Velicogna I, et al. A global gridded dataset of GRACE drought severity index for 2002-14: comparison with PDSI and SPEI and a case study of the australia millennium drought[J]. Journal of Hydrometeorology, 2017, 18(8): 2117-2129.

[315] Jiang Z, Hsu Y J, Yuan L, et al. Insights into hydrological drought characteristics using GNSS-inferred large-scale terrestrial water storage deficits [J]. Earth and Planetary

Science Letters, 2022, 578: 117294.

[316] Duan X W, Gu Z J, Li Y G, et al. The spatiotemporal patterns of rainfall erosivity in Yunnan Province, southwest China: An analysis of empirical orthogonal functions [J]. Global and Planetary Change, 2016, 144: 82-93.

[317] Ming F, Yang Y, Zeng A, et al. Spatiotemporal filtering for regional GPS network in China using independent component analysis[J]. Journal of Geodesy, 2016, 91(4): 419-440.

[318] Tan W, Dong D, Chen J. Application of independent component analysis to GPS position time series in Yunnan Province, southwest of China [J]. Advances in Space Research, 2022, 69(11): 4111-4122.

[319] Thomas A C, Reager J T, Famiglietti J S, et al. A GRACE-based water storage deficit approach for hydrological drought characterization [J]. Geophysical Research Letters, 2014, 41(5): 1537-1545.

[320] Hsu Y J, Fu Y, Burgmann R, et al. Assessing seasonal and interannual water storage variations in Taiwan using geodetic and hydrological data[J]. Earth and Planetary Science Letters, 2020, 550: 116532.

[321] Long D, Shen Y, Sun A, et al. Drought and flood monitoring for a large karst plateau in Southwest China using extended GRACE data [J]. Remote Sensing of Environment, 2014, 155: 145-160.

[322] Birhanu Y, Bendick R. Monsoonal loading in Ethiopia and Eritrea from vertical GPS displacement time series[J]. Journal of Geophysical Research: Solid Earth, 2015, 120(10): 7231-7238.

[323] Guo Y, Huang S, Huang Q, et al. Propagation thresholds of meteorological drought for triggering hydrological drought at various levels[J]. Science of the Total Environment, 2020, 712: 136502.